Geophysik und Geologie

Geophysikalische Veröffentlichungen der Karl-Marx-Universität Leipzig

Herausgegeben von Prof. Dr. sc. nat. R. Lauterbach

Dritte Serie

Band III, Heft 1

Mit 53 Abbildungen und 25 Tabellen

AKADEMIE-VERLAG · BERLIN

Geophys. Veröff. KMU · Leipzig	Bd. III	H. 3	S. 1–156	1984

Die Geophysikalischen Veröffentlichungen der Karl-Marx-Universität sind die Fortsetzung zweier Schriftenreihen:

1. Veröffentlichungen des Geophysikalischen Instituts, gegründet 1913 von V. Bjerknes

2. Geophysik und Geologie, gegründet 1959 von R. Lauterbach

Sie bringen Beiträge und Berichte aus dem Bereich Physik der Erde, die mit einschlägigen Arbeiten der Karl-Marx-Universität in Zusammenhang stehen.

Anschrift des Herausgebers und der Redaktion:
Karl-Marx-Universität, Wissenschaftsbereich Geophysik,
DDR-7010 Leipzig, Talstraße 35

Redaktion: Dipl.-Geoln. M. Meißner

ISSN 0138-2357

Erschienen im Akademie-Verlag, DDR-1086 Berlin, Leipziger Straße 3—4

Lizenznummer: 202 · 100/488/84
Printed in the German Democratic Republic
Gesamtherstellung: VEB Druckhaus „Maxim Gorki", 7400 Altenburg
Lektor: Dipl.-Met. Heide Deutscher
LSV 1405
Bestellnummer: 763 198 5 · (2018/III/1)

03000

Inhalt

Geophys. u. Geol. Geophys. Veröff. d. KMU Leipzig Bd. III H. 1 S. 5–24 Berlin 1984

Fortschritte der Isotopengeologie

K. WETZEL[1]

Angesichts der Vielfalt der kernphysikalischen, physikalisch-chemischen und astrophysikalischen Ursachen von natürlichen Variationen in der Isotopenzusammensetzung chemischer Elemente (vgl. Abb. 1) läßt sich einschätzen, daß bei leichten Elementen (bis zu Ordnungszahlen von etwa 20) nicht die Konstanz, sondern die Inkonstanz der

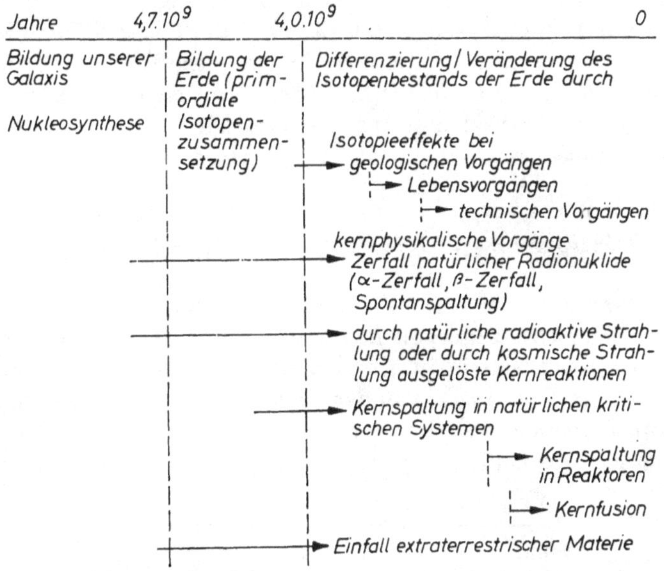

Abb. 1. Einflüsse auf die Verbreitung der Isotope in der Natur

Isotopenzusammensetzung das Vorherrschende ist. Was die schwereren Elemente betrifft, so muß wegen der Möglichkeit radiogener und kosmogener Variationen zumindest dann mit Schwankungen gerechnet werden, wenn es sich um Vorkommen solcher Elemente im Konzentrationsbereich von weniger als 1 ppm handelt. Die von der International Union of Pure and Applied Chemistry 1975 herausgegebene Tabelle der Atomgewichte der chemischen Elemente [International Union of Pure and Applied Chemistry, Inorganic Division, Commission of Atomic Weights (1976)] weist unter den 61 in der

[1] Anschrift des Verfassers:
Prof. Dr. habil. Dr. sc. nat. K. WETZEL, Zentralinstitut für Isotopen- und Strahlenforschung der Akademie der Wissenschaften der DDR, DDR-7050 Leipzig, Permoserstr. 15.

Natur vorkommenden Elementen mit zwei oder mehr stabilen Isotopen 41 Elemente aus, für die natürliche Variationen in der Isotopenzusammensetzung nachgewiesen worden sind. Bei 9 weiteren Elementen werden in den Ergebnissen der Atomgewichtsbestimmung Differenzen aufgezeigt, die nicht nachweislich auf Unterschiede in der Isotopenzusammensetzung zurückgeführt werden können.

Die Erforschung dieser Variationen ist Gegenstand der Isotopengeochemie. Die Isotopengeochemie befaßt sich also mit der Verbreitung der Isotope in der Natur, wohingegen die Erforschung der Verbreitung der chemischen Elemente in der Natur Gegenstand der Elementgeochemie ist.

In der vorliegenden Arbeit soll untersucht werden, in welchem Verhältnis die Isotopengeochemie zur Geochemie und zu den Geowissenschaften steht, welcher spezifischen Leistungen die Isotopengeochemie fähig ist, worauf es beruht, daß wir der Isotopengeochemie so grundlegende Erkenntnisse über die Entwicklung der Erdkruste, der Entwicklung des Lebens auf der Erde, die Wechselbeziehungen zwischen lebender, unbelebter organischer und anorganischer Materie, über die Lagerstättenbildung und nicht zuletzt über kosmische Prozesse verdanken. Im zweiten Teil der vorliegenden Arbeit sollen ausgewählte Ergebnisse der isotopengeochemischen Forschung des Zentralinstituts für Isotopen- und Strahlenforschung vorgestellt werden, an denen die Leistungsfähigkeit der Isotopengeochemie demonstriert werden kann.

1. Das Prinzip der markierten Atome bzw. Moleküle in der Geochemie

Wenn ein bestimmtes chemisches Element aus einem geochemischen Reservoir A in ein anderes geochemisches Reservoir B eintritt, so sind bei unterschiedlicher Isotopenzusammensetzung dieses Elements in A und B die Bedingungen eines Tracerexperiments erfüllt. Insofern ist das Vordringen von der Erforschung der Verbreitung der Elemente in der Natur zur Untersuchung der Verbreitung der Isotope in der Natur von der gleichen Qualität wie die Einführung der markierten Atome bzw. Moleküle [Wetzel 1977].

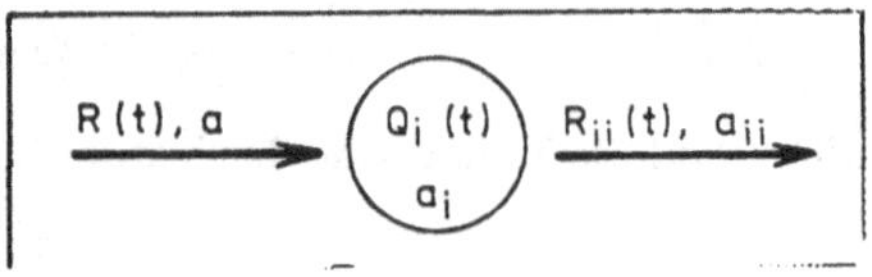

Abb. 2. Schema eines Tracerexperimentes

Das Schema in Abb. 2 soll die Analogie zwischen dem isotopengeochemischen und dem Tracerexperiment[1] veranschaulichen. Ein Fluß $R(t)$ eines chemischen Elements der Isotopenzusammensetzung a tritt in ein System ein, das einen bestimmten Vorrat $Q_i(t)$ dieses Elements mit einer anderen Isotopenzusammensetzung a_i enthält, und vermischt sich mit diesem Vorrat. Ein anderer Fluß $R_{ii}(t)$ dieses Elements verläßt das System mit einer Isotopenzusammensetzung a_{ii}, die zwischen a und a_i liegt. Insoweit

[1] Der Begriff Tracerexperiment steht in der vorliegenden Arbeit nur für die Anwendung von Isotopen zur Markierung chemischer Elemente und Verbindungen, nicht auch für die Anwendung radioaktiver Isotope zur Markierung von Phasen.

besteht Übereinstimmung zwischen dem Tracerexperiment und dem isotopengeochemischen Experiment. Der einzige grundsätzliche Unterschied besteht in folgendem: Beim Tracerexperiment ist es fast immer erlaubt anzunehmen, daß bei der Formierung des Flusses $R_{ii}(t)$ aus dem Vorrat $Q_i(t)$ keine Isotopieeffekte auftreten. Diese Annahme wird auf die Tatsache gestützt, daß Isotopieeffekte in der Regel in der Größenordnung von Prozenten oder Promille liegen und daß das Tracerexperiment im Interesse einer hohen Aussagekraft im allgemeinen so angelegt wird, daß a stark von a_i abweicht. (Nur bei Wasserstoff kommen so große Isotopieeffekte vor, daß ihre Vernachlässigung unzulässig ist.)

Beim isotopengeochemischen Experiment hingegen liegen die Unterschiede in der Isotopenzusammensetzung in der gleichen Größenordnung wie die Isotopieeffekte, die beim Durchlaufen des natürlichen Kreislaufs auftreten. Die Unterschiede zwischen a und a_i beruhen ja, soweit sie nicht auf kernphysikalische bzw. kosmische Vorgänge zurückgehen, selbst auf Isotopieeffekten.

Die Analogie zwischen dem Tracerexperiment und dem isotopengeochemischen Experiment legt es nahe, bei der Modellierung isotopengeochemischer Prozesse an die bei der Vorbereitung und Auswertung eines Tracerexperiments mit Hilfe mathematischer Modelle gesammelten Erfahrungen anzuknüpfen. Bei der Modellierung von Vorgängen in biologischen Systemen, besonders für die Modellierung von Tracerexperimenten an solchen Systemen, hat sich das Konzept der Compartment-Theorie als brauchbar erwiesen; sie führt zu linearen gewöhnlichen Differentialgleichungen, solange Isotopieeffekte vernachlässigt werden können [Berman et al. 1962].

Bei Berücksichtigung von Isotopieeffekten entstehen nur dann lineare Differentialgleichungen, wenn eines der Isotope des jeweiligen Elements in einem großen Überschuß gegenüber dem oder den anderen ist. Da dies bei den meisten infrage kommenden chemischen Elementen der Fall ist, ist das keine wesentliche Einschränkung [Wetzel 1977]. Es gibt jedoch auch einen von dieser Einschränkung freien Weg, um die Compartment-Theorie auf isotopengeochemische Untersuchungen anzuwenden. Er besteht darin, daß für die einzelnen Isotope des jeweiligen Elements gesonderte Compartments eingeführt werden [Winkler, Wetzel 1979].

2. Die Voraussagbarkeit des geochemischen Verhaltens der Isotope

Die Substitution eines chemischen Elements in einem Molekül bzw. in einem Kristall durch ein anderes führt im allgemeinen zu einer drastischen Änderung der Kraftkonstanten der chemischen Bindung. Bei der Substitution eines leichten Isotops in einem Molekül bzw. in einem Kristall durch sein schwereres bzw. eines seiner schwereren hingegen (oder umgekehrt) erfährt die Kraftkonstante der chemischen Bindung keine (bzw. eine fast immer vernachlässigbare) Änderung (Born-Oppenheimer-Näherung) [siehe z. B. Vojta in Hertz 1962]. Aus diesem Grunde gestaltet sich die Berechnung der Unterschiede im thermodynamischen und kinetischen Verhalten von isotopen Molekülen[1] besonders einfach. So läßt sich die Gleichgewichtskonstante K einer Isotopenaustauschreaktion zwischen den Molekülen A und B:

$$\alpha A_1 + \beta B_2 \leftrightharpoons \alpha A_2 + \beta B_1$$

[1] Solche Unterschiede werden Isotopieeffekte genannt.

ausdrücken durch:

$$K = \frac{\left(\frac{Q(A_2)}{Q(A_1)}\right)^{\alpha}}{\left(\frac{Q(B_2)}{Q(B_1)}\right)^{\beta}}.$$

Darin sind α und β die stöchiometrischen Koeffizienten; der Index 1 kennzeichnet das Molekül mit dem leichten, der Index 2 das Molekül mit dem schwereren Isotop. Die Q bedeuten die Zustandssummen, die $Q(A_1)/Q(A_2)$ bzw. die $Q(B_2)/Q(B_1)$ die Zustandssummenverhältnisse der beiden isotopen Moleküle. Diese Zustandssummenverhältnisse lassen sich bei Kenntnis der Kraftkonstanten der Molekülschwingungen in vielen Fällen mit hoher Genauigkeit berechnen. Mit Hilfe der EYRINGschen Theorie der Reaktionskinetik lassen sich aus diesen Zustandssummenverhältnissen auch Unterschiede in den Reaktionsgeschwindigkeiten mit einiger Zuverlässigkeit berechnen. Freilich impliziert die Anwendung der EYRINGschen Theorie, ebenso wie andere Ansätze zur Berechnung von Reaktionsgeschwindigkeitskonstanten, eine Hypothese über den Reaktionsmechanismus, im Falle der EYRINGschen Theorie eine Hypothese über die Struktur des Übergangskomplexes.

Bei Molekülen bzw. Kristallen komplizierter Strukturen — fast alle Gesteine und Minerale sind von komplizierter Struktur — gestaltet sich die Berechnung von thermodynamischen und kinetischen Isotopieeffekten allein aus molekularen Daten allerdings schwierig [GRANT 1954]. Hier ist es erforderlich und möglich, halbempirische Ansätze zu finden [WETZEL, MISSBACH und MÜHLE (1980); WETZEL, CHRISTOPH und SCHÜTZE (1982); SCHÜTZE (1980)].

Diese (in gewissen Grenzen gegebene) Voraussagbarkeit von Isotopieeffekten ist eine weitere Grundlage der Leistungsfähigkeit der isotopengeochemischen Forschung, die sich wie folgt beschreiben läßt: Es wird ein Satz möglicher Hypothesen über den Ablauf bzw. über den Mechanismus eines geochemischen Vorgangs aufgestellt. Für jede dieser Hypothesen wird die Größe des Isotopieeffekts ermittelt. Der Vergleich mit den in der Natur vorgefundenen Veränderungen in der Isotopenzusammensetzung entscheidet darüber, welche der Hypothesen zutrifft [WETZEL 1978a].

Dieses Herangehen an die Isotopengeochemie entspricht in seinem Wesen der Aufklärung der Strukturen chemischer Verbindungen und des Mechanismus chemischer Reaktionen anhand des Vergleichs berechneter und gemessener Isotopieeffekte. Nur handelt es sich in der Geochemie in der Regel um die Erforschung von Reaktionen, die sich in der Vergangenheit abgespielt haben und deren Produkte aufbewahrt und deshalb der Bestimmung ihrer stofflichen oder ihrer Isotopenzusammensetzung zugänglich sind. Das hat zur Folge, daß die Ermittlung der Größe der bei Gültigkeit dieser oder jener Hypothese auftretenden Isotopieeffekte auch auf anderen als quantenmechanischen oder quantenchemischen Wegen geschehen kann. Hier spielen Laborexperimente, die das geochemische Geschehen zu modellieren geeignet sind, eine entscheidende Rolle. Darüber hinaus ist es — die Gültigkeit des Aktualitätsprinzips voraussetzend — möglich, in der Gegenwart ablaufende geochemische Prozesse zu studieren und als Modelle in der Vergangenheit abgelaufener geochemischer Prozesse anzusehen.

Wichtige Ergebnisse, die diese Art des Herangehens der Isotopengeochemie zeitigt, liegen auf dem Gebiet der Bestimmung von Paläotemperaturen, der Erforschung der bei der Genese und Migration fossiler Brennstoffvorkommen wirksamen Mechanismen und der Erforschung des Stoffaustauschs zwischen Kruste und Mantel.

3. Die isotopische Homogenität des Erdinneren

Infolge ihrer quantenmechanischen Natur verschwinden thermodynamische Isotopieeffekte bei hohen Temperaturen. Kinetische Isotopieeffekte bei chemischen Reaktionen hingegen verschwinden selbst bei extrem hohen Temperaturen ebensowenig wie Isotopieeffekte bei Diffusionsprozessen. So enthält die Gleichung von Bigeleisen und Mayer [1949] einen temperaturabhängigen und einen temperaturunabhängigen Term; danach sinken diese Isotopieeffekte mit steigender Temperatur auf einen von Null verschiedenen Wert.

Dieser Einschränkung steht jedoch gegenüber, daß bei Temperaturen über 1000 °C kinetische Isotopieeffekte wegen der dann meist hohen Geschwindigkeit von Isotopenaustauschreaktionen gegenüber thermodynamischen Isotopieeffekten in den Hintergrund treten [Wetzel 1978a; Wetzel 1980].

Es muß hervorgehoben werden, daß diese Aussagen nur zutreffen, wenn angenommen wird, daß der Einfluß selbst hoher Drücke auf die Lage der Isotopenaustauschgleichgewichte vernachlässigbar ist. In dem wichtigen Falle der Isotope des Sauerstoffs in Silikaten ist das theoretisch und experimentell bewiesen; in allen anderen Fällen steht ein solcher Beweis noch aus.

In dem Verschwinden bzw. Zurücktreten der Unterschiede im geochemischen Verhalten der Isotope eines und desselben chemischen Elements bei hohen Temperaturen liegt eine

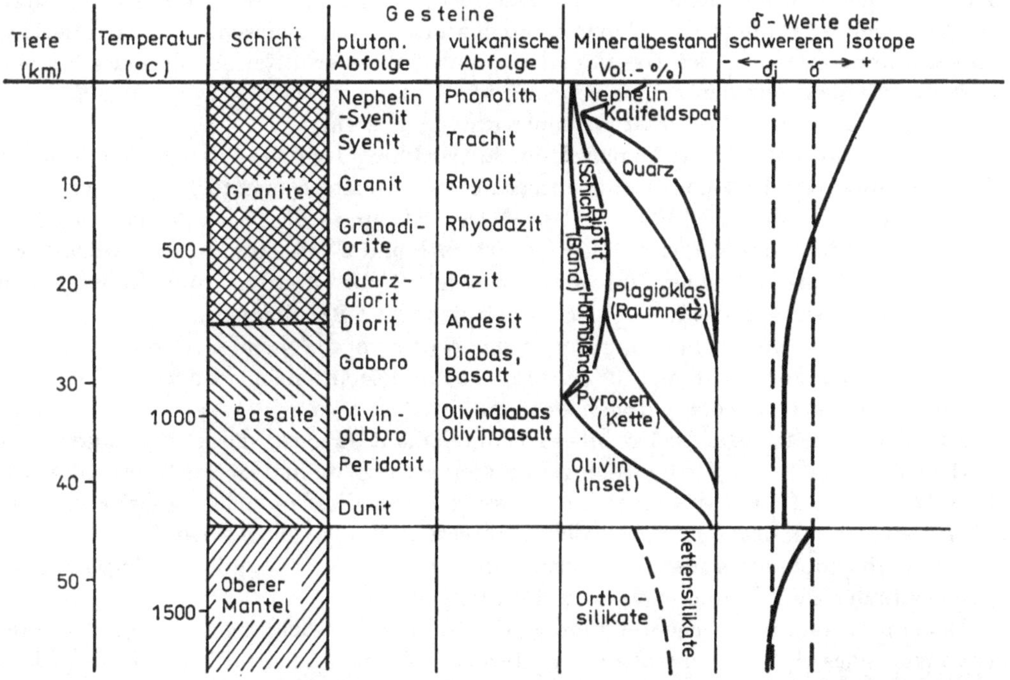

Abb. 3. Chemische und isotopische Zusammensetzung der Lithosphäre. (Die Angaben über die Zusammensetzung der Kruste sind H. J. Rösler, H. Lange: Geochemische Tabellen, VEB Deutscher Verlag für Grundstoffindustrie, Leipzig 1975, entnommen.) δ_j = δ-Wert der juvenilen Matrix, $\bar{\delta}$ = gewogenes Mittel der δ-Werte der Kruste

weitere Besonderheit, die die Isotopengeochemie von der Elementgeochemie abhebt: In bezug auf die Isotopenzusammensetzung des chemischen Elements kann das Erdinnere (etwa vom Oberen Mantel an) als homogen angesehen werden. (Bezüglich der Elementhäufigkeiten ist dies bekanntlich ganz und gar nicht der Fall, was die Elementgeochemie häufig vor Probleme stellt.)

Die Abb. 3 zeigt den prinzipiellen Verlauf der δ-Werte der schwereren Isotope des Sauerstoffs und des Siliciums in der Lithosphäre in Abhängigkeit von der Tiefe, wie er sich aus diesen Überlegungen ergibt [WETZEL 1980].

Im Falle derjenigen chemischen Elemente, deren Isotopenzusammensetzung vom radioaktiven Zerfall solcher Elemente bestimmt wird, die in der Erdkruste relativ zum jeweiligen Tochterelement angereichert bzw. abgereichert werden (Rb, Sm, Th, U), muß diese Aussage jedoch eingeschränkt werden. Hier sind in den letzten Jahren isotopische Inhomogenitäten im Oberen Mantel nachgewiesen worden, die auf eine Verarmung der oberen Bezirke des Mantels an den lithophilen Elementen zurückzuführen sind.

4. *Die Nutzung radioaktiver Zerfallsprozesse für die Radiogeochronologie*

Die Geschwindigkeit des radioaktiven Zerfalls ist unabhängig (bzw. fast unabhängig) von Druck, Temperatur und anderen Einflüssen der Umgebung des Atomkerns; darauf beruht die Bedeutung der Isotopenforschung für die Geochronologie. Mißt man die rezente Isotopenzusammensetzung eines langlebigen radioaktiven Elements, so erhält man (bei Kenntnis der ursprünglichen Isotopenzusammensetzung und der Zerfallskonstanten) die Zeit seit der Bildung der Elemente im Kosmos. Die auf diesem Wege aus der Isotopenzusammensetzung des Urans und des Luthetiums ermittelten Alter des Sonnensystems stimmen mit den aus astronomischen Untersuchungen gewonnenen Erkenntnissen über die Geschichte unseres Sonnensystems überein.

Zu tiefen Einsichten in die Dynamik der Entwicklung der Erde gelangt man durch die Untersuchung der Isotopenzusammensetzung der Tochterelemente langlebiger radioaktiver Nuklide wie ^{40}K, ^{147}Sm, ^{187}Re, ^{232}Th, ^{235}U und ^{238}U. So enthält natürliches Rubidium 72,15 Atom-% des stabilen Isotops ^{85}Rb und 27,85 Atom-% des radioaktiven Isotops ^{87}Rb, das mit einer Halbwertzeit von $4{,}7 \cdot 10^{10}$ Jahren unter Emission von β-Strahlung in ein stabiles Isotop des Strontiums, das ^{87}Sr, übergeht.

Tabelle 1 zeigt eine Aufstellung der in der Natur vorkommenden Radionuklide mit Halbwertzeiten von mehr als 10^8 Jahren, die für geochronologische Untersuchungen infrage kommen bzw. herangezogen werden.

Mit Hilfe solcher Mutterelement—Tochterelement—Paare, deren Konzentrationsverhältnis in der Erdkruste deutlich genug von demjenigen im Oberen Mantel abweicht (Rb/Sr, Sm/Nd, Th/Pb), lassen sich so Aussagen über die Entwicklung der Erdkruste, über die Dynamik des Wachstums der Erdkruste und über die geochemische Entwicklung des Oberen Mantels gewinnen, die zu einem tieferen Verständnis der Entwicklungsgeschichte der Erde führen (siehe z. B. [WETZEL 1981]).

Dabei muß allerdings beachtet werden, daß ein der Entwicklung des Oberen Mantels entsprechendes Isotopenverhältnis: radiogenes Tochter-/nichtradiogenes Vergleichsnuklid des Tochterelements eines älteren Gesteins nichts über den Mechanismus aussagt, nach dem das Gestein entstanden ist. Ein solches Gestein kann durch Kristallisation aus einem direkt aus dem Oberen Mantel stammenden Magma entstanden sein; es kann aber auch einen Zyklus Aufsteigen aus dem Oberen Mantel — Erstarrung —

Tabelle 1. In der Natur vorkommende Radionuklide mit Halbwertzeiten von mehr als 10^8 Jahren

Nuklid	Halbwertzeit (in Jahren)	Zerfallsart
^{40}K	$1{,}26 \cdot 10^9$	β^-, K
^{50}V	$6 \cdot 10^{15}$	K
^{82}Se*	10^{22}	$\beta^-\beta^-$
^{87}Rb	$5 \cdot 10^{10}$	β^-
^{115}In	$6 \cdot 10^{14}$	β^-
^{123}Te	$5 \cdot 10^{13}$	K
^{130}Te*	$10^{22,5}$	$\beta^-\beta^-$
^{138}La	$1{,}12 \cdot 10^{11}$	β^-
^{144}Nd	$2{,}4 \cdot 10^{15}$	α
^{147}Sm	$1{,}05 \cdot 10^{11}$	α
^{152}Gd	$1{,}1 \cdot 10^{14}$	α
^{176}Lu	$3 \cdot 10^{10}$	β^-
^{174}Hf	$2 \cdot 10^{15}$	α
^{187}Re	$4 \cdot 10^{10}$	β^-
^{190}Pt	$6 \cdot 10^{11}$	α
^{192}Pt	10^{15}	α
^{232}Th	$1{,}41 \cdot 10^{10}$	α
^{235}U	$7{,}1 \cdot 10^8$	α
^{238}U	$4{,}51 \cdot 10^9$	α

* Halbwertzeit nach der „geologischen Methode" bestimmt

Verwitterung — Diagenese — Metamorphose — Palingenese in weniger als 50 bis 100 Millionen Jahren durchlaufen haben. (In einer so kurzen Zeitspanne erfährt das genannte Isotopenverhältnis keine sicher meßbare Veränderung [Moorbath 1977].)

Die Radiogeochronologie hat sich zu einer überaus leistungsfähigen Methode der geowissenschaftlichen Forschung entwickelt. Durch Kombination mehrerer Datierungsverfahren miteinander und mit der Isotopengeochemie der Tochterelemente der radioaktiven Zerfallsprozesse ist es auch möglich geworden, komplizierte, auch mehrstufige genetische Prozesse aufzuklären und zu datieren (siehe z. B. Rösler, Lange 1975).

An dieser Stelle sollen auch die genetischen Aussagen erwähnt werden, die sich aus Störungen des radioaktiven Gleichgewichts der natürlichen radioaktiven Zerfallsreihen ableiten lassen.

Auf die Möglichkeit, aus der Isotopenzusammensetzung chemischer Elemente (Edelgase, Alkalimetalle) in Meteoriten auf deren „cosmic-exposure"-Alter zu schließen, soll hier nur hingewiesen werden, da ihre Bedeutung auf die Kosmoswissenschaften beschränkt ist.

5. *Die Ausbreitung isotopengeochemischer Anomalien*

Die geochemische Prospektion geht davon aus, daß eine Lagerstätte gewöhnlich von einem (primären oder sekundären) Dispersionshof umgeben ist, in dem das (oder die) lagerstättenbildende(n) Element(e) in nicht abbauwürdiger, aber über dem Clarke-

Wert liegender Konzentration vorliegt (vorliegen). Primäre Dispersionshöfe haben, abgesehen von Gashöfen, eine Ausdehnung von einigen Metern bis einigen hundert Metern, während sekundäre Aureolen Ausdehnungen von bis zu einigen Kilometern aufweisen. Wegen dieser begrenzten Ausdehnung der Dispersionshöfe verwendet die Elementgeochemie häufig migrationsfreudige Elemente (Indikatorelemente) wie Hg, As oder Li anstelle der lagerstättenbildenden Elemente zur Prospektion. *Es ist zu erwarten, und es gibt bereits einige experimentelle Hinweise darauf, daß auch die Ausdehnung einer Reihe von isotopengeochemischen Anomalien diejenige der lagerstättenbildenden Elemente (und möglicherweise auch diejenige von Indikatorelementen) übertrifft.* Der Ausbreitung isotopengeochemischer Anomalien solcher Elemente, die — wie Sauerstoff, Silicium Magnesium, Calcium, Kalium und Wasserstoff — in fast allen Gesteinen und Mineralien in hoher Konzentration enthalten sind, stehen nämlich, im Gegensatz zu den Verhältnissen bei der Migration der Elemente, keine chemischen bzw. kristallchemischen Barrieren im Wege. Was die Ausbreitung isotopengeochemischer Anomalien des Kohlenstoffs, des Stickstoffs und des Schwefels betrifft, so steht der Migration dieser Elemente unter den bei magmatischen Prozessen herrschenden Bedingungen die Gasphase (CO_2, N_2, H_2S bzw. SO_2) zur Verfügung, so daß auch hier in bestimmten Fällen ausgedehnte „isotopische Aureolen" erwartet werden dürfen.

Eindrucksvolle Beispiele für sich über einige Dutzend km hin erstreckende isotopengeochemische Anomalien sind durch die Untersuchungen von TAYLOR jr. [1978] über die Isotopenzusammensetzung des Sauerstoffs in granitischen Gesteinen verschiedener Regionen sowie über die Isotopenzusammensetzung des Sauerstoffs und des Wasserstoffs und des Wasserstoffs in mesozoischen Graniten Mittel- und Nordkaliforniens [MASI et al. 1981] gegeben werden.

Voraussetzung für die Nutzung solcher Anomalien für die Lagerstättenforschung ist freilich die Aufdeckung von Zusammenhängen zwischen der Anreicherung lagerstättenbildender Elemente und der Isotopenzusammensetzung solcher Elemente wie Sauerstoff, Wasserstoff, Kohlenstoff, Stickstoff, Schwefel, Strontium, Silicium und Lithium (vgl. Abschnitt 7). Hier liegen erste erfolgversprechende Ergebnisse vor (siehe z. B. BAUMANN, PILOT [1977]; RÖSLER u. a. [1966]).

Wir halten die Erforschung der Beziehungen zwischen elementgeochemischen und isotopengeochemischen Anomalien und der Ausbreitung dieser Anomalien für eine der wichtigsten Aufgaben der isotopengeochemischen Forschung. Angesichts der Rolle des Sauerstoffs (oxidative und hydrolytische Prozesse), des Schwefels (Ausscheidung von Sulfiden und Sulfaten), und des Kohlenstoffs (reduktive Prozesse, Ausscheidung von Karbonaten) dürfte der Isotopengeochemie dieser Elemente dabei die größte Bedeutung zukommen.

6. Neuere Ergebnisse der Isotopengeochemie bei der Charakterisierung der Genese granitischer Intrusiva

Die Bildung magmatogener Lagerstätten ist häufig an granitische Intrusiva gebunden. Die Kenntnis ihrer Genese ist also eine entscheidende Voraussetzung für die Einschätzung der Lagerstättenhöffigkeit in solchen und in der Nähe solcher Intrusiva. Hierzu können die Isotopengeochemie und die Radiogeochronologie wertvolle Beiträge leisten.

Hier soll versucht werden, am Beispiel granitischer Intrusiva die Möglichkeiten der Isotopengeochemie des Sauerstoffs, des Wasserstoffs und des Strontiums bei der Aufklärung der Genese granitischer Gesteine aufzuzeigen [WETZEL, SCHÜTZE 1982]. Dabei wird auch auf die Zusammenhänge mit der Bildung magmatogener Lagerstätten im Bereich solcher Intrusiva einzugehen sein.

Hinsichtlich der Genese der Intrusiva sollen folgende Fälle unterschieden werden:

1. Das Gestein ist durch Differentiation aus einem juvenilen Magma entstanden und ist weder vor noch nach seiner Kristallisation mit vadosem Wasser oder mit anderen Gesteinen in stoffliche Wechselwirkung getreten (Typ I).
2. Das Gestein ist durch Palingenese von Sedimenten bzw. Parametamorphiten entstanden und ist weder vor noch nach seiner Kristallisation mit vadosem Wasser in Wechselwirkung getreten (Typ II).
3. Das Gestein ist aus einem juvenilen Magma entstanden, das (vor der Erstarrung) mit Sedimenten bzw. Parametamorphiten in einen durch Wasser beliebigen Ursprungs ermittelten Isotopenaustausch getreten ist (Typ III).
4. Das Gestein ist aus einem juvenilen Magma entstanden, das (vor der Erstarrung) mit vadosem Wasser, aber nicht mit Sedimenten bzw. Parametamorphiten in Wechselwirkung getreten (Typ IV) ist.
5. Das Gestein ist nach seiner Erstarrung mit Wasser bzw. mit dem Nebengestein in Wechselwirkung getreten (Typ V).

Granitische Intrusiva vom Typ I kommen wegen der stofflichen Homogenität des Oberen Mantels im Vergleich zur Kruste dann als Lagerstättenbildner „granitophiler" Elemente infrage, wenn sie von einem großen Manteldiapir abzuleiten sind und das Ergebnis der letzten Phase der Kristallisationsdifferentiation darstellen. Solche Intrusiva dürften sich also von der Gesamtheit der granitischen Intrusiva vom Typ I durch ihren höheren SiO_2-Gehalt und ihr im Vergleich mit anderen, der gleichen Magmenkammer entstammenden Intrusiva niedriges Alter abheben lassen.

Granitische Intrusiva vom Typ II sind potentielle Lagerstättenbildner, da in ihrem Ausgangsmaterial sedimentogene Anreicherungen nutzbarer Minerale stattgefunden haben können. Inwieweit das im einzelnen Falle geschehen ist, läßt sich anhand isotopengeochemischer Daten des Sauerstoffs, des Wasserstoffs und des Strontiums nicht entscheiden. Ein nach den hier beschriebenen Prinzipien als granitisches Gestein vom Typ II charakterisiertes Gestein ist also anhand anderer Kriterien auf seine Fähigkeit zur Bildung magmatogener Lagerstätten zu untersuchen. Der Übergang zwischen granitischen Gesteinen vom Typ I und II ist fließend.

Granitische Intrusiva vom Typ III und IV sind ebenfalls potentielle Lagerstättenbildner, kann das Wasser doch lagerstättenbildende Elemente im Nebengestein mobilisieren und dem empordringenden Magma bzw. dem Kontakt zwischen empordringendem Magma und Nebengestein zuführen.

Postmagmatische Wechselwirkung granitischer Intrusiva mit Wasser bzw. mit dem Nebengestein, wie sie für Intrusiva vom Typ V charakteristisch ist, hat mit der Entstehung magmatogener Lagerstätten nichts zu tun. Solche Wechselwirkungsprozesse interessieren uns vom Standpunkt der Lagerstättenforschung aus nur insoweit, wie sie auf die Isotopenzusammensetzung des Sauerstoffs, des Wasserstoffs und des Strontiums einwirken und so die Identifizierung der Typen I, II, III oder IV erschweren.

Die Typen I, II, III, IV und V granitischer Intrusiva lassen sich anhand der Isotopenzusammensetzung des Sauerstoffs, des Wasserstoffs und des Strontiums charakterisieren und voneinander unterscheiden.

6.1. *Granitische Intrusiva vom Typ I*

Die Isotopenzusammensetzung des Sauerstoffs granitischer Intrusiva vom Typ I gehorcht der Beziehung [SCHÜTZE 1981]

$$\delta^{18}O = 2{,}18 \cdot e^{1{,}34 \cdot I_{^{18}O}} \pm 0{,}23 \tag{1}$$

für die Kristallisationsdifferentiation eines juvenilen Magmas. Außerdem müssen die Unterschiede $\Delta\delta^{18}O$ in den $\delta^{18}O$-Werten einzelner Minerale der Erstarrungstemperatur T_S bzw. (wegen eines möglichen retrograden Isotopenaustausches) einer nur wenig unterhalb der Erstarrungstemperatur liegenden Temperatur entsprechen:

$$\Delta\delta^{18}O \geqq 7{,}98 \cdot \Delta I_{^{18}O} \cdot 10^6 / T_S^2. \tag{2}$$

Für den Zusammenhang zwischen dem $\delta^{18}O$-Wert des Gesamtgesteins $\delta^{18}O_{WR}$ und dem $\delta^{18}O$-Wert des Quarzes $\delta^{18}O_{Qu}$ in einer Reihe von Graniten hat VISWANATHAN [1972] folgende empirische Beziehung gefunden:

$$\delta^{18}O_{WR} = 0{,}8277 \cdot \delta^{18}O_{Qu} + 0{,}36, \tag{3}$$

welche mit Sicherheit nur für Granite der Typen I, II, III und IV gilt und deshalb zur Charakterisierung dieser Typen mit herangezogen werden kann.

Die Isotopenzusammensetzung des Wasserstoffs in granitischen Intrusiva vom Typ I muß dem Isotopenaustauschgleichgewicht mit magmatischem Wasser ($\delta D' = -50 \pm 20‰$) bei oder dicht unterhalb der Erstarrungstemperatur entsprechen. Der Wasserstoff in granitischen Gesteinen ist, abgesehen von durch Trocknung bei Temperaturen knapp oberhalb 100 °C zu entfernendem Wasser, in OH-Gruppen enthaltenden Mineralen gebunden, für welche nach SUZUOKI und EPSTEIN [1976] gilt:

$$10^3 \ln \alpha_{(\mathrm{Min}-H_2O)} = -\frac{22{,}4 \cdot 10^6}{T_S^2} + 2X_{Al} - 4X_{Mg} - 68X_{Fe} + 28{,}2,$$

worin die X die Molebrüche der 6fach koordinierten Kationen Al, Mg und Fe bedeuten. Daraus folgt für den δD-Wert granitischer Intrusiva vom Typ I:

$$\delta D = \delta D' - \frac{22{,}4 \cdot 10^6}{T_S} + 2X_{Al} - 4X_{Mg} - 68X_{Fe} + 28{,}2. \tag{4}$$

Das anfängliche Isotopenverhältnis $(^{87}Sr/^{86}Sr)_i$ der granitischen Intrusiva vom Typ I muß demjenigen im Oberen Mantel entsprechen:

$$(^{87}Sr/^{86}Sr)_i = (^{87}Rb/^{86}Sr)_M \cdot \lambda\,(4{,}55 \cdot 10^9 - t) + 0{,}699, \tag{5}$$

worin $(^{87}Rb/^{86}Sr)_M = 0{,}083$ das molare Verhältnis von ^{87}Rb und ^{86}Sr im Oberen Mantel, $\lambda = 1{,}39 \cdot 10^{-11}$ [a] die Zerfallskonstante des ^{87}Rb und t [a] das Alter des Gesteins ist. Daraus ergibt sich für granitische Intrusiva vom Typ I folgendes zusätzliches Kriterium:

$$(^{87}Sr/^{86}Sr)_i \leqq 1{,}154 \cdot 10^{-12}\,(4{,}55 \cdot 10^9 - t) + 0{,}700, \tag{6}$$

wenn wir noch berücksichtigen, daß es gewisse Inhomogenitäten in der chemischen und isotopischen Zusammensetzung des Oberen Mantels gibt und daß anfängliche Isotopenverhältnisse des Strontiums, die kleiner als die nach Gl. (5) berechneten Werte sind, keinesfalls für eine Wechselwirkung mit Krustenmaterial sprechen.

Da die Isotopenzusammensetzung des Sauerstoffs, des Wasserstoffs und des Strontiums in granitischen Intrusiva vom Typ I allein von der Isotopenzusammensetzung des (sicherlich homogenen) Magmas und den bei der Kristallisationsdifferentiation wirkenden Isotopieeffekten abhängt, müssen die Isotopenzusammensetzungen des Sauerstoffs und des Wasserstoffs und das anfängliche Isotopenverhältnis des Strontiums einzelner Minerale in solchen Gesteinen innerhalb des Stocks (von Mineralen in unmittelbarer Nähe des Kontaktes abgesehen) homogen sein. Für Strontium gilt dies auch für das Gesamtgestein; für die δ^{18}O- und δD-Werte des Gesamtgesteins gilt es in dem Sinne, daß an jeder Stelle innerhalb des Stocks Gl. (1) bzw. Gl. (4) erfüllt ist.

6.2. Granitische Intrusiva vom Typ II

Die δ^{18}O-Werte granitischer Intrusiva vom Typ II liegen höher als die nach Gl. (1) berechneten δ^{18}O-Werte, weil nahezu alle Sedimente und die daraus entstehenden Parametamorphite höhere δ^{18}O-Werte haben als die Magmatite. Für Parametamorphite liegt der Mittelwert bei $\delta^{18}O = 11,5‰$, für Sedimente sogar bei 17‰:

$$\delta^{18}O > 2{,}18 \cdot e^{1{,}34 \cdot I_{18_O}} + 0{,}23.$$

Ausnahmen von dieser Regel sind allenfalls denkbar beim Einschmelzen kontinentaler Sedimente bzw. daraus entstandener Parametamorphite in großer Entfernung vom Äquator und/oder von Küsten, wo das meteorische Wasser niedrige δ^{18}-OWerte aufweist.

Was die Unterschiede $\Delta\delta^{18}O$ in den δ^{18}O-Werten einzelner Minerale bzw. zwischen dem δ^{18}O-Wert des Gesamtgesteins und dem des Quarzes betrifft, so trifft für Typ II dasselbe zu wie für Typ I: Es gelten die Gln. (2) bzw. (3).

Was die Isotopenzusammensetzung des Wasserstoffs in granitischen Intrusiva vom Typ II betrifft, so muß mit einer Beeinflussung durch das in den eingeschmolzenen Sedimenten bzw. Parametamorphiten enthaltene vadose Wasser gerechnet werden, dessen δD-Werte $\delta D''$ (in Abhängigkeit von der Entfernung vom Äquator und/oder von Küsten) zwischen 0‰ und −400‰, in Mitteleuropa zwischen −60‰ und −70‰ liegen. Im Falle der Intrusiva vom Typ IV wird der δD-Wert praktisch allein vom δD-Wert des vadosen Wassers geprägt. Es gilt also:

$$\delta D_{\text{TypI}} > \delta D_{\text{TypII}} > \delta D_{\text{TypIV}}$$

oder

$$\delta D' > \delta D + \frac{22{,}4 \cdot 10^6}{T_S{}^2} - 2X_{\text{Al}} + 4X_{\text{Mg}} + 68X_{\text{Fe}} - 28{,}2 > \delta D''.$$

Da das von magmatischen Intrusiva vom Typ II eingeschmolzene Nebengestein älteres Krustenmaterial mit in der Regel im Vergleich mit dem Oberen Mantel erhöhtem Rb/Sr-Verhältnis ist, gilt für Typ II anstelle von Gl. (6):

$$({}^{87}\text{Sr}/{}^{86}\text{Sr})_i \geqq 1{,}154 \cdot 10^{-12}\,(4{,}55 \cdot 10^9 - t) + 0{,}700.$$

Das Kriterium der Homogenität der Isotopenzusammensetzung ist bei Typ II ebenso gültig wie bei Typ I.

6.3. Granitische Intrusiva vom Typ III

Für die $\delta^{18}O$- und δD-Werte granitischer Intrusiva vom Typ III gilt das für Typ II Gesagte. Es gelten

$$\delta^{18}O > 2{,}18 \cdot e^{1{,}34 \cdot I_{^{18}O}} + 0{,}23,$$

die Gln. (2) und (3) und die Ungleichung

$$\delta D_{\mathrm{TypI}} > \delta D_{\mathrm{TypII}}, \quad \delta D_{\mathrm{TypIII}} > \delta D_{\mathrm{TypIV}}.$$

Abweichend von den granitischen Intrusiva vom Typ II nimmt das Magma im Falle von Typ III wahrscheinlich kein Strontium aus älterem Krustenmaterial auf. Es sollte also

$$({}^{87}Sr/{}^{86}Sr)_i \leqq 1{,}154 \cdot 10^{-12}\,(4{,}55 \cdot 10^9 - t) + 0{,}700$$

sein.

Das Kriterium der Homogenität der Isotopenzusammensetzung ist bei Typ III sicherlich nicht in so strengem Maße gültig wie bei den Typen I und II. Dennoch dürfte es, mit gewissen Einschränkungen bezüglich der in der Nähe des Kontaktes zum Nebengestein gelegenen Bereiche, anwendbar sein, weil die Thermokonvektion eine weitgehende Homogenisierung bewirken müßte.

6.4. Granitische Intrusiva vom Typ IV

Die $\delta^{18}O$-Werte granitischer Intrusiva vom Typ IV liegen niedriger als die nach Gl. (1) berechneten Werte, weil der Isotopenaustausch mit Wasser meteorischem Ursprungs dem Magma ^{18}O entzieht:

$$\delta^{18}O < 2{,}18 \cdot e^{1{,}34 \cdot I_{^{18}O}} - 0{,}23.$$

Bezüglich der Unterschiede $\Delta\delta^{18}O$ in den $\delta^{18}O$-Werten einzelner Minerale bzw. zwischen dem $\delta^{18}O$-Wert des Gesamtgesteins und dem des Quarzes gilt für Typ IV dasselbe wie für die Typen I, II und III: Es treffen die Gln. (2) bzw. (3) zu. Bei Typ IV kommt jedoch das Kriterium hinzu, daß der aus der Gleichgewichtsbedingung

$$\delta^{18}O = (7{,}98 \cdot I_{^{18}O} - 4{,}06) \cdot 10^6/T_S^2 - 2{,}71 \cdot 10^3/T_S + \delta^{18}O_W$$

folgende $\delta^{18}O$-Wert des Gesteins in starkem Maße durch den $\delta^{18}O$-Wert des meteorischen Wassers ($\delta^{18}O_W$) zur Zeit der Bildung des Gesteins bestimmt wird, sofern die in den Isotopenaustausch getretene Wassermenge groß ist im Vergleich zur Menge des Magmas.

Für die δD-Werte von granitischen Intrusiva vom Typ IV gilt in Analogie zu den Verhältnissen bei den $\delta^{18}O$-Werten die Bedingung des Gleichgewichts mit dem δD-Wert $\delta D''$ des meteorischen Wassers:

$$\delta D = \delta D'' - \frac{22{,}4 \cdot 10^6}{T_S^2} + 2X_{\mathrm{Al}} - 4X_{\mathrm{Mg}} - 68X_{\mathrm{Fe}} + 28{,}2.$$

Insoweit wie die anfängliche Isotopenzusammensetzung des Strontiums von der Wechselwirkung mit vadosem Wasser unbeeinflußt bleibt, und das ist nach den über die Intrusivgranite des Erzgebirges vorliegenden experimentellen Untersuchungen anzunehmen, gilt für $(^{87}Sr/^{86}Sr)_i$ in Gesteinen vom Typ IV dasselbe wie bei Typ I:

$$(^{87}Sr/^{86}Sr)_i \leqq 1{,}154 \cdot 10^{-12}\,(4{,}55 \cdot 10^9 - t) + 0{,}700.$$

Bezüglich des Kriteriums der Homogenität der Isotopenzusammensetzung stimmt Typ IV mit Typ III überein.

6.5. Granitische Intrusiva vom Typ V

Postmagmatische Prozesse können zu Veränderungen der Isotopenzusammensetzung des Sauerstoffs, des Wasserstoffs und vielleicht auch des Strontiums führen, die bevorzugt die in der Nähe des Kontakts zum Nebengestein liegenden Bezirke erfassen. Dabei läßt sich im Falle des Sauerstoffs weder das Vorzeichen noch das Ausmaß dieser Veränderungen voraussagen. Austausch mit Wasser magmatischen Ursprungs führt zu einer Erhöhung der $\delta^{18}O$-Werte, Austausch mit Wasser meteorischen Ursprungs in der Regel (zumindest in vom Äquator und/oder Küsten entfernten Regionen) zu einer Erniedrigung der $\delta^{18}O$-Werte. Anhand vorliegender experimenteller Untersuchungen kann eingeschätzt werden, daß für granitische Intrusiva vom Typ V

$$-7‰ < \delta^{18}O < +17‰$$

gilt.

Die Unterschiede zwischen den $\delta^{18}O$-Werten einzelner Minerale entsprechen beim Typ V von Mineral-Paar zu Mineral-Paar verschiedenen, in der Regel weit unterhalb der Erstarrungstemperatur liegenden Temperaturen:

$$\Delta\delta^{18}O > 7{,}98 \cdot \Delta I_{^{18}O} \cdot 10^6/T_S^2 ‰.$$

Wegen der Abstufung der Isotopenaustauschgeschwindigkeiten in der Reihenfolge

Quarz < Hämatit < Hornblende < Biotit < Feldspat

wird $\Delta\delta^{18}O$ den aus Gl. (2) berechneten Wert umso mehr übertreffen, je weiter 2 Minerale eines Gesteins vom Typ V in dieser Reihe voneinander entfernt sind. Aus analogen Gründen tritt bei Gesteinen vom Typ V an die Stelle von Gl. (3) die Ungleichung:

$$\delta^{18}O_{WR} < 0{,}8277 \cdot \delta^{18}O_{Qu} + 0{,}36.$$

Im Falle des Wasserstoffs läßt sich wenigstens das Vorzeichen der Abweichung von granitischer Intrusiva des Typs I voraussagen: Wie Gl. (4) zeigt, führt ein Einfrieren des Isotopenaustauschgleichgewichts unterhalb der Erstarrungstemperatur des Gesteins ebenso wie eine Substitution von magmatischem durch meteorisches Wasser zu einer Erniedrigung der δD-Werte im Vergleich mit den nach dieser Gleichung berechneten Werten:

$$\delta D < \delta D' - \frac{22{,}4 \cdot 10^6}{T_S^2} + 2X_{Al} - 4X_{Mg} - 68X_{Fe} + 28{,}2.$$

Für das anfängliche Isotopenverhältnis $(^{87}Sr/^{86}Sr)_i$ in granitischen Intrusiva vom Typ V sollte ebenso wie im Falle der Typen I, III und IV

$$(^{87}Sr/^{86}Sr)_i \leqq 1{,}154 \cdot 10^{-12}\,(4{,}55 \cdot 10^9 - t) + 0{,}700$$

gelten. Die Isotopenzusammensetzung des Sauerstoffs und des Wasserstoffs muß bei Gesteinen vom Typ V in ausgeprägtem Maße ortsabhängig sein. Allenfalls im Inneren des Stocks, weit entfernt vom Kontakt zum Nebengestein, kann Homogenität der Isotopenzusammensetzung erwartet werden. Die in einem solchen homogenen Bereich herrschenden $\delta^{18}O$-, $\delta^{18}O$-, δD- und $(^{87}Sr/^{86}Sr)_i$-Werte können herangezogen werden, um zu entscheiden, welchem der Typen I, II, III bzw. IV die Entwicklung des Magmas vor seiner Erstarrung entspricht.

In Tabelle 2 sind die wichtigsten Ergebnisse unserer Überlegungen zusammengefaßt. Man erkennt, daß es der Messung der $\delta^{18}O$-Werte mindestens zweier Minerale bzw. eines Minerals und des Gesamtgesteins, des δD-Werts in einem OH-Gruppen-haltigen Mineral und des $(^{87}Sr/^{86}Sr)_i$-Werts im Gesamtgestein oder in einem Mineral an mehreren Stellen innerhalb des Intrusivkörpers bedarf, um die Typen I, II, III und IV klar voneinander unterscheiden zu können und postmagmatische Veränderungen entsprechend dem Typ V eliminieren zu können. Beim Vorliegen eines solchen Vorrats isotopengeochemischer Daten wird es allerdings auch in der Regel möglich sein, selbst Übergänge zwischen den einzelnen Typen anzusprechen. Wenn nicht wenigstens die $\delta^{18}O$-Werte zweier Minerale bzw. eines Minerals und des Gesamtgesteins und der $(^{87}Sr/^{86}Sr)_i$-Wert an einer vom Kontakt mit dem Nebengestein viele Meter entfernten Stelle vorliegen, ist eine isotopengeochemische Klassifizierung granitischer Intrusiva nach den Typen I bis V ausgeschlossen.

Es muß darauf hingewiesen werden, daß der Isotopenindex $I_{^{18}O}$ nur bei genauer Kenntnis der chemischen Zusammensetzung bezüglich der wichtigsten chemischen Elemente (O, Si, Al, Fe, Mg, Ca, Na und K) in den betrachteten Gesteinen berechnet werden kann.

Tabelle 2. Isotopengeochemische Kriterien der 5 Typen granitischer Intrusiva

Typ	$\delta^{18}O$	$\Delta\delta^{18}O$	$\delta^{18}O_{WR}$	δD	$(^{87}Sr/^{86}Sr)_i$	Isotopenverhältnis im Intrusivkörper
I	$= A$	$\approx B$	$\approx C$	$= D$	$\leqq E$	homogen
II	$> A$	$\approx B$	$\approx C$	$> D$	$\geqq E$	homogen
III	$> A$	$\approx B$	$\approx C$	$> D$	$\leqq E$	weitgehend homogen
IV	$< A$	$\approx B$	$\approx C$	$= D^*$	$\leqq E$	weitgehend homogen
V	-7 bis $+17$	$> B$	$< C$	$< D$	$\leqq E$	bei ^{18}O und D in den äußeren Zonen deutlich abweichend vom Zentrum

$$A = \delta^{18}O = 2{,}00 \cdot \exp(1{,}43 \cdot I_{^{18}O}) \pm 0{,}23‰$$

$$B = \Delta\delta^{18}O = 7{,}98 \cdot \Delta I_{^{18}O} \cdot 10^6 \mid T_S^2 ‰$$

$$C = \delta^{18}O_{WR} = 0{,}8277 \cdot \delta^{18}O_{Qu} + 0{,}36‰$$

$$D = \delta D = \delta D' \frac{22{,}4 \cdot 10^6}{T_S^2} + 2X_{Al} - 4X_{Mg} - 68X_{Fe} + 28{,}2‰$$

$$D^* = \delta D = \delta D'' - \frac{22{,}4 \cdot 10^6}{T_S^2} + 2X_{Al} - 4X_{Mg} - 68X_{Fe} + 28{,}2‰$$

$$E = (^{87}Sr/^{86}Sr)_i = 1{,}154 \cdot 10^{-12}(4{,}55 \cdot 10^9 - t) + 0{,}700.$$

7. Neuere Ergebnisse der Isotopengeochemie bei der Charakterisierung der Spezialisierung granitischer Gesteine

Die geochemische Spezialisierung eines Magmas kann verschiedene Ursachen haben. Von Bedeutung sind vor allem

- der Herkunftsbereich und der partielle Ausschmelzungsgrad im Mantel oder der Kruste,
- die Veränderung eines gebildeten Magmas durch magmatische Differenzierung (einschließlich der gravitativen Kristallisationsdifferentiation),
- die Veränderung eines gebildeten Magmas durch Resorption von Nebengestein.

Wetzel und Rösler [1981] haben die Veränderungen abgeschätzt, die ein schwach sekundär verändertes „primäres" Magma durch die Assimilation von paragenem Krustenmaterial erfährt, das bekanntlich sowohl element- als auch isotopengeochemisch oft extrem starke Abweichungen von Mittelwerten aufweist, und versucht, anhand des Verhältnisses der Isotope der leichten Elemente Li, C, N, S und Si Aussagen sowohl über die Resorption als auch über den Charakter des resorbierten Materials zu machen.

Als Beispiele solcher unterschiedlicher sedimentogener Bildungen bzw. Lagerstätten werden 5 Typen ausgehalten, wie sie in ähnlicher Form von Cissarz [1930] dargestellt wurden. Tabelle 3 zeigt diese 5 Typen einschließlich wichtiger in diesen Bereichen angereicherter Elemente.

Tabelle 3. Fünf wichtige Typen geochemisch-sedimentärer Prozesse sowie die wichtigsten angereicherten Elemente

Typ	Bedingungen der Anreicherung	Wichtige angereicherte Elemente
I	Physikalische Verwitterung	Pt, Au, Sn, Ti, Zr, Si
II	Chemische Verwitterung (arid)	Fe, Ni, S, Ag
III	Chemische Verwitterung (tropisch)	Fe, Co, Ni, Al
IV	Ausscheidung aus Oberflächenwasser bei positivem Redoxpotential	Fe, Ca, Na, B, N, S
V	Ausscheidung aus Oberflächenwasser bei negativem Redoxpotential	Fe, Mo, Cu, Zn, Ag, Pb, P, C, S

Über die Isotopenzusammensetzung der Lithiums in seinen natürlichen Vorkommen liegen einige experimentelle Untersuchungen vor [Cameron 1953, 1954, 1955; Ordzonikidse und Shijutse 1955; Pljusnin et al. 1978; Svec und Anderson 1965], aus denen ebenso wie aus theoretischen Untersuchungen hervorgeht [Wetzel 1980], daß die relative Häufigkeit der schweren Isotope in Silikaten mit steigendem Vernetzungsgrad der Silikate zunimmt. Während bei Sedimenten und Lagerstätten vom Typ I keine Veränderung der Isotopenzusammensetzung des Li zu erwarten ist ($\Delta\delta = 0$), sollte bei solchen vom Typ II und III wegen der bevorzugten Verwitterung der Feldspäte mit ihrer dreidimensionalen Verknüpfung eine Abreicherung des schwereren Isotops im reliktischen Material eintreten ($\Delta\delta < 0$), dagegen im abtransportierten Verwitterungsmaterial eine Anreicherung des ^{7}Li ($\Delta\delta > 0$). Im Falle des Berylls (und seiner silikatischen Ringstruktur) ist ein bevorzugter Abbau des ^{7}Li bei der Verwitterung von Cameron [1954, 1955] direkt bewiesen worden.

Bei Lagerstätten vom Typ IV und V ist nach den Untersuchungen von Svec und Anderson [1965] über die Isotopenzusammensetzung des Li in evaporitischem Li_2NaPO_4 ebenfalls eine Anreicherung der schwereren Isotope möglich. Bei Ausscheidung schwerlöslicher Lithiumsalze aus wäßrigen Lösungen wird stets das schwerere Isotop in der festen Phase angereichert [Cameron 1954, 1955; de Vries und van der Valk 1962; Wagner und Belz 1955].

Falls bei der Parametamorphose eine partielle Auslaugung des Li erfolgt, würde ^{7}Li wahrscheinlich (wie bei Beryll nachgewiesen) bevorzugt abgeführt werden. Bei klastischen Sedimenten dürfte dieser Effekt kaum eine Rolle spielen. Bei den durch chemische Verwitterung bzw. durch Ausscheidung gebildeten Sedimenten kann der genannte Effekt die bei der Bildung der Sedimente eintretenden Effekte allenfalls kompensieren, jedoch schwerlich überkompensieren.

Über die Isotopenzusammensetzung des Lithiums in „unspezialisierten" Magmatiten ist nichts bekannt.

Der größte Teil des Kohlenstoffs der Erdkruste liegt in Form von karbonatischen ($4,3 \cdot 10^{16}$ t) bzw. organischen ($1,2 \cdot 10^{16}$ t) Sedimenten vor. Andere Reservoire des Kohlenstoffs fallen diesen Vorräten gegenüber nicht ins Gewicht. Die Isotopenzusammensetzung des Kohlenstoffs in seinen beiden großen Reservoiren ist seit 2—3 Millionen Jahren annähernd konstant. Schwankungen um 2—3‰ im Laufe von Jahrhundertmillionen beruhen wahrscheinlich auf säkularen Schwankungen der Größe der beiden Reservoire im Rhythmus von Orogenesen [Wetzel und Weise 1979]. Setzen wir für die sedimentären Karbonate $\delta^{13}C =$ ‰ und für die organischen Sedimente $\delta^{13}C = -25$‰, so erhalten wir als globalen Mittelwert $\delta^{13}C = -5,45$‰. Dieser Wert stimmt in befriedigender Weise mit dem δ^{13}C-Wert magmatischen Kohlenstoffs überein.

Bei Lagerstätten vom Typ I ist keine Verschiebung des Isotopenverhältnisses, also $\Delta\delta = 0$, zu erwarten. Überwiegt die Bildung von Karbonaten die Bildung organischen sedimentären Kohlenstoffs im Vergleich zu dem im globalen Maßstab gültigen Verhältnis, wie bei Lagerstätten vom Typ II und IV, so wird das schwerere Isotop angereichert ($\Delta\delta > 0$); im umgekehrten Falle, wie bei Lagerstätten vom Typ III und V, wird das Gebiet am schwereren Isotop verarmen ($\Delta\delta < 0$).

Bei der Metamorphose wird sowohl organischer als auch karbonatischer Kohlenstoff abgebaut. In der Regel dürfte die Oxidation organischen Kohlenstoffs stark durch den Fe(III)-Gehalt beherrscht werden, so daß die Metamorphose die bei Lagerstätten vom Typ II und IV wirkenden Isotopieeffekte verstärkt. Bei Lagerstätten vom Typ III und V wirkt die Metamorphose in umgekehrter Richtung wie die Verwitterung bzw. Sedimentation, so daß Vorzeichenumkehr eintreten könnte ($\Delta\delta \leqq 0$).

Die Isotopenzusammensetzung des Stickstoffs in Sedimenten wird durch die Isotopieeffekte bei der Denitrifikation und N_2O-Bildung beherrscht. Der Isotopieeffekt bei der biologischen Fixierung des atmosphärischen Stickstoffs ist wahrscheinlich kleiner als 1‰ und kann vernachlässigt werden. Der globale Mittelwert des Isotopieeffekts bei der Denitrifikation und N_2O-Bildung liegt nach Berechnungen von Wetzel und Winkler [1979] bei 5,2‰ und führt zu einer Anreicherung des schweren Isotops im Boden. Solange die Konzentrationen von NO_2^-, NO_3^- und organisch gebundenem Stickstoff klein bleiben im Vergleich mit NH_4^+, bleiben Isotopieeffekte bei der Bildung und Umbildung von NO_2^-, NO_3^- und organisch gebundenem Stickstoff ohne Einfluß auf die Isotopenzusammensetzung des Stickstoffs in den Sedimenten.

Bei Lagerstätten vom Typ I ist eine Veränderung der Isotopenzusammensetzung des Stickstoffs nicht zu erwarten ($\Delta\delta = 0$). In allen anderen Fällen führt die Denitrifikation zu einer Anreicherung des schweren Isotops ($\Delta\delta > 0$).

Bei der Metamorphose geben die Sedimente N_2 und NH_3 im Isotopenaustauschgleichgewicht mit dem im Silikatgitter gebunden NH_4^+ ab [Hiendel et al. 1980; Nitzsche et al. 1980], so daß eine nochmalige Anreicherung des schwereren Isotops, auch bei den durch physikalische Verwitterung entstehenden Lagerstätten vom Typ I, stattfindet.

Als $\delta^{15}N$-Wert nicht spezialisierter Magmatite kann $\delta^{15}N = 7{,}8‰$ gelten [Stiehl 1981].

Für die Isotopenzusammensetzung des Siliziums in Silikaten und Alumosilikaten gilt die halbempirische Beziehung [Wetzel 1980]:

$$^{30}\mathrm{Si} = k\,\frac{2[4(n+m)-\Sigma]}{n}\cdot\frac{n+0{,}50\,m}{n+m}+c.$$

Darin sind k und c von der Temperatur abhängige, empirisch zu ermittelnde Koeffizienten. Die Größen n, m bzw. Σ bedeuten die Zahl der Si-, Al- bzw. O-Atome in den Summenformeln der Silikate bzw. Alumosilikate.

Aus dieser Beziehung geht hervor, daß der $\delta^{30}Si$-Wert der Silikate mit steigendem Vernetzungsgrad des anionischen Gerüsts und mit zunehmender Substitution von Si durch Al in den Tetraedermitten steigt. Deshalb sollten alle durch chemische Verwitterung entstandenen Sedimente (Typ II und Typ III) wegen der bevorzugten Verwitterung der Feldspäte durch $\Delta\delta > 0$ ausgezeichnet sein.

Bei der Ausscheidung von Kieselsäure durch Diatomeen und Radiolarien finden Ustinov et al. [1978] eine auf einem kinetischen Isotopieeffekt beruhende Verarmung an den schwereren Isotopen. Bei durch Ausscheidung aus Oberflächenwässern entstehenden Lagerstätten (Typ IV und Typ V) sollte also $\Delta\delta < 0$ sein.

Die Metamorphose dürfte bezüglich des Siliziums in den meisten Fällen als etwa genetisch verlaufender Umsetzungsvorgang im quasi geschlossenen System anzusehen sein, so daß Isotopieeffekte keine große Rolle spielen können.

Aus der angegebenen halbempirischen Beziehung ergibt sich für unspezialisierte Granite (mit der Summenformel $M^{n}_{1,16/n}[Si_{3,20}Al_{0,90}O_{8,18}]$) $\delta^{30}Si = +0{,}81‰$. Aus experimentellen Untersuchungen von Epstein und Taylor [1970] und von Tilles [1961] ergibt sich ein Mittelwert von $\delta^{30}Si = +0{,}61‰$. Für Basite erhalten wir auf analogen Wegen $\delta^{30}Si = -0{,}78$ bzw. $-0{,}47‰$. Angesichts der Tatsache, daß in der halbempirischen Formel auch eine Reihe von $\delta^{30}Si$-Messungen an einzelnen Mineralen enthalten ist, werden die berechneten Werte etwas verläßlicher sein. Danach wäre bei Graniten $\delta^{30}Si = +0{,}8‰$ und bei Basiten $\delta^{30}Si = -0{,}7‰$ anzusetzen.

Über die Zusammenhänge zwischen der Lagerstättenhöffigkeit und der Isotopenzusammensetzung des Schwefels in Magmatiten liegt eine deduktive Analyse vor [Baumann und Pilot 1977; Rösler et al. 1966]. Um Anschluß an die hier zugrunde liegenden, auf Induktion beruhenden Überlegungen zu finden, muß auch im Falle des Schwefels von den in sedimentogenen Lagerstätten wirkenden Isotopieeffekten ausgegangen werden.

Die Isotopenzusammensetzung des Schwefels in Sedimenten wird von den Isotopieeffekten bei der SO_4^{2-}-Reduktion und bei der S^{2-}-Oxidation bestimmt. In beiden Fällen liegt ein kinetischer Isotopieeffekt vor: Die leichten Isotope reagieren rascher [Wetzel 1978b; 1980]. Die $\delta^{34}S$-Werte sedimentärer Sulfide und Sulfate unterliegen säkularen Schwankungen [Pilot et al. 1972] in einem Rhythmus, der durch die ozeanische und klimatische Entwicklung gegeben ist: Die $\delta^{34}S$-Werte der Evaporite liegen zwischen +14 und +28, die der sedimentären Sulfide zwischen −20 und ±0‰. Bei Lagerstätten vom Typ I wird $\Delta\delta = 0$ sein. Für Typ II müßte $\Delta\delta > 0$ charakteristisch sein, weil bei der S^2-Oxidation die leichteren Isotope bevorzugt reagieren. Die Bevorzugung der leichteren Isotope bei der SO_4^{2-}-Reduktion in Lagerstätten vom Typ III sollte ebenfalls zu $\Delta\delta > 0$ führen. Bei Typ IV dürfte die Ausscheidung von Sulfaten mit ihren großen $\delta^{34}S$-Werten auch zu $\Delta\delta > 0$ Anlaß geben. In Lagerstätten vom Typ V wird es zur Ausscheidung von Sulfiden mit kleinen $\delta^{34}S$-Werten kommen, so daß $\Delta\delta < 0$ wird.

Es gibt bislang keine Anhaltspunkte für das Wirken ausgeprägter Isotopieeffekte des Schwefels bei der Metamorphose, so daß die Regionalmetamorphose zunächst keine Komplikationen heraufbeschwören dürfte.

Als für unspezialisierte Magmatite typischer $\delta^{34}S$-Wert kann $\delta^{34}S = +5{,}3‰$ (saure Gesteine) bzw. +2,7‰ (basische Gesteine) gelten [GRINENKO und GRINENKO 1974].

Auch das (bei der Altersbestimmung nach der Rb/Sr-Methode zu messende) Rb/Sr-Verhältnis kann zur Charakterisierung lagerstättenbildender Gebiete im sedimentären Bereich herangezogen werden. Für Granite gilt Rb/Sr = 0,666. Für Schiefer (0,444) bzw. Sandstein (3) ergeben sich Werte in derselben Größenordnung, während für Karbonate ein Rb/Sr-Verhältnis von 0,00492 charakteristisch ist.

In Tabelle 4 sind die für die einzelnen sedimentär-genetischen Typen der Tabelle 3 charakteristischen Verschiebungen der δ-Werte der schweren Isotope zusammengefaßt. Wenn ein Magmatit also δ-Werte zeigt, die in der in Tabelle 4 angegebenen Weise von den δ-Werten „unspezialisierter“ (primärer) Magmatite abweichen, dann liegt der Schluß nahe, daß der Magmatit für diejenigen Elemente spezialisiert ist, die in den jeweiligen Typen sedimentogener Lagerstättenbildung angereichert werden. Als quantitatives Kriterium für die Signifikanz einer solchen Aussage könnte das Kriterium

$$k = \frac{l}{n} \sum_{i=1}^{n} \frac{\Delta\delta_i}{\Delta\delta_{i*}} > 1$$

Tabelle 4. Wahrscheinliche Verschiebung der δ-Werte der schwereren Isotope einiger leichter Elemente in „primären“ Magmatiten durch Resorption sedimentärer Produkte unterschiedlicher Genese

			^{7}Li	^{13}C	^{15}N	^{30}Si	^{34}S	Rb/Sr
	Isotopen-Mittelwerte	a) Granite	?	−5,45	+7,8	+0,8	+5,3	0,67
		b) Basite	?	−5,45	+7,8	−0,7	+2,7	0,1
I	Physikalische Verwitterung		0	0	> 0	0	0	0
II	Chemische Verwitterung bei aridem Klima		> 0?	> 0	> 0	> 0	> 0	?
III	Chemische Verwitterung bei tropischem Klima		> 0?	< 0?	> 0	> 0	> 0	?
IV	Ausscheidung bei positivem Redoxpotential		> 0?	> 0	> 0	< 0	> 0	< 0
V	Ausscheidung bei negativem Redoxpotential		> 0?	< 0?	> 0	< 0	< 0	< 0

gelten, in dem $\Delta\delta_i$ die Abweichungen der δ-Werte aller Elemente i von dem jeweiligen δ-Wert des unspezialisierten Magmatits sind. (Die $\Delta\delta_i$-Werte in der „richtigen“ Richtung haben positives, die $\Delta\delta_i$ in der „falschen“ Richtung negatives Vorzeichen.) Die Werte $\Delta\delta_{i*}$ sind die Halbwertsstreubreiten der δ-Werte der Elemente i in allen bekannten Magmatiten, und n ist die Zahl der in die Untersuchung einbezogenen Elemente i. (Wenn alle $\Delta\delta_i$ gerade um die Halbwertsstreubreite $\Delta\delta_{i*}$ in der richtigen Richtung vom Wert für die unspezialisierten Magmatite abweichen, ergibt sich $k = 1$!)

Es zeigt sich also, daß gewisse Vorhersagen über Zusammenhänge zwischen der Spezialisierung von Magmatiten für bestimmte Elemente und isotopengeochemischen Daten prinzipiell möglich sind. Weitere experimentelle und theoretische Untersuchungen werden notwendig sein, um die Vorstellungen über solche Zusammenhänge auszubauen und zu präzisieren.

Literatur

BAUMANN, L., und PILOT, J., Isotopengeochemische Untersuchungsergebnisse zur Klärung der Genese von Lagerstätten. Freiberger Forschungsheft C 328 (1977) 83–115.

BERMAN, E., SCHAHN, E., und WEISS, M. F., Biophys. J. 2 (1962), 275–287.

BIGELEISEN, J., und MAYER, M. G., J. Chem. Phys. **15** (1949) 261.

CAMERON, A. E., Variations in the isotopic abundance of lithium and bromine in natural materials. Proc. Conf. Nucl. Proc. in Geol. Settings (1953), 70.

— The natural abundance of the lithium isotopes. Carbide and Carbon Chemical Company Rept. K-1168 (1954).

— Variation in the natural abundance of lithium isotopes. J. Amer. Chem. Soc. **77** (1955), 2731–2733.

CISSARZ, A., Die durchschnittliche Zusammensetzung des Mansfelder Kupferschiefers. Metall und Erz **27** (1930), 316–319.

DEVRIES, A. E., und VAN DER VALK, F., Fraktionierung der Isotope des Lithiums bei chemischen Vorgängen. Kernenergie **5** (1962), 304–305.

EPSTEIN, S., und TAYLOR, P., JR., $^{18}O/^{16}O$, ^{30}Si, D/H, and $^{13}C/^{12}C$ studies of lunar rocks and minerals. Science **167** (1970), 533–536.

GRANT, F. S., The geophysical significance of variations in the abundances of the isotopes of silicon in rocks. Geochim. Cosmochim. Acta **5** (1954), 225–242.

GRINENKO, W. A., und GRINENKO, L. N., Die Geochemie der Isotope des Schwefels. Geochimia Isotopov Sery. Isd. Nauka, Moskva 1974 (russisch).

HAENDEL, D., MÜHLE, K., STIEHL, G., und WAND, U., Variationen der Stickstoffisotope in regionalmetamorphen Gesteinen. Vortrag 2. Arbeitstagung „Isotope in der Natur“, Leipzig 1979. ZfI-Mitt. **30** (1980), 35–44.

MASI, U., O'NEIL, J. R., and KISTLER, R. W., Stable isotope systematics in mesozoic granite of Central and Northern California and Southwestern Oregon. Contrib. Mineral. Petrol. **76** (1981), 116–126.

MOORBATH, S., Age isotopes and evolution of precambrian continental crust. Chem. Geol. **20** (1977), 151–187.

NITZSCHE, H.-M., MÜHLE, K., KRAUSE, A., SCHLEGEL, G., und WETZEL, K., Modelluntersuchungen zur Isotopenfraktionierung des Stickstoffs während der Metamorphose von Gesteinen. Vortrag 2. Arbeitstagung „Isotope in der Natur“, Leipzig 1979. ZfI-Mitt. **30** (1980), 25–34.

ORDZONIKIDSE, K. G., und SHIJUTSE, V., Isotope composition of lithium. Zhur. Eksptl. i. Teoret. Fiz. **29** (1955), 479–482.

PILOT, J., RÖSLER, H. J., und MÜLLER, P., Zur geochemischen Entwicklung des Meerwassers und mariner Sedimente im Phanerozoikum mittels Untersuchungen von S-, O- und C-Isotopen. Neue Bergbautechnik **2** (1972) 3, 161–168.

PLJUSNIN, G. S., LOMONOSOV, I. S., POSOCHOV, W. F., SANDIMIROVA, G. P., und PACHOLCENKO,

JU. A., Isotopnye pary $^7Li/^6Li$ i $^{87}Sr/^{86}Sr$ kak kriterij genesisa podzemnych wod. VII. Unionssymposium über stabile Isotope in der Geochemie, Moskau, Sept. 1978.
RÖSLER, J. H., und LANGE, H., Geochemische Tabellen. VEB Deutscher Verlag für Grundstoffindustrie, Leipzig 1975, 573–584.
SCHÜTZE, H., Der Isotopenindex – Eine Inkrementenmethode zur näherungsweisen Berechnung von Isotopenaustauschgleichgewichten. Chemie der Erde **39** (1980), 321–334.
— Sauerstoffisotope und Magmatismus. Fachbericht, ZfI Leipzig, 4. 11. 1981.
STIEHL, G., Untersuchungen der Isotopenvariationen des Stickstoffs in Erdgasen, organischen Sedimenten, metamorphen und magmatischen Gesteinen als Beitrag zur Klärung der Genese des Stickstoffs in Kohlenwasserstofflagerstätten, insbesondere im Rotliegenden der Altmark. Dissertation B, Leipzig 1981.
SUZUOKI, T., und EPSTEIN, S., Hydrogen isotope fractionation between OH-bearing minerals and water. Geochim. Cosmochim. Acta **40** (1976), 1229–1240.
SVEC, H. J., und ANDERSON, A. R., JR., The absolute abundance of the lithium isotopes in natural sources. Geochim. Cosmochim. Acta **29** (1965), 633–641.
TILLES, D., Variations of silicon isotope ratios in a zoned pegmatite. J. Geophys, Res. **66** (1961), 3015–3020.
ÜSTINOV, W. I., STRICHOV, W. P., GRINENKO, W. A., und SAIRI, N. M., Ob informativnosti isotopnova sostava kremnija v zemnych objektach. Vortrag VII. Unionssymposium über stabile Isotope in der Geochemie, Moskau 1978.
VISWANATHAN, S., $\delta^{18}O$ of whole rocks from $\delta^{18}O_{\text{quartz}}$ and its petrogenetic significance. Survey Sci. India **41** (1972) 22, 800–802.
VOJTA, G., in HERTZ, G., Lehrbuch der Kernphysik, B. G. Teubner-Verlagsgesellschaft, Leipzig 1962, Bd. III, 88.
WAGNER, G., und BELZ, A., Ein experimenteller Beitrag zum Problem der Isotopentrennung auf chemischem Wege. II. Monatsh. Chem. **86** (1955), S. 414–418.
WETZEL, K., Über die Isotopenzusammensetzung chemischer Elemente in ihren natürlichen Kreisläufen. ZfI-Mitt. **11** (1977), 18–24.
WETZEL, K., Über den Einfluß von Isotopieeffekten auf die Verbreitung der Isotope in der Natur. Isotopenpraxis **14** (1978a), 408–413.
WETZEL, K., Über die Isotopenzusammensetzung des Schwefels in seinem natürlichen Kreislauf. Isotopenpraxis **14** (1978b), 399–404.
— Über die Verbreitung stabiler Isotope in der Erdkruste. Vortrag 2. Arbeitstagung „Isotope in der Natur", Leipzig 1979. ZfI-Mitt. **29** (1980), 13–47.
— Isotope geochemical models of the evolution of the earth's crust. 4. Intern. Conf. on Stable Isotopes, Jülich, 23.–27. März 1981.
—, CHRISTOPH, G., and SCHÜTZE, H., Thermodynamic isotope effects in silicate systems. Chemie der Erde **41** (1982), 183–191.
—, MISSBACH, D., und MÜHLE, K., Beziehungen zwischen ^{18}O-Werten und stofflich-strukturellen Parametern von Silikaten. ZfI-Mitt. **30** (1980), 168–180.
— und RÖSLER, H. J., Isotopengeochemische Kriterien der Spezialisierung von Magmatiten. Chemie der Erde **41** (1981), 33–39.
— und SCHÜTZE, H., Zur isotopengeochemischen Charakterisierung granitischer Intrusiva. Preprint ZfI-17 (1982) 19 S.
— und WEISE, G., Untersuchungen über die Isotopenzusammensetzung des Kohlenstoffs in seinem natürlichen Kreislauf. Geochimija (1979) 1, 154–160 (russisch).
— und WINKLER, E., On the isotopic composition of nitrogen in its natural cycle. Proc. III. Intern. Conf. on Stable Isotopes, Oak Brook/Ill. 1978. Acad. Press, New York – San Francisco – London 1979, 181–190.
WINKLER, E., und WETZEL, K., Über die Anwendung der Compartment-Theorie auf die Modellierung der Isotopenzusammensetzung des Stickstoffs in seinem natürlichen Kreislauf. Isotopenpraxis **15** (1979), 77–82.

Geophys. u. Geol. Geophys. Veröff. d. KMU Leipzig Bd. III H. 1 S. 25–92 Berlin 1984

Isotopengeochemische Modellrechnungen zur Entwicklung der kontinentalen Kruste auf der Basis eines Isotopenindex von Silicaten

H. Schütze[1]

Zusammenfassung: Es wird eine Methode zur näherungsweisen Berechnung von Isotopenaustauschgleichgewichten zwischen kristallinen Silicaten vorgestellt. Die Berechnung fußt auf einem neu eingeführten Isotopenindex, der mit Hilfe von isotopischen Inkrementen der verschiedenen silicatischen Bindungstypen zu ermitteln ist. Dieser Isotopenindex ist ein quantitatives Maß für das Anreicherungsvermögen eines Silicats gegenüber O-18 oder Si-30. Mit Hilfe der Isotopenindices lassen sich daher auch Isotopentrennungen zwischen beliebigen Silicaten in Abhängigkeit von der Temperatur näherungsweise bestimmen.

Auf der Basis des Isotopenindex werden Probleme des Magmatismus behandelt und zwei Varianten eines isotopengeochemisch gestützten Modells der Erdkrustenentwicklung vorgestellt. Schließlich wird auf die Möglichkeit hingewiesen, mit Hilfe des erarbeiteten theoretischen Konzepts und anhand von Sauerstoffisotopenmessungen Aussagen zur etwaigen Vererzung von Graniten treffen zu können.

Abstract: A method is described which allows to calculate approximately isotope exchange equilibria between different crystalline silicates. The algorithm uses a newly introduced isotopic index. It is defined using isotopic increments of the variant types of silicatic bonds. This isotopic index gives a quantitative measure of the ability to enrich O-18 or Si-30, respectively. The dependence of isotopic fractionations on temperature can be calculated approximately by means of the isotopic index, too.

On this theoretical base some problems of magmatism and two varieties of an isotope geochemical model of the evolution of the earth's crust are treated. At last, the possibility is demonstrated to give prognostic statements about the likelihood of ore bearing of different granites.

> Isotope chemistry has opened new areas of chemical physics, geochemistry, and molecular biology.
>
> Jacob Bigeleisen

Inhaltsverzeichnis

[1] Anschrift des Verfassers:
Dr. sc. nat. Hellmuth Schütze, Zentralinstitut für Isotopen- und Strahlenforschung der Akademie der Wissenschaften der DDR, DDR-7050 Leipzig, Permoserstr. 15.

1. *Einleitung und Zielstellung*

Es ist ein legitimes Anliegen des Menschen, Fragen nach der Vergangenheit bzw. nach der Entwicklung seiner Lebensvoraussetzungen zu stellen; so ist es verständlich, daß er sich ständig um ein Wissen bemüht, derartige Fragen auch beantworten zu können. Insbesondere gilt das für solche Entwicklungsepochen, die im weitesten Sinne nicht mehr aktenkundig belegt sind, Zeiten also, für deren Ablauf keine direkten Zeugen mehr existieren.

Das trifft in besonderem Maße für die Frühstadien unseres Planeten zu, die für die weitere Entwicklung und damit auch für den heutigen Zustand der Erdoberfläche entscheidend waren. Die ältesten bisher bekannten Zeugen für die frühe Entwicklung der Erdkruste sind gegenwärtig die Amîtsoq-Gneise von Isua auf Grönland. Ihr Alter wurde mit Hilfe verschiedener radiogeochronologischer Methoden zu etwa $3{,}8 \cdot 10^9$ a bestimmt (Moorbath 1977). Bei diesen Gesteinen müssen wir davon ausgehen, daß zum Zeitpunkt ihrer Bildung bereits freie Hydrosphäre existierte, denn Spuren ihrer Mitwirkung bei der Bildung der Gesteine sind deutlich erkennbar.

Man geht zur Zeit davon aus, daß Erde und Mond, wie auch die anderen Planeten mit ihren Satelliten, sich vor etwa $4{,}6 \cdot 10^9$ a gebildet haben. Unter diesem Gesichtspunkt darf man die Frage stellen, ob noch Zeugnisse der Frühentwicklung unseres Planeten existieren, welche älter als die Amîtsoq-Gneise sind, oder ob wir auch weiterhin die Entwicklung im Verlauf von etwa 800 Mio Jahren hypothetisch beschreiben müssen (Hargraves 1976, O Nions, Hamilton und Evensen 1980).

Warum interessieren uns die Entwicklungsabläufe in den erdobersten Schichten so sehr? Ohne hier auf Einzelheiten einzugehen, sei gesagt, daß mit dem Schicksal der Krustenentwicklung die rezente Ressourcenverteilung auf das engste verknüpft ist. Eine erste (primitive) Kruste sollte eine noch relativ homogene Verteilung der chemischen Elemente aufgewiesen haben. Erst im Verlauf ihrer weiteren Entwicklung muß es zu regionalen Elementan- bzw. Elementabreicherungen gekommen sein als Folge des Wirkens von Verwitterung, Metamorphose und Magmatismus. Beim Ablauf dieser geologischen Prozesse haben auch die Isotopenverhältnisse, insbesondere der leichten chemischen Elemente, meßbare regionale Unterschiede (Isotopenvariationen) im Oberflächenbereich der Erde erreicht. Aufgrund der Tatsache, daß die Messungen der Isotopenvariationen der leichten chemischen Elemente H, C, N, O, Si und S gut möglich und deren Ergebnisse mit dem Ablauf bestimmter geologischer Vorgänge korrelierbar sind (SCHÜTZE et al. 1976, PAYNE 1976, PILOT 1970, WETZEL 1980, TAYLOR 1968, HOEFS 1973), kommt der Isotopengeochemie dieser Elemente eine ganz besondere Bedeutung zu.

Wegen ihrer unterschiedlichen Massen, Kernvolumina, Kernspins und magnetischen Dipolmomente erleiden isotopische Spezies Trennungen, z. B. bei Transportprozessen, beim Ablauf chemischer Reaktionen, bei Phasenübergängen sowie bezüglich der Gleichgewichtslage chemischer Reaktionen, welche die Ursache für die meßbaren Isotopenvariationen in der Natur darstellen.

Die Unterschiede in den thermodynamischen bzw. kinetischen Eigenschaften zwischen isotopischen Spezies z. B. in den Diffusionskoeffizienten (SCHÜTZE und MOHNKE 1981), in den Geschwindigkeitskonstanten, bei der Lage von Gleichgewichten bezeichnet man als Isotopieeffekte (IE). Im Kapitel 2. wird im Rahmen einer Einführung in die Theorie der Isotopieeffekte darauf näher eingegangen.

Auch in der Isotopengeochemie kommt ihnen besondere Bedeutung zu. Auf den thermodynamischen IE beruht u. a. die Möglichkeit, Isotopengeothermometrie zu betreiben. Die Größe der IE ist theoretisch zugängig aus dem reduzierten Zustandssummenverhältnis, das aus den Grundschwingungsfrequenzen (aus spektroskopischen Untersuchungen oder quantenchemischen MNDO-Berechnungen) ermittelt werden kann. Aber auch aus Isotopenverhältnis-Messungen in Mineralpaaren einer Paragenese läßt sich der thermodynamische IE direkt bestimmen (z. B. FRIEDMAN und O'NEIL 1977). Bei Kenntnis der p/T-Abhängigkeit verschiedener thermodynamischer IE lassen sich auch Aussagen über katalytische Effekte treffen und gegebenenfalls deren Ursachen aufspüren.

Bei den thermodynamischen IE im Bereich Oberer Mantel/Erdkruste spielen naturgemäß diejenigen des Sauerstoffs und des Siliciums die wichtigste Rolle, da die Silicate einschließlich dem SiO_2 dominierend am Aufbau von Oberem Mantel und Kruste beteiligt sind (WETZEL 1978).

Bei der Entstehung einer Mineralparagenese aus einem Magma haben die Isotope des Sauerstoffs und des Siliciums die Möglichkeit, sich so auf die entstehenden Minerale zu verteilen, daß innerhalb der Hauptphasen der Kristallisation Paragenesen entstehen, die Gleichgewichtsbeziehungen aufweisen. Im Zuge eines Austauschs der Isotope zwischen den verschiedenen Mineralen kann sich der Zustand minimaler freier Enthalpie entsprechend den herrschenden p/T-Bedingungen immer dann einstellen, wenn die Reaktionsgeschwindigkeit dafür ausreicht. Bei niedrigen Temperaturen werden deutliche Abweichungen vom Gleichgewicht wegen zu geringer Reaktionsgeschwindigkeit auftreten.

Bei der Bildung der Erdkruste ist das magmatische Geschehen von größter Bedeutung; besonders aus dieser Sicht ist die Kenntnis der Größe der thermodynamischen IE beim Isotopenaustausch zwischen verschiedenen Mineralen bzw. Gesteinen und auch zwischen Wasser und Mineralen bzw. Gesteinen eine wertvolle Informationsquelle, die neben elementgeochemischen, geologischen und geophysikalischen Informationen für eine genauere Beschreibung der Entwicklung der Erdkruste genutzt werden kann.

Um dem Zusammenhang zwischen Krustenentwicklung und Lagerstättenbildung insbesondere durch eine präzisere Beschreibung der Krustenentwicklung näherzukommen, war es nach dem oben Gesagten notwendig, solche Berechnungsverfahren für die Thermodynamik des Isotopenaustauschs zwischen Mineralen und/oder Gesteinen bzw. Mineralen oder Gesteinen und Wasser für Sauerstoff und (mit Ausnahme des Wassers) Silicium zu entwickeln, welche auf einheitlicher Grundlage das gesamte Silicatsystem zu behandeln gestatten. Mit Hilfe einer Inkrementenmethode (Schütze 1980, Wetzel, Christoph und Schütze 1982), konnte dieser Schritt auf halbempirischer Basis gelöst werden. Mit diesem theoretischen Konzept wurden isotopengeochemisch gestützte Untersuchungen für Varianten eines Entwicklungsmodells der Erdkruste durchgeführt.

Nicht zuletzt ist es eine Aufgabe der vorliegenden Arbeit, schwerpunktmäßig die weitere Entwicklung geochemischer Arbeiten mit Hilfe stabiler Isotope unter dem Gesichtspunkt der Gewinnung vertiefter Kenntnisse über Lagerstättenbildungsprozesse beim Ablauf typischer geologischer Teilvorgänge abzuleiten.

2. *Einführung in die Theorie der Isotopieeffekte*

Das vorliegende Kapitel wurde zum besseren Verständnis der zu bearbeitenden Thematik geschrieben und lehnt sich eng an eine Arbeit von Haberlandt (1980) an.

Nuklide mit gleicher Protonenzahl, aber mit unterschiedlichen Neutronenzahlen (also unterschiedlichen Massen), bezeichnet man als Isotope des betreffenden chemischen Elements. Ihre Elektronenhüllen sind identisch, und somit ist auch ihr chemisches Verhalten praktisch gleich. Ihre physikalischen Eigenschaften sind, bedingt durch Unterschiede in Masse, Kernvolumen, Kernspin und im magnetischen Dipolmoment, unterschiedlich. Ändert man in einem Molekül die isotopische Zusammensetzung durch Ersatz eines Isotops durch ein anderes, so bezeichnet man diesen Prozeß als Isotopensubstitution ($H_2O/H_2{}^{18}O/HDO$, $CH_4/CD_4/{}^{13}CH_4$). Alle Unterschiede in den physikalisch-chemischen Eigenschaften der Isotope oligonuklidischer Elemente bzw. verschiedener isotopensubstituierter Moleküle werden als Isotopieeffekte (IE) bezeichnet. Unter anderem bilden sie die Grundlage für die Anreicherung (Trennung) isotopischer Gemische beim Ablauf natürlicher Prozesse im Bereich der Bio- und Geosphäre.

Man unterscheidet thermodynamische und kinetische IE. Da in der vorliegenden Arbeit jedoch ausschließlich die thermodynamischen IE eine Rolle spielen, wird auf die kinetischen IE an dieser Stelle auch nicht weiter eingegangen.

Ein qualitatives Verständnis der IE erhält man, wenn man zunächst nur von den Massenunterschieden der Isotope ausgeht. Betrachtet man das Schwingungsverhalten zweier Atome A und B gegeneinander, so erhält man für die Schwingungsfrequenz

$$\nu = \frac{1}{2\pi}\sqrt{\frac{f^*}{\mu}}, \tag{2.1}$$

wobei f^* die Kraftkonstante und $\mu = \dfrac{m_A \cdot m_B}{m_A + m_B}$ die reduzierte Masse ist (m_A bzw. m_B sind die relativen Atommassen).

Bei Isotopensubstitution der Atome A oder B erhält man danach auch eine Änderung der Schwingungsfrequenz. Diese Tatsache bildet die Grundlage für IE in Molekülspektren und vor allem für die thermodynamischen und reaktionskinetischen Isotopieeffekte. Hervorzuheben ist dabei noch die Tatsache, daß sich aufgrund der Frequenzverschiebung bei der Isotopensubstitution auch die Nullpunktsenergie $E_0 = \frac{1}{2} h\nu$ ändert, was für das Verständnis der IE von besonderer Bedeutung ist. Für das volle quantitative Verständnis der IE muß jedoch die Quantenstatistik herangezogen und eine vollständige Normalkoordinatenanalyse des betreffenden Moleküls durchgeführt werden.

Die Theorie der thermodynamischen IE im engeren Sinne ist eine Theorie des Einflusses allein der Massenänderung auf die physikalisch-chemischen Größen eines Systems. Während die Thermodynamik als phänomenologische Theorie zwar allgemein Zusammenhänge thermodynamischer Größen untereinander angeben kann, werden zur Berechnung der thermodynamischen Funktionen konkreter Systeme — und damit auch isotopischer Systeme — Methoden der statistischen Thermodynamik benötigt. Für isotopische Systeme können wegen der sehr ähnlichen Eigenschaften der Isotope eines Elements beträchtliche Vereinfachungen erzielt werden.

Es soll an dieser Stelle zunächst auf einige wichtige Gesichtspunkte der statistischen Thermodynamik eingegangen werden. Dazu wollen wir ideale Systeme betrachten, zwischen deren Molekülen die intermolekulare Wechselwirkung klein im Vergleich zur Gesamtenergie des Systems ist. Für das statistische Verhalten solcher Systeme ist die Molekülzustandssumme $Q\ (T, V, N)$ maßgebend. Sie ist für die Temperatur T, das Volumen V und die Teilchenzahl N durch

$$Q(T, V, N) = \sum_n e^{-E_n/kT} \tag{2.2}$$

definiert. Es wird über alle Quantenzustände E_n des Moleküls summiert; liegen die benachbarten Quantenzustände ($E_n - E_{n-1} \ll kT$) sehr dicht beieinander, so kann man das Molekül klassisch behandeln und die Summation durch eine Integration ersetzen. Aus der Molekülzustandssumme lassen sich die thermodynamischen Funktionen berechnen. Es gilt z. B.

Freie Energie
$$F = -NkT \ln Q, \tag{2.3}$$

Innere Energie
$$U = NkT^2 \frac{\partial \ln Q}{\partial T}, \tag{2.4}$$

Druck
$$p = NkT \frac{\partial \ln Q}{\partial V}. \tag{2.5}$$

Für eine Reaktion des Typs

$$A + B \rightarrow (AB)^{\neq} \rightarrow C + D \tag{2.6}$$

erhält man die Gleichgewichtskonstante

$$K = \frac{Q_C \cdot Q_D}{Q_A \cdot Q_B} \tag{2.7}$$

und die Geschwindigkeitskonstante k_H der Hinreaktion nach der EYRINGschen Theorie (LAIDLER 1965)

$$k_H = \varkappa \frac{kT}{h} \frac{Q_{\neq}}{Q_A \cdot Q_B} e^{-E_0/kT}; \tag{2.8}$$

Q_A, Q_B, Q_C, Q_D sind die Zustandssummen der Reaktionspartner, und $Q_{\neq}$ ist die Zustandssumme des Übergangskomplexes. Der Transmissionskoeffizient $\varkappa$ korrigiert mögliche unberücksichtigte Einflüsse wie den Tunneleffekt, sterische Effekte und nichtadiabatisches Verhalten. E_0 ist die Nullpunktsenergie. Damit ist die Berechnung thermodynamischer und reaktionskinetischer Größen auf die Berechnung der Molekülzustandssumme zurückgeführt.

Zur Berechnung der Molekülzustandssumme läßt sich die Energie E_n des Moleküls in sehr guter Näherung additiv durch die Energieanteile von Translation, äußerer Rotation, innerer Rotation einzelner Molekülgruppen, Schwingungen, Elektronenanregung und Kernanregung ausdrücken:

$$E_n = E_{\text{tr}} + E_{\text{rot}} + E_{\text{rot,i}} + E_{\text{vib}} + E_{\text{el}} + E_{\text{k}}. \tag{2.9}$$

Für die Molekülzustandssumme gilt dann

$$Q = Q_{\text{tr}} \cdot Q_{\text{rot}} \cdot Q_{\text{rot,i}} \cdot Q_{\text{vib}} \cdot Q_{\text{el}} \cdot Q_{\text{k}}. \tag{2.10}$$

Für die einzelnen Anteile erhält man durch klassische bzw. quantenstatistische Behandlung:

Translation (klassisch)

$$E_{\text{tr}} = \frac{1}{2}\frac{p'^2}{m}; \quad Q_{\text{tr}} = V\left(\frac{2\pi\, mkT}{h^2}\right)^{3/2}. \tag{2.11}$$

Äußere Rotation (klassisch)

$$E_{\text{rot}} = \frac{\hbar^2}{2I}\, h(n+1); \quad Q_{\text{rot}} = \frac{1}{s}\, \pi^{1/2}\, \frac{(8\pi^2 kT)^{3/2}(I_a I_b I_c)^{3/2}}{h^3}. \tag{2.12}$$

Innere Rotation (quantenstatistisch)

$$\begin{aligned} E_{\text{rot,i}} &= \frac{1}{2}\, V_0\,(1 - \cos r\,\varphi); \\ Q_{\text{rot,i}} &= \frac{2}{r}\, \frac{(2\pi I_r kT)^{1/2}}{h}\, \mathrm{e}^{-x}\left\{I_0(x) \cdot \frac{u^2}{24} \cdot I_1(x)\right\}. \end{aligned} \tag{2.13}$$

Schwingungen (quantenstatistisch)

$$E_{\text{vib}} = (n + 1/2)\, h\nu; \quad Q_{\text{vib}} = \prod_i^{3N-6} \frac{\mathrm{e}^{-u_i/2}}{1 - \mathrm{e}^{-u_i}}. \tag{2.14}$$

Dabei bedeuten:

m = Masse, p' = Impuls, $\hbar = h/2\pi$, I, I_r, I_a, I_b, I_c = Trägheitsmomente, n = Rotations- bzw. Schwingungsquantenzahl, V_0 = maximales Hemmungspotential der inneren Rotation, s, r = Symmetriezahlen der äußeren bzw. inneren Rotation, ν = Schwingungsfrequenz, $x = V_0/2kT$, $u = h\nu/kT$, $I_0(x)$, $I_1(x)$ = modifizierte Bessel-Funktionen.

Die Anteile der Elektronenhülle und des Kerns werden durch die Entartung des Grundzustandes gegeben. Bei höheren Temperaturen treten zusätzliche Korrekturfaktoren auf. Für reale Systeme muß die intermolekulare Wechselwirkung berücksichtigt werden.

Bei der Isotopensubstitution ändern sich natürlich auch die thermodynamischen Funktionen. Durch Differenzbildung in den Gleichungen (2.3) bis (2.9) erhält man die thermodynamischen Isotopieeffekte. Wegen $\ln Q_2 - \ln Q_1 = \ln Q_2/Q_1$ sind die Molekülzustandssummen durch Zustandssummenverhältnisse zu ersetzen, z. B.

$$\Delta F = F_2 - F_1 = -NkT \ln \frac{Q_2}{Q_1}. \tag{2.15}$$

(Isotopieeffekt der freien Energie)

Die isotopisch leichten Spezies werden mit dem Index 1, die schweren mit dem Index 2 bezeichnet.

Für die Isotopenaustauschreaktion

$$A_1 + B_2 \rightleftharpoons A_2 + B_1, \tag{2.16}$$

bei welcher das leichte Isotop aus dem Molekül A ins Molekül B und das schwerere vom Molekül B ins Molekül A wandert, ergibt sich die Gleichgewichtskonstante dann nach Gl. (2.7) zu

$$K = \frac{Q_{A_2} \cdot Q_{B_1}}{Q_{A_1} \cdot Q_{B_2}} = \frac{Q_{A_2}/Q_{A_1}}{Q_{B_2}/Q_{B_1}} = \frac{f_A}{f_B}; \tag{2.17}$$

sie wird also durch Zustandssummenverhältnisse f ausgedrückt. Bei Abwesenheit innerer Rotatoren und Vernachlässigung der Kernspinanteile gilt wegen der Gleichungen (2.11) bis (2.14) für N-atomige Moleküle

$$\frac{Q_2}{Q_1} = \left(\frac{M_2}{M_1}\right)^{3/2} \left(\frac{I_{a2} I_{b2} I_{c2}}{I_{a1} I_{b1} I_{c1}}\right)^{1/2} \frac{s_1}{s_2} \prod_{i=1}^{3N-6} \frac{e^{-\frac{u_{2i}}{2}}}{e^{-\frac{u_{1i}}{2}}} \frac{1 - e^{-u_{1i}}}{1 - e^{-u_{2i}}}. \tag{2.18}$$

Die Anwendung der Produktregel von TELLER-REDLICH (HERZBERG 1954) für Normalschwingungen isotopischer Moleküle (M = relative Molmassen, m = relative Atommasse)

$$\left(\frac{M_2}{M_1}\right)^{3/2} \prod_{i=1}^{N} \left(\frac{m_{1k}}{m_{2k}}\right)^{3/2} \left(\frac{I_{a2} I_{b2} I_{c2}}{I_{a1} I_{b1} I_{c1}}\right)^{1/2} = \prod_{i=1}^{3N-6} \frac{u_{2i}}{u_{1i}} \tag{2.19}$$

vereinfacht die Berechnung erheblich.

Definiert man nun noch ein reduziertes Zustandssummenverhältnis (BIGELEISEN und GOEPPERT-MEYER 1947)

$$\frac{s_2}{s_1} f = \prod_{k=1}^{N} \left(\frac{m_{1k}}{m_{2k}}\right)^{3/2} \cdot \frac{s_2}{s_1} \cdot \frac{Q_2}{Q_1} = \prod_{i=1}^{3N-6} \frac{u_{2i}}{u_{1i}} \frac{\sinh\left(\frac{u_{1i}}{2}\right)}{\sinh\left(\frac{u_{2i}}{2}\right)} \tag{2.20}$$

so sieht man, daß zur Berechnung von Isotopieeffekten in erster Linie das reduzierte Zustandssummenverhältnis wichtig ist, welches bei Kenntnis der Normalschwingungsfrequenzen der beteiligten Moleküle berechnet werden kann. Häufig findet man in der Literatur auch die Bezeichnung β-Faktor oder thermodynamischer Isotopiefaktor für das reduzierte Zustandssummenverhältnis (WARSCHAWSKI und WAISBERG 1957,

Galimow 1973); danach gilt auch

$$\frac{s_2}{s_1} \cdot f = \beta . \tag{2.20a}$$

In der vorliegenden Arbeit wird die Bezeichnung „β-Faktor" verwendet.

Für die reduzierte Gleichgewichtskonstante (Trennfaktor) der Isotopenaustauschreaktion gilt entsprechend Gleichung (2.17)

$$\alpha_B^A = \frac{(s_2/s_1 \cdot f)_A}{(s_2/s_1 \cdot f)_B} = \frac{\beta_A}{\beta_B} . \tag{2.21}$$

Zusammenfassend werden einige allgemeine Regeln angeführt, die man aus der Kenntnis des β-Faktors formulieren kann:

1. Die thermodynamischen IE verschwinden für bestimmte Spezies (als Quanteneffekte) bei hohen Temperaturen.
2. Wegen $\nu_{2i} < \nu_{1i}$ gilt für reguläre IE $\beta > 1$.
3. Die IE nehmen bei konstanter Temperatur mit der relativen Massendifferenz der beteiligten Isotope zu.
4. In Systemen von Molekülen, die das gleiche oligonuklidische Element enthalten, haben die größeren Moleküle einen größeren β-Faktor (mehr Schwingungsfreiheitsgrade, Waldmannsche Regel).

Zur Berechnung der Schwingungsfrequenzen werden die $3N-6$ Schwingungsfreiheitsgrade eines N-atomigen Moleküls einer Normalkoordinatenanalyse unter Ausnutzung der Symmetrie des Moleküls bestimmt. Dazu verwendet man meist die *FG*-Matrix-Methode (Wilson, Decius und Cross 1955). Die F-Matrix ist massenunabhängig und enthält Linearkombinationen von Kraftkonstanten. Die G-Matrix berücksichtigt die geometrische Struktur des Moleküls und ist massenabhängig.

Die Lösung der Säkulargleichung

$$|FG - \lambda E| = 0, \ \lambda = 4\pi^2\nu^2 \tag{2.22}$$

liefert die gesuchten Frequenzen. Da in komplizierteren Systemen meist nicht alle Kraftkonstanten bekannt sind, müssen für das Potential Näherungsansätze gemacht werden.

Wegen des beträchtlichen rechentechnischen Aufwandes und des Fehlens hinreichend genauer Kenntnisse über die Kraftkonstanten in Silicaten wurde in dieser Arbeit versucht, die β-Faktoren von Silicaten und summarischen β-Faktoren von silicatischen Gesteinen auf vereinfachtem Wege abzuschätzen.

3. *Zur Thermodynamik des Isotopenaustausches unter geowissenschaftlichem Aspekt*

3.1. *Literaturüberblick und Bewertung*

Methoden der Isotopenforschung haben in den Geowissenschaften eine ganz besondere Bedeutung gewonnen. Neben radiogeochronologischen Bestimmungen nehmen geochemische Untersuchungen mit stabilen Isotopen breiten Raum ein (Hoefs 1980).

Seit Urey (1947) auf die Möglichkeit der Isotopengeothermometrie hingewiesen hat, jene elegante Methode, die es gestattet, über die isotopische Zusammensetzung einer

Mineralparagenese Aussagen zu ihrer Bildungstemperatur zu treffen, ist das Interesse an Untersuchungen über Isotopieeffekte mit geologischer Relevanz beträchtlich gestiegen. Das trifft insbesondere auf die thermodynamischen Isotopieeffekte zu; das Vorliegen von Isotopenaustauschgleichgewichten zwischen den verschiedenen Mineralen bildet die Grundlage dieser Methode.

Im folgenden sind einige dieser Isotopenaustauschreaktionen als Beispiele angeführt:

$$SiO_2 + Fe_2[SiO_3{}^{18}O] \rightleftharpoons SiO^{18}O + Fe_2[SiO_4];$$
Quarz Olivin (Fayalit)

$$SiO_2 + H_2{}^{18}O \rightleftharpoons SiO^{18}O + H_2O,$$

$$SiO_2 + Mg[{}^{30}SiO_3] \rightleftharpoons {}^{30}SiO_2 + Mg[SiO_3].$$
Enstatit

Die Bedeutung der Untersuchungen solcher Reaktionen erstreckt sich jedoch nicht nur auf die Interpretation von Bildungsbedingungen, sondern auch auf die Dynamik geologisch interessierender Prozesse. Beispielsweise hinterlassen Isotopenaustauschprozesse zwischen Mineralen und migrierendem Wasser „Spuren“ im Gestein, deren Erkennen zu Aussagen über den Ablauf des Migrationsprozesses führt (TAYLOR 1974). So ist es nicht verwunderlich, daß in der Vergangenheit die verschiedensten Isotopenaustauschgleichgewichte unter solchen Aspekten untersucht worden sind. In ganz besonderem Maße gilt das für den Sauerstoffisotopenaustausch in Mineralpaaren der Silicate, Oxide und Carbonate auch unter Einbeziehung des Wassers als Austauschpartner. Diese Bestimmungen erfolgten entweder experimentell im Laboratorium für geologisch-relevante Bedingungen und unter Einbeziehung von $\delta^{18}O$-Werten der Minerale natürlicher Paragenesen oder mit Hilfe theoretischer Methoden (statistische Thermodynamik, quantenchemische MNDO-Berechnungen).

Bei FRIEDMAN und O'NEIL (1977) findet man die wesentlichsten Arbeiten über die Untersuchungen geologisch interessierender Isotopenaustauschreaktionen bis 1976. Eine Analyse der Literaturdaten ergibt, daß die von verschiedenen Autoren erhaltenen Ergebnisse teils sehr widersprüchlich sind. So vergleichen beispielsweise MATSUHISA et al. (1979) ihre isotopengeothermometrischen Berechnungen mit denen anderer Autoren. Unter Zugrundelegung desselben Probenmaterials treten Unterschiede in den Gleichgewichtstemperaturen von mehreren 100 K auf (Tabelle 4). Diese Diskrepanzen beruhen auf unterschiedlichen Werten der elementaren Trennfaktoren, welche die jeweiligen Autoren experimentell ermittelt haben (O'NEIL 1977).

Die experimentellen Direktbestimmungen von elementaren Trennfaktoren unter geologischen Bedingungen erfordern meist einen sehr hohen Aufwand, um zu signifikanten Ergebnissen zu kommen. Daher nehmen in der Literatur die Arbeiten über die Berechnung der Thermodynamik des Isotopenaustausches breiten Raum ein. Die Gleichgewichtsbedingungen werden häufig über reduzierte Zustandssummenverhältnisse bzw. β-Faktoren der verschiedenen Minerale berechnet. In die Berechnungen gehen die Frequenzen der inneren und äußeren Gitterschwingungen bzw. der temperaturbedingte Verlauf der spezifischen Wärme ein. Man kommt dabei ohne einige Näherungen nicht aus (z. B. BLATTNER und BIRD 1974; BOTTINGA und JAVOY 1973; CHRISTOPH 1979; GOLYSCHEW und PADALKO 1978, 1979) und hat in vielen interessierenden Fällen nicht die für die Berechnungen notwendigen Daten zur Verfügung.

Daher gibt es auch eine Reihe von Versuchen zwischen der isotopischen Zusammensetzung eines chemischen Elements in einzelnen chemischen Verbindungen der Geosphäre, in Mineralen oder Gesteinen, empirische Zusammenhänge mit deren stofflichen und strukturellen Parametern aufzudecken. Da weiterhin den Silicaten verschiedener Strukturen ein besonders systematisches Bauprinzip zugrunde liegt, ist es verständlich, daß die Bemühungen um das Erfassen von Zusammenhängen zwischen der isotopischen Zusammensetzung und stofflich-strukturellen Parametern dabei besonders groß sind. So formulierte Garlick (1966) eine erste quantitative Beziehung zwischen dem δ^{18}O-Wert von Alumosilicaten in Magmatiten und der Struktur dieser Minerale auf der Basis experimentellen Materials

$$\delta^{18}\mathrm{O} = K' \cdot I + \mathrm{T},$$

dabei ist K' eine Konstante, die durch die Gleichgewichtstemperatur bei der Bildung einer Mineralparagenese bestimmt ist. C ist eine Konstante, welche die isotopische Sauerstoffzusammensetzung der gesamten Schmelze der Paragenese charakterisiert. I ist nach Garlick (1966) der empirisch ermittelte „Chemische Index"

$$I = \frac{\text{Siliciumäquivalente} + 0{,}58\ \text{Aluminiumäquivalente}}{\text{Summe aller Äquivalente}}.$$

Diese einfache lineare Beziehung gibt den Gang der δ^{18}O-Werte der Alumosilicate in Abhängigkeit vom Vernetzungsgrad und vom Aluminiumgehalt relativ gut wieder, wie ein Vergleich mit Meßwerten zeigt. Größere Abweichungen treten bei höheren Gehalten von OH^- in den Mineralen auf (O'Neil 1977).

Wetzel et al. (1980) haben eine halbempirische Berechnungsmethode vorgeschlagen, die bei gleicher Zielstellung von dem chemisch-strukturellen Aufbau der Alumosilicate ausgeht. Die von diesen Autoren abgeleitete Beziehung

$$\delta^{18}\mathrm{O} = \frac{4(a_{\mathrm{Si}} + a_{\mathrm{Al}}) - a_0}{a_{\mathrm{Si}} + a_{\mathrm{Al}}} \cdot \frac{k'(T)}{a_0} [a_{\mathrm{Si}} + (2r' - 1)\, a_{\mathrm{Al}}] + C'(a_{\mathrm{Si}}, a_{\mathrm{Al}})$$

ist sowohl für Magmatite als auch für Sedimentite anwendbar. Die Konstanten $k'(T)$, r' und C' werden mit Hilfe gemessener δ^{18}O-Werte von Mineralen ermittelt. In der Gleichung ist a_0 die Molzahl des Sauerstoffs in der chemischen Formel des Minerals, a_{Si} ist die des Siliciums und a_{Al} die des Aluminiums. Wie ein Vergleich der von Garlick (1966) mit der von Wetzel et al. (1980) abgeleiteten Beziehung ergibt, führen die Rechnungen für Magmatite innerhalb der Fehlergrenze zu weitgehend übereinstimmenden Resultaten; bei der Anwendung auf Minerale aus dem sedimentären Bereich ist die von Wetzel et al. (1980) abgeleitete Beziehung offenbar etwas genauer als die von Garlick (1966) entwickelte Gleichung.

In Zusammenfassung entsprechender Literatur (Shiro und Sakai 1972, O'Neil und Taylor 1967, Matsuhisa, Goldsmith und Clayton 1979, Clayton, O'Neil und Mayeda 1972, Blattner und Bird 1974, Borschewski et al. 1979, Donzowa 1970, Kawabe 1978, Kulla und Anderson 1978, Friedman und O'Neil 1977, Golyschew und Padalko 1979) läßt sich folgendes feststellen: Zur Thermodynamik des Isotopenaustausches zwischen verschiedenen Mineralen werden entweder direkte Berechnungen der reduzierten Zustandssummenverhältnisse bzw. der β-Faktoren an verschiedenen Mineralen durchgeführt, um den elementaren Trennfaktor der Isotope eines chemischen

Elements zwischen zwei Mineralen bei verschiedenen Temperaturen bestimmen zu können, oder es werden auf empirischer bzw. halbempirischer Grundlage Zusammenhänge zwischen der isotopischen Zusammensetzung und dem chemisch-strukturellen Bau der Minerale für solche Aussagen herangezogen. Die bisher in der Literatur veröffentlichten Daten sind z. T. sehr widersprüchlich, so daß es wohl auch zur umfassenden Nutzung der vielen in der Literatur angegebenen Isotopenmeßwerte an Mineralen, Gesteinen und Wasser besser ist, auf einer einheitlichen Basis berechnete elementare Trennfaktoren zugrunde zu legen, als auf Angaben verschiedener Autoren zurückzugreifen. Es wird daher eine Methode vorgestellt, mit deren Hilfe es auf relativ einfache Weise gelingt, Isotopenaustauschgleichgewichte zwischen kristallinen Substanzen und ihre Temperaturabhängigkeit näherungsweise zu berechnen. Wie wir sehen werden, kann dabei nicht auf experimentelles Material verzichtet werden; der Umfang ist jedoch gering, und es ist zudem der Literatur zu entnehmen.

Die hier dargestellte Methode beinhaltet im ersten Schritt die Berechnung eines Isotopenindex, der näherungsweise mit dem „Chemischen Index" nach GARLICK (1966) übereinstimmt. Seine Berechnung beruht aber nicht nur auf chemisch-strukturellen Parametern, sondern berücksichtigt auch die genaue Anordnung der Ionen im Kristallgitter sowie die Isotopieeffekte der Schwingungsfrequenzen für verschiedene Bindungstypen im betreffenden Kristall. Dieser dimensionslose und temperaturabhängige Index widerspiegelt das relative Anreicherungsvermögen für das schwere Isotop eines chemischen Elementes im betrachteten Mineral.

In einem zweiten Schritt erfolgt die Adjustierung des Isotopenindex eines als Bezugssubstanz gewählten Minerals (Quarz) bezüglich eines β-Faktors, der mit Hilfe eines experimentell bei verschiedenen Temperaturen gut untersuchten Isotopenaustauschgleichgewichtes berechnet wird. Mit Hilfe des β-Faktors des Bezugsminerals (Quarz) und der zu berechnenden Isotopenindices anderer Minerale dieser Mineralklasse (im vorliegenden Falle der Silicate) lassen sich dann deren β-Faktoren in Abhängigkeit von der Temperaturnäherungsweise berechnen.

An dieser Stelle ist es angebracht, darauf hinzuweisen, daß die für die verschiedenen Silicate berechneten β-Faktoren fehlerbehaftet sein können. In erster Linie hängt dieser Fehler von der Richtigkeit der Daten des zur Adjustierung benutzten Systems ab. Selbst bei einem gut untersuchten Isotopenaustauschgleichgewicht ist mit systematischen Fehlern bei der experimentellen Bestimmung der Gleichgewichtsdaten zu rechnen.

Allgemein gilt für den Logarithmus des berechneten β-Faktors (β^*), daß er dem Wert des Logarithmus des richtigen β-Faktors direkt proportional ist

$$\ln \beta^* = a \cdot \ln \beta . \tag{3.1}$$

Dieser Sachverhalt ist insofern wichtig, da er Konsequenzen hinsichtlich der Anwendung der berechneten β-Faktoren zur Ermittlung der Trennung der Sauerstoffisotope beim Austausch zwischen zwei verschiedenen Silicaten hat. Nach Gleichung (2.21) gilt für den Logarithmus der reduzierten Gleichgewichtskonstante einer Isotopenaustauschreaktion

$$\ln \alpha_B^A = \ln \beta_A - \ln \beta_B = \frac{\ln\beta^*_A - \ln \beta_B^*}{a} . \tag{3.1a}$$

Für den Fall, daß sich die beiden berechneten Logarithmen der β-Faktoren durch den gleichen Proportionalitätsfaktor a (infolge „falscher" Adjustierung) vom richtigen Wert unterscheiden, unterscheiden sich auch die Logarithmen der berechneten von denen der richtigen reduzierten Gleichgewichtskonstanten

$$\ln \alpha_B^A = 1/a \cdot \ln \alpha^{*A}_B.$$

Innerhalb aller Silicate ist bezüglich der β-Faktoren für die Sauerstoff- und Siliciumisotopenverteilung ein einheitlicher Charakter der Temperaturabhängigkeit festzustellen. Im Rahmen dieser Arbeit wollen wir uns auf die Silicate einschließlich des SiO_2 beschränken und werden daher nicht näher auf andere Mineralgruppen eingehen. Die Entwicklung der halbempirischen Berechnungsmethode für Isotopenaustauschgleichgewichte soll am Beispiel der Isotope ^{16}O und ^{18}O des Sauerstoffs vorgenommen werden.

3.2. Berechnung von ^{18}O-Indices und β-Faktoren im Silicatsystem

Der Sauerstoff besteht in seinem natürlichen Vorkommen aus den drei stabilen Isotopen ^{16}O (99,76 Atom-%), ^{17}O (0,04 Atom-%) und ^{18}O (0,20 Atom-%). Für isotopengeochemische Untersuchungen wird vor allem das Verhältnis $^{18}O:^{16}O$ in Mineralen, Gesteinen und Wässern bestimmt. Das Meßergebnis wird als Abweichung von einem Standard in ‰ angegeben.

$$\delta^{18}O/‰ = \left[\frac{(^{18}O/^{16}O)_{\text{Probe}}}{(^{18}O/^{16}O)_{\text{SMOW}}} - 1\right] \cdot 1000;$$

SMOW = Standard Mean Ocean Water ($\delta^{18}O = \pm 0‰$).

Wie viele experimentelle Untersuchungen gezeigt haben, vermögen verschiedene Silicate das Sauerstoffisotop ^{18}O in unterschiedlichem Ausmaß anzureichern. Diese Anreicherung ist bei einer bestimmten Temperatur abhängig von den Bindungstypen des Sauerstoffs im Kristall. Dabei spielen die Massen der Bindungspartner, deren Abstand und räumliche Anordnung bezüglich des Sauerstoffs eine wichtige Rolle.

Bei den weiteren Betrachtungen hinsichtlich des isotopischen Verhaltens von Sauerstoff in Silicaten wird davon ausgegangen, daß jede Bindung O-Me zwischen dem Sauerstoff und einem beliebigen Metallion (Me) einen Beitrag zum β-Faktor des „Gesamtmoleküls" liefert, welcher näherungsweise berechenbar ist. Dieser Beitrag wird als ^{18}O-Inkrement der Bindung O-Me bezeichnet und ergibt sich aus dem Produkt des Sauerstoffisotopieeffektes bezüglich der Schwingungsfrequenz O → Me für den Fall, daß die Schwingungspartner als ideale Gase vorliegen, und einem Ausdruck, welcher die wahren Bindungsverhältnisse im Kristall widerspiegelt.

Für das ^{18}O-Inkrement der Bindung O-Me mit der Koordinationszahl n des Metallions gegenüber dem Sauerstoff gilt demnach

$$i_{\text{O-Me}[n]} = \varepsilon_{\text{O}\to\text{Me}} \cdot C_{\text{O-Me}[n]}. \tag{3.2}$$

Unter der Annahme, daß sich die Kraftkonstante f^* (vgl. Gl. 2.1) der Schwingung 0 → Me bei der Isotopensubstitution nicht ändert, ergibt sich der Isotopieeffekt $\varepsilon_{\text{O}\to\text{Me}}$ der Schwingungsfrequenz als der um 1 verminderte Quotient aus der Quadratwurzel der reduzierten Massen

$$\varepsilon_{\text{O}\to\text{Me}} = \sqrt{\frac{18}{16} \cdot \frac{16 + m_{\text{Me}}}{18 + m_{\text{Me}}}} - 1; \tag{3.3}$$

m_{Me} ist die relative Atommasse des Metallions, und 16 bzw. 18 sind die relativen Atommassen der Nuklide ^{16}O bzw. ^{18}O. Die Größe $C_{O-Me[n]}$ stellt die auf den Bindungsabstand (in Å) bezogene Bindungsstärke dar

$$C_{O-Me[n]} = \frac{W_{Me}}{n \sqrt[8]{\frac{n}{6}} (r_O + r_{Me})}; \quad \left[\frac{1}{C_{O-Me[n]}}\right] = \text{Å}. \tag{3.4}$$

Die Größe W_{Me} gibt die elektrische Ladung des Kations an. Die Gitterradien r_O (Sauerstoff) und r_{Me} (Kation) werden der von PAULING (1962) für die Koordinationszahl 6 berechneten Tabelle entnommen. Die Umrechnung auf eine andere Koordinationszahl erfolgt durch den Wurzelausdruck in Gleichung (3.4) (PAULING 1962). Angaben über die Koordinationszahl n sind in der Literatur (z. B. LANDOLT-BÖRNSTEIN 1955) zu finden. Da die Größe $C_{O-Me[n]}$ die Dimension $Å^{-1}$ aufweist, ergibt sich diese Dimension auch für das ^{18}O-Inkrement $i_{O-Me[n]}$. So wie der Quarz als Bezugssubstanz für die Beschreibung der isotopischen Eigenschaften des gesamten Silicatsystems benutzt wird, so soll auch die tetraedrische O—Si-Bindung als Bezug für die ^{18}O-Inkremente aller im Silicatsystem möglichen O—Me-Bedingungen dienen. Durch Division der ^{18}O-Inkremente mit dem ^{18}O-Inkrement der O—Si-Bindung erhält man die reduzierten ^{18}O-Inkremente der verschiedenen O—Me-Bindungen

$$i'_{O-Me[n]} = \frac{i_{O-Me[n]}}{i_{O-Si}}. \tag{3.4a}$$

Anhand der chemischen Formel des Silicats wird die Anzahl der vorkommenden reduzierten ^{18}O-Inkremente berechnet, ihre Summe gebildet und diese auf die Anzahl aller Sauerstoffbindungen $\bar{n}_O$ bezogen. Damit erhält man den ^{18}O-Index des betreffenden Silicats:

$$I_{^{18}O} = \frac{\bar{n}_{Me1} \cdot i'_{O-Me[n]1} + \bar{n}_{Me2} \cdot i'_{O-Me[n]2} + \cdots \bar{n}_{Mej} \cdot i'_{O-Me[n]j}}{\bar{n}_O},$$

$$I_{^{18}O} = \frac{\sum_{i=1}^{m} \bar{n}_{Mej} \cdot i'_{O-Me[n]j}}{\bar{n}_O}, \tag{3.5}$$

wobei $\bar{n}_{Mj} = a_{Mej} \cdot W_{Mej}$ (Molzahl · Wertigkeit) die Anzahl der Bindungen des betreffenden Kations im Silicat ist.

Der ^{18}O-Index eines Silicats (Mineral/Gestein) stellt demnach sein „mittleres reduziertes ^{18}O-Inkrement“ dar. Der in Gleichung (3.5) angegebene Ausdruck ist dimensionslos und wird für das Silicatsystem als temperaturunabhängig angenommen. Für den Quarz, der innerhalb der Silicate das höchste Anreicherungsvermögen für das Nuklid ^{18}O aufweist, ergibt sich danach der ^{18}O-Index zu 1,000.

Zur Adjustierung des ^{18}O-Index von Quarz bezüglich eines β-Faktors wurde auf das experimentell gut untersuchte System Quarz (Qu)/Albit (Ab) zurückgegriffen (FRIEDMAN und O'NEIL 1977). Am Beispiel des Systems Quarz/Albit läßt sich, unter Verwendung der Sauerstoffisotopentrennung bei 373 K ($\Delta\delta^{18}O^{Qu-Ab} = 7{,}00/‰$), folgende

Beziehung aufstellen:

$$\frac{I^{\mathrm{Qu}}_{^{18}\mathrm{O}}}{I^{\mathrm{Ab}}_{^{18}\mathrm{O}}} = \frac{1{,}000}{0{,}878} = \frac{10^3 \cdot \ln \beta_{\mathrm{Qu}}(373\,\mathrm{K})}{10^3 \cdot \ln \beta_{\mathrm{Ab}}(373\,\mathrm{K})}$$

$$= \frac{10^3 \cdot \ln \beta_{\mathrm{Qu}}(373\ \mathrm{K})}{10^3 \cdot \ln \beta_{\mathrm{Qu}}(373\ \mathrm{K}) - \Delta\delta^{18}\mathrm{O}^{\mathrm{Qu-Ab}}(373\ \mathrm{K})}, \tag{3.6}$$

und man erhält damit

$$10^3 \cdot \ln \beta_{\mathrm{Qu}}(373\ \mathrm{K}) = 57{,}4 \tag{3.6a}$$

sowie

$$\beta_{\mathrm{Qu}}(373\ \mathrm{K}) = 1{,}059.$$

Dieser Wert wurde auch für die Berechnung von β_{Qu} bei höheren Temperaturen im System Quarz/Albit gefunden.

Die allgemeine Form der Temperaturabhängigkeit des β-Faktors folgt aus den Gleichungen (2.20) und (2.20a); danach können wir schreiben

$$\beta = \prod_i^{3N-6} \frac{u_{2i}}{u_{1i}} \cdot \frac{\sinh \frac{u_{1i}}{2}}{\sinh \frac{u_{2i}}{2}} \tag{2.20b}$$

bzw. wegen $u_{1i} = h\nu_{1i}/kT = 2a_i$; $u_{2i} = h\nu_{2i}/kT = 2b_i$

$$\beta = \prod_i^{3N-6} \frac{b_i}{a_i} \cdot \frac{e^{a_i/T} - e^{-a_i/T}}{e^{b_i/T} - e^{-b_i/T}}. \tag{2.20c}$$

Unter der Voraussetzung $a_i/T \ll 1$ und $b_i/T \ll 1$ erhält man durch Reihenentwicklung

$$\beta \approx \prod_i^{3N-6} \frac{b_i}{a_i} \cdot \left[\frac{1 + \frac{a_i}{T} + \frac{a_i^2}{2T^2} + \frac{a_i^3}{6T^3} - \left(1 - \frac{a_i}{T} + \frac{a_i^2}{2T^2} - \frac{a_i^3}{6T^3}\right)}{1 + \frac{b_i}{T} + \frac{b_i^2}{2T^2} + \frac{b_i^3}{6T^3} - \left(1 - \frac{b_i}{T} + \frac{b_i^2}{2T^2} - \frac{b_i^3}{6T^3}\right)}\right]$$

und

$$\beta \approx \prod_i^{3N-6} \frac{e^{a_i^2/6T^2}}{e^{b_i^2/6T^2}} = e^{\Sigma c_i^2/T^2}; \quad (2.20\mathrm{d}) \qquad c_i = \frac{a_i^2 - b_i^2}{6}.$$

Setzt man $\sum c_i = A \cdot 10^6$, so erhält man für die allgemeine Form der Temperaturabhängigkeit des Logarithmus des β-Faktors im Silicatsystem

$$10^3 \cdot \ln_{\mathrm{Sil}}(T) = A_{\mathrm{Sil}} \cdot 10^6/T^2. \tag{3.7}$$

Der Index Sil bezieht sich auf ein beliebiges Silicat.

Die in Gleichung (3.7) und weiterhin verwendete Formulierung des β-Faktors ist in der isotopengeochemischen Literatur üblich, weil das 10^3fache der Differenz solcher Ausdrücke die Trennung $10^3 \cdot \ln \alpha_B{}^A$ näherungsweise in ‰ ergibt.

Für die Temperaturabhängigkeit von $10^3 \cdot \ln \beta_{\mathrm{Qu}}$ ergibt sich unter Verwendung von Gleichung (3.7) und von Gleichung (3.6a)

$$10^3 \cdot \ln \beta_{\mathrm{Qu}}(T) = A_{\mathrm{Qu}} \cdot 10^6/T^2;$$

für 373 K: $A_{\mathrm{Qu}} \cdot 10^6/373^2 = 57{,}4$; $A_{\mathrm{Qu}} = 7{,}98$

und schließlich

$$10^3 \cdot \ln \beta_{Qu}(T) = 7{,}98 \cdot 10^6/T. \qquad (3.8)$$

Aus Gleichung (3.6) folgt

$$I^{Qu}_{^{18}O} \cdot 10^3 \cdot \ln \beta_{Ab}(T) = I^{Ab}_{^{18}O} \cdot 10^3 \cdot \ln \beta_{Qu}(T);$$

da $I^{Qu}_{^{18}O} = 1{,}000$, erhält man für beliebige Silicate (Minerale/Gesteine) unter Verwendung von Gleichung (3.8) die wichtige Beziehung

$$10^3 \cdot \ln \beta_{Sil}(T) = I^{Sil}_{^{18}O} \cdot 7{,}98 \cdot 10^6/T^2, \qquad (3.9)$$

mit deren Hilfe die temperaturabhängigen β-Faktoren aller Silicate näherungsweise berechnet werden können.

Für die Trennung der Sauerstoffisotope bei der Verteilung auf zwei Silicate A und B bei einer bestimmten Temperatur gilt

$$10^3 \cdot (\ln \beta_A - \ln \beta_B)(T) = 10^3 \cdot \ln \alpha^A_B(T) \approx \Delta\delta^{18}O^{A-B}(T). \qquad (3.10)$$

Mit Hilfe dieser Beziehung können Trennungen der Sauerstoffisotope zwischen beliebigen Silicaten als $f(T)$ berechnet werden.

Beispielsweise Berechnung einiger ^{18}O-Indices

Quarz, SiO_2

$$r_{O^{2-}} = 1{,}40\ \text{Å},\ r_{Si^{4+}} = 0{,}41\ \text{Å};\ n_{Si} = 4;\ \bar{n}_{Si} = 4;\ \bar{n}_O = 4;$$

$$\varepsilon_{O \to Si} = 0{,}0373;\ C_{O-Si[4]} = 0{,}5814;\ i_{O-Si[4]} = 0{,}0217;$$

$$i'_{O-Si[4]} = 1{,}000.$$

Unter Verwendung von Gleichung (3.5) erhält man

$$I^{Qu}_{^{18}O} = \frac{\bar{n}_{Si} \cdot i'_{O-Si[4]}}{\bar{n}_O} = 1{,}000.$$

Kalifeldspat (Orthoklas), $K[AlSi_3O]$

$$r_{Al^{3+}} = 0{,}56\ \text{Å};\ n_{Al} = 4;\ \bar{n}_{Al} = 3;\ \bar{n}_{Si} = 12;\ \bar{n}_O = 16;$$

$$\varepsilon_{O \to Al} = 0{,}0368;\ C_{O-Al[4]} = 0{,}4011;\ i'_{O-Al[4]} = 0{,}682;$$

$$I_{^{18}O} = \frac{\bar{n}_{Si} \cdot i'_{O-Si[4]} + \bar{n}_{Al} \cdot i'_{O-Al[4]}}{\bar{n}_O} = \frac{12 \cdot 1 + 3 \cdot 0{,}682}{16} = 0{,}878.$$

Biotit, $K(Mg, Fe^{2+}, Mn^{2+})_3\ [AlSi_3\ O_{10}/(OH, F)_2]$

Wie bei vielen Silicaten, so variiert auch beim Biotit die chemische Zusammensetzung beträchtlich. Um in solchen Fällen den ^{18}O-Index genau berechnen zu können, muß die chemische Zusammensetzung des betreffenden Minerals bekannt sein. Wir wollen der Berechnung des ^{18}O-Index folgende mögliche Formel des Biotits zugrunde legen:

$$K\ Mg_2Fe[AlSi_3\ O_{10}/OH\ F];$$

$$r_{Mg^{2+}} = 0{,}65\ \text{Å};,\ r_{Fe^{2+}} = 0{,}76\ \text{Å},\ r_{K^+} = 1{,}33\ \text{Å};$$

$$n_{Mg} = 6,\ n_{Fe} = 6,\ n_K = 9;$$

$$\bar{n}_{Si} = 12,\ \bar{n}_{Al} = 3,\ \bar{n}_{Mg} = 4,\ n_{Fe^{2+}} = 2,\ \bar{n}_K = 1,\ \bar{n}_O = 21;$$

(OH^- wird nur als einwertig berücksichtigt!)

$$\varepsilon_{O\to Mg} = 0{,}0353;\ C_{O-Mg[6]} = 0{,}1615;\ i'_{O-Mg[6]} = 0{,}263;$$

$$\varepsilon_{O\to Fe} = 0{,}0462;\ C_{O-Fe^{2+}[6]} = 0{,}1537;\ i'_{O-Fe^{2+}[6]} = 0{,}327;$$

$$\varepsilon_{O\to K} = 0{,}0419;\ C_{O-K[9]} = 0{,}0453;\ i'_{O-K[9]} = 0{,}088;$$

$$I^{Bt}_{^{18}O} = \frac{12 + 3 \cdot 0{,}682 + 0{,}11(4 \cdot 0{,}263 + 2 \cdot 0{,}327 + 0{,}088)}{21} = 0{,}678.$$

Mit Gleichung (3.9) können wir für diesen Biotit den β-Faktor berechnen:

$$10^3 \cdot \ln \beta_{Bt}(T) = 0{,}678 \cdot 7{,}98 \cdot 10^6/T^2.$$

An dieser Stelle muß die Frage beantwortet werden, warum bei der Berechnung des ^{18}O-Index von Orthoklas die O—K-Bindung keine Berücksichtigung fand, während im Falle des Biotits diese Bindung einbezogen wurde, wenn auch nur mit dem Faktor 0,11 versehen.

3.3. *Zur Rolle der Kationen im Kristallgitter*

Wenn sich aus einem System, welches zwei verschiedene Kationenarten und Sauerstoff enthält, ein Kristallgitter bildet, so entstehen Gitterpunkte aus Kationen und aus komplexen Anionen. Dasjenige Kation, welches die höhere Ladung und den geringeren Gitterradius besitzt, ist zur Bildung des Anionenkomplexes befähigt; es fungiert als Zentralion in diesem Komplex (FINKELNBURG 1958). Das andere Kation verbleibt außerhalb dieses Komplexes auf eigenen Gitterpunkten in der Funktion eines „externen" Kations. Hinsichtlich einer Entkopplung der entsprechenden Sauerstoffbindungen hat das Konsequenzen. Wir müssen zwischen den inneren Gitterschwingungen (z. B. in den O—Si- bzw. O—Al[4]-Tetraederbindungen) der komplexen Gitterbausteine und den äußeren Gitterschwingungen des gesamten Kristalls unterscheiden. Die inneren Gitterschwingungen der komplexen Gitterbausteine (mehr oder weniger durch das Kristallgitter gestört) verlaufen ähnlich wie außerhalb des Gitters. Bei den äußeren Gitterschwingungen schwingen alle kationischen Gitterpunkte gegen diejenigen der komplexen Anionen, und es kann zu einer weitgehenden Entkopplung dieser Sauerstoffbindungen kommen, wenn die „externen" Kationen nicht in der Lage sind, mit den komplexen Anionen einen größeren Strukturverband zu bilden. Zur Bildung derartiger „Überstrukturen" sind solche Kationen befähigt, deren Ionenradius $\leqq 0{,}65$ Å ist und welche dazu eine elektrochemische Ladung $\geqq +3$ aufweisen. Für alle diese Kationen gilt, daß der Ausdruck $W_{Me}/n \geqq 0{,}50$ ist. Die Bindungen zwischen diesen Kationen und dem Sauerstoff sind in ihrer Stärke nahezu vergleichbar mit denen innerhalb der komplexen Anionen, und eine in dieser Ableitung zu berücksichtigende Entkopplung tritt nicht auf. Das bedeutet, daß lediglich solche „externen" Kationen, deren Ionenradius sowohl $> 0{,}65$ Å als auch deren elektrochemische Ladung $< +3$ ist, einer gesonderten Behandlung bei der Berechnung des ^{18}O-Index bedürfen. Es handelt sich dabei um die für das Silicatsystem wichtigen Kationen Li^+, Na^+, K^+, Mg^{2+}, Ca^{2+} und Fe^{2+}, deren W_{Me}/n-Verhältnis maximal zu dem Wert 0,33 führt.

Am Beispiel der Isotopenindices von Albit ($Na[AlSi_3O_8]$) und Olivin ($Mg_2[SiO_4]$) wurde geprüft, mit welchem Gewicht im Mittel die spezifischen ^{18}O-Inkremente dieser O—Me′-Bindungen in die Berechnung des ^{18}O-Index eingehen müssen, um mit den daraus berechneten β-Faktoren Trennungen zu erhalten, wie sie experimentell bestimmt bzw. in der Natur beobachtet werden. Dieser Weg führt zu einem Kopplungsfaktor von 0,11. Mit diesem Faktor ist die Summe der reduzierten ^{18}O-Inkremente der schwachen O—Me′-Bindungen in der Formel für den ^{18}O-Index zu multiplizieren. Wir erhalten dann für den ^{18}O-Index eines Silicats die allgemeine Form

$$I_{^{18}O} = \frac{\sum\limits_{j=1}^{m} \bar{n}_{Mej} \cdot i'_{O-Me[n]j} + 0{,}11 \sum\limits_{k=1}^{m} \bar{n}_{Me'k} \cdot i'_{O-Me'[n]k}}{\bar{n}_O}. \tag{3.5a}$$

In vielen praktisch bedeutsamen Fällen ist der zweite Summand im Zähler von Gleichung (3.5a) sehr klein gegenüber dem ersten Summanden.

Für den Fall, daß gilt

$$\frac{\sum\limits_{k=1}^{m} \bar{n}_{Me'k}}{\bar{n}_O} \leqq 0{,}20, \tag{3.11}$$

kann der zweite Summand bei der Berechnung von $I_{^{18}O}$ entfallen, wenn man einen maximalen Fehler (abhängig von der Größe der reduzierten ^{18}O-Inkremente) von $-0{,}008$ für $I_{^{18}O}$ akzeptieren kann.

Tabelle 1. Isotopieeffekte, Bindungsstärken und ^{18}O-Inkremente für wichtige Bindungstypen im Silicatsystem

starke Bindungen					
Bindungstyp	W_{Me}/n	$\varepsilon_{O\to Me}$	$C_{O-Me[n]}$	$i_{O-Me[n]}$	$i'_{O-Me[n]}$
$O-Si^{4+}[4]$	1,00	0,0373	0,5818	0,0217	1,000
$O-Al^{3+}[4]$	0,75	0,0368	0,4022	0,0148	0,682
$O-Al^{3+}[5]$	0,60	0,0368	0,3117	0,0115	0,529
$O-Be^{2+}[4]$	0,50	0,0206	0,3107	0,0064	0,295
$O-Al^{3+}[6]$	0,50	0,0368	0,2538	0,0093	0,430
$O-Fe^{3+}[6]$	0,50	0,0462	0,2446	0,0113	0,521
$O-Ti^{4+}[6]$	0,50	0,0444	0,3221	0,0143	0,659
schwache Bindungen					
Bindungstyp	$W_{Me'}/n$	$\varepsilon_{O\to Me'}$	$C_{O-Me'[n]}$	$i_{O-Me'[n]}$	$i'_{O-Me'[n]}$
$O-Mg^{2+}[6]$	0,33	0,0353	0,1615	0,0057	0,263
$O-Fe^{2+}[6]$	0,33	0,0462	0,1537	0,0071	0,327
$O-Mn^{2+}[6]$	0,33	0,0460	0,1515	0,0070	0,321
$O-Cr^{2+}[6]$	0,33	0,0454	0,1495	0,0068	0,313
$O-Li^{+}[4]$	0,25	0,0174	0,1322	0,0023	0,106
$O-Ca^{2+}[8]$	0,25	0,0422	0,1019	0,0043	0,198
$O-Na^{+}[6]$	0,17	0,0345	0,0725	0,0025	0,115
$O-K^{+}[9]$	0,11	0,0419	0,0453	0,0019	0,088

In Tabelle 1 sind für die verschiedenen Typen der O—Me- bzw. O—Me'-Bindungen die entsprechenden reduzierten ^{18}O-Inkremente sowie die für ihre Berechnung notwendigen Größen (Schwingungs-IE für Annahme „ideale Gase“, Bindungsstärke und ^{18}O-Inkrement) zusammengestellt.

Mit den bisherigen Ausführungen haben wir die wesentlichen Elemente der Methode zur Berechnung von ^{18}O-Indices und von β-Faktoren kennengelernt und sind damit prinzipiell in die Lage versetzt, für beliebige Silicate diese Größen zu berechnen, sofern sich deren Struktur mit steigender Temperatur nicht wesentlich ändert und auch bei hohen Temperaturen die Näherung zutrifft, daß die Kraftkonstanten sich bei der Isotopensubstitution nicht ändern ($f_1^*/f_2^* = 1$).

3.4. Ergänzende Bemerkungen zur Nutzung des ^{18}O-Index

GOLYSCHEW und PADALKO (1979) haben mit Hilfe halbempirischer Beziehungen, einmal unter Verwendung der inneren Gitterschwingungsfrequenzen des Quarzes und einmal auf der Basis der spezifischen Wärmekapazität des Quarzes, den Ausdruck $10^3 \cdot \ln \beta_{Qu}$ für verschiedene Temperaturen berechnet. In Tabelle 2 sind diese Ergebnisse denjenigen gegenübergestellt, die mit Hilfe der Gleichung (3.8) der vorliegenden Arbeit erhalten wurden. Die Gegenüberstellung der berechneten $10^3 \cdot \ln \beta_{Qu}$-Werte in Tabelle 2 zeigt, daß sich die mit Hilfe von Gleichung (3.8) berechneten Werte zwischen den Werten, die von GOLYSCHEW und PADALKO (1979) erhalten wurden, einordnen. Wenn man die von den beiden sowjetischen Autoren angegebenen Fehler berücksichtigt (20—30%) und weiterhin davon ausgeht, daß auch der Fehler der hier vorgestellten Methode bezüglich der Berechnung des $10^3 \cdot \ln \beta_{Qu}$-Wertes in dieser Größe liegt, so ist die Übereinstimmung befriedigend.

Tabelle 2. Berechnete Werte für $10^3 \cdot \ln \beta_{Quarz}$ [nach GOLYSCHEW und PADALKO (1979) (G/P) sowie nach Gleichung (3.8) dieser Arbeit]

Berechnungsmethode	Temperatur in K						
	300	400	500	600	873	1073	1273
1 G/P-Frequenzen	104,9	56,9	36,3	25,2	11,8	7,9	5,6
2 G/P-Wärmekapazität	72,8	41,0	26,2	18,4	8,6	5,7	4,1
3 Diese Arbeit	88,7	49,9	31,9	22,2	10,5	6,9	4,9

An dieser Stelle sei nochmals darauf hingewiesen, daß die aus der Differenz der $10^3 \cdot \ln \beta$-Werte zweier verschiedener Silicate berechnete Trennung $10^3 \cdot \ln \alpha_B^A$ den gleichen prozentualen Fehler aufweist wie diese. Sollte eines der von GOLYSCHEW und PADALKO (1979) angeführten Ergebnisse richtig sein, so ergibt sich für eine nach Gleichung (3.9) berechnete Trennung ein maximaler Fehler von + oder −18%.

In der Natur spielt das Wasser bei fast allen geologischen Vorgängen eine Rolle. Für die Isotopengeochemie des Sauerstoffs ist es von besonderer Bedeutung, weil es einen Isotopenaustauschpartner der Silicate darstellt, z. B.

$$\underset{\text{Orthoklas}}{K[AlSi_3O_8]} + H_2{}^{18}O \rightleftharpoons K[AlSi_3O_7{}^{18}O] + H_2O\,.$$

Zur Berechnung der Trennung $10^3 \cdot \ln \alpha^{Or}_{H_2O}(T)$ benötigt man die β-Faktoren beider Austauschpartner. Über den ^{18}O-Index ist das nur beim Orthoklas möglich ($I^{Or}_{^{18}O} = 0{,}878$). Für das Wasser ist nicht mit einem von der Temperatur unabhängigen ^{18}O-Index zu rechnen, da sich seine Struktur im Bereich von 273—1273 K beträchtlich ändert. Daher wurde die einschlägige Literatur ausgewertet (Matsuhisa, Goldsmith und Clayton 1979, Clayton, O'Neil und Mayeda 1972, Blattner und Bird 1974, Shiro und Sakai 1972, Kawabe 1978, Friedman und O'Neil 1977, Golyschew und Padalko 1979, Bottinga 1968, Borschewski 1981, Golyschew, Padalko und Petschenkin 1981), in welcher die verschiedensten Sauerstoffisotopenaustausch-Gleichgewichte im System Mineral/Wasser bestimmt wurden. Unter Verwendung dieser Daten wurde folgende empirische Funktion für Wasser abgeleitet

$$10^3 \cdot \ln \beta_{H_2O}(T) = 4{,}06 \cdot 10^6/T^2 + 2{,}71 \cdot 10^3/T\,. \tag{3.9a}$$

Damit ergibt sich für die Trennung der Sauerstoffisotope im System Orthoklas/Wasser [unter Verwendung von Gleichung (3.9) zur Berechnung von $10^3 \cdot \ln \beta_{Or}(T)$] nach Gleichung (3.10)

$$10^3 \cdot \ln \alpha^{Or}_{H_2O}(T) = (7{,}01-4{,}06) \cdot 10^6/T^2 - 2{,}71 \cdot 10^3/T\,. \tag{3.9b}$$

In Tabelle 3 sind die ^{18}O-Indices und die daraus berechneten $10^3 \cdot \ln \beta$-Werte verschiedener Silicate aufgeführt. Diese Werte können zur Berechnung von Sauerstoffisotopentrennungen zwischen verschiedenen Silicaten bzw. diesen und Wasser nach Gleichung (3.10) bis zu solchen Temperaturen verwandt werden, oberhalb derer eine merkliche Strukturänderung der Silicate auftritt. Das muß nicht unbedingt die Schmelztemperatur sein, denn auch in der Schmelze können noch wesentliche Strukturparameter erhalten bleiben. So wird z. B. bei Grant (1954) angeführt, daß der Kationenbestand einen steuernden Einfluß auf das Verhältnis von vernetzten Tetraedern (para-silicates) zu freien Tetraedern (ortho-silicates) in der Schmelze ausübt. Je mehr stark polarisierende Kationen in der Schmelze vorhanden sind, desto mehr ist die Bildung von Orthosilicaten bevorzugt. Bemerkenswert ist insbesondere auch der Umstand, daß eine Silicatschmelze aus zwei unmischbaren Phasen bestehen kann, den polymerisierten und den unvernetzten Tetraedern (Barth und Rosenqvist 1949). Damit wird auch verständlich, daß in der Schmelze keine statistische Verteilung der Isotope des Sauerstoffs, des Siliciums und anderer chemischer Elemente erwartet werden kann. Es besteht jedoch auch die Möglichkeit, daß bei hohen Temperaturen eine Umkehr der Trennung auftreten kann, deren Ursache noch nicht verstanden wird. So berichten O'Neil und Kyser (1979) sowie Kyser, O'Neil und Carmichael (1981) über ein neues ^{18}O-Hochtemperaturthermometer, welches auf der Kenntnis des Isotopenaustauschgleichgewichtes Klinopyroxen/Olivin bei hohen Temperaturen beruht. Bei 1100 °C tritt ein „crossover" auf, und Olivin vermag bei höheren Temperaturen bevorzugt ^{18}O aufzunehmen. Möglicherweise liegt der Grund für dieses Verhalten in dem Umstand, daß in diesem Falle Strukturänderungen im Klinopyroxen auftreten, die zu einer Beeinflussung der Anordnung der Atome im Tetraeder dieses Minerals führen. Die Veränderung der Tetraedergeometrie müßte dann einen ^{18}O-Index $< 0{,}516$ (Olivin) zur Folge haben.

Für geothermometrische Untersuchungen, mit deren Hilfe man eine Aussage über die Gleichgewichtstemperatur einer Mineralparagenese gewinnen will, verwendet man die

Näherung

$$t/°\mathrm{C} \approx \sqrt{\frac{\Delta A_{\mathrm{Sil}} \cdot 10^6}{10^3 \cdot \ln \alpha_B^A}} - 273, \qquad (3.12)$$

die man aus der allgemeinen Beziehung für die Trennung

$$10^3 \cdot \ln \alpha_B^A = \Delta A_{\mathrm{Sil}} \cdot 10^6/T'^2$$

ableiten kann und in welche anstelle von $10^3 \cdot \ln \alpha_B^A$ die Differenz $\Delta\delta^{18}O^{A-B}$ der gemessenen $\delta^{18}O$-Werte in den beiden Silicaten A und B der Paragenese eingeht.

Tabelle 3. Zusammenstellung berechneter ^{18}O-Indices und $10^3 \cdot \ln \beta$-Werte verschiedener Silicatminerale

Mineral	^{18}O-Index	$10^3 \cdot \ln \beta \cdot T^2/10^6$
Quarz, Tridymit, Cristobalit	1,000	7,98
Albit, Orthoklas, Mikroklin, Sanidin, Adular	0,878	7,01
Pyrophyllit	0,845	6,74
Plagioklas (An_{50})	0,817	6,52
Muskovit (1 OH^-)	0,792	6,32
Beryll	0,788	6,29
Cordierit	0,786	6,27
Anorthit, Kaolinit, Nephelin	0,756	6,03
Sillimanit	0,734	5,86
Biotit (kein OH^-) ⌀	0,712	5,68
Anthophyllit	0,706	5,63
Amphibole ⌀	0,703	5,61
Hypersthen	0,691	5,51
Andalusit, Bronzit	0,688	5,49
Enstatit	0,686	5,47
Biotit (1 OH^-) ⌀	0,678	5,41
Hedenbergit	0,676	5,39
Diopsid	0,675	5,39
Pyroxene ⌀	0,660	5,27
Disthen	0,658	5,25
Biotit (2 OH^-) ⌀	0,647	5,16
Augite ⌀	0,627	5,00
Pyrop	0,615	4,91
Chrysotil	0,584	4,66
Klinochlor (Chloritgruppe)	0,562	4,49
Fayalit	0,518	4,13
Olivin (Fo_{50})	0,516	4,12
Forsterit	0,515	4,11

Plagioklase in Abhängigkeit vom Anorthitgehalt: $10^3 \cdot \ln \beta_{\mathrm{Pl}}(T) = (7{,}01 - 0{,}98x) \cdot 10^6/T^2$; x = Molenbruch des Anorthits

$$\text{Wasser (empirisch): } 10^3 \cdot \ln \beta_{H_2O}(T) = 4{,}06 \cdot 10^6/T^2 + 2{,}71 \cdot 10^3/T \qquad (3{,}9\,a)$$

In Tabelle 4 sind die berechneten Gleichgewichtstemperaturen an syngenetischen Mineralpaaren angeführt. Es handelt sich um Berechnungen von O'Neil und Taylor (1967), Matsuhisa et al. (1979) und nach Gleichung (3.12) dieser Arbeit. Man sieht, wie schon in der Einleitung erwähnt, daß die berechneten Temperaturen beträchtlich voneinander abweichen. Die auftretenden Fehler werden dabei in erster Linie durch Fehler der verschiedenen Autoren bei der Bestimmung von A_{Sil} verursacht. Ist man bei der Auswertung von $\delta^{18}O$-Meßwerten verschiedener Silicate auf Gleichgewichtsdaten unterschiedlicher Autoren angewiesen, so kann es unmöglich werden, brauchbare Aussagen zu erhalten. Aus diesem Grunde ist es, wie schon erwähnt, besser, die auf einer einheitlichen Basis berechneten Gleichgewichtsbeziehungen zwischen verschiedenen Silicaten zu verwenden. In Tabelle 3 sind einige Silicatminerale aufgeführt. Es ist jedoch unproblematisch, die $I_{^{18}O}$-Indices und $10^3 \cdot \ln \beta$-Werte für weitere Silicate mit Hilfe von Gleichung (3.5a) und der Werte von Tabelle 1 zu berechnen.

Tabelle 4. Berechnete Gleichgewichtstemperaturen syngenetischer Mineralpaare nach O'Neil und Taylor (1967), Matsuhisa et al. (1979) und nach Gleichung (3.12) der vorliegenden Arbeit

Probenherkunft	$\delta^{18}O_{SMOW}$ in ‰			Temperatur in °C		
	Quarz	Orthoklas	Plagioklas	O'Neil und Taylor (1967)	Matsuhisa et al. (1979)	Diese Arbeit
Rock Creek pegmatite, border zone	11,9	10,5	10,3 (An10)*	690, 640	360, 370	560, 550
Quartz-adularia vein, Hot Springs, Arkansas	18,3	15,3	—	265	190	295
Rose quartz pegmatite, Pala, California graphic granite	9,1	7,7	—	690	360	560
Bonsall tonalite	10,3	—	8,5 (An40)	750	450	600
San Jose tonalite	9,7	—	8,0 (An35)	755	450	605
Shake Flate quartz monzonite	10,3	—	9,0 (An25)	760	490	695
Chloritoid-kyanite schist, Mt. Grant, Vermont	16,0	—	13,9 (An5)	435	290	425
Staurolite schist, Dutchess County, New York	15,6	—	13,3 (An55)	615	430	540

* (Anx) gibt den Molenbruch des Anorthits im Plagioklas an

Auf die gleiche Weise, wie ^{18}O-Indices für Silicatminerale berechnet werden können, lassen sich auch ^{18}O-Indices für Gesteine berechnen. Eine exakte Berechnung erfordert, das gewichtete Mittel der ^{18}O-Indices der im Gestein vorhandenen Minerale zu bilden. Es hat sich jedoch gezeigt, daß für Gesteine, die zum überwiegenden Anteil aus Silicaten bestehen, der ^{18}O-Index direkt unter Verwendung der chemischen Formel für das betreffende Gestein zu berechnen ist. So ergibt sich beispielsweise aus der mittleren chemischen Zusammensetzung von 181 Tholeiit- und Olivintholeiit-Proben von Hawaii

(MacDonald und Katsura 1964) folgende Formel

$$\mathrm{Me}^{n}_{5,88/n}\mathrm{Al}_{0,87}[\mathrm{Si}_{3,65}\mathrm{Al}_{0,35}\mathrm{O}_{12,07}],$$

woraus sich mit der weiter unten eingeführten Gleichung (4.1) in guter Näherung deren durchschnittlicher ^{18}O-Index ergibt

$$I^{\mathrm{Thol}}_{^{18}\mathrm{O}} \approx \frac{4{,}000 \cdot 3{,}65 + 2{,}046 \cdot 0{,}35 + 1{,}290 \cdot 0{,}87 + 0{,}092 \cdot 5{,}88}{2 \cdot 12{,}07} = 0{,}703.$$

Der letzte Summand im Zähler steht für den Anteil aller externen Kationen außer Al [6]. Von der Näherung nach Gleichung (3.11) kann im vorliegenden Falle kein Gebrauch gemacht werden, da 88% der auf Einwertigkeit bezogenen Molzahlen aller externen Kationen schwache Bindungen bilden und damit das Kriterium zum Weglassen dieser Inkremente nicht erfüllt ist:

$$\frac{5{,}88 \cdot 0{,}88}{2 \cdot 12{,}07} = 0{,}21 > 0{,}20.$$

Für den durchschnittlichen $10^3 \cdot \ln \beta$-Wert des Gesteins folgt nach Gleichung (3.9)

$$10^3 \cdot \ln \beta_{\mathrm{Thol}}(T) = 0{,}703 \cdot 7{,}98 \cdot 10^6/T^2 = 5{,}61 \cdot 10^6/T^2.$$

Für die Trennung der Sauerstoffisotope im System Tholeiit/Olivin gilt gemäß Gleichung (3.10)

$$10^3 \cdot \ln \alpha^{\mathrm{Thol}}_{\mathrm{Ol}}(T) = 1{,}49 \cdot 10^6/T^2.$$

Für 1073 K finden wir beispielsweise eine ^{18}O-Anreicherung von 1,3‰ im Tholeiit, was auf den durchschnittlichen δ^{18}O-Wert von Olivin (4,7‰) bezogen den δ^{18}O-Wert von 6‰ für den durchschnittlichen Tholeiit ergibt. Dieser Wert steht in guter Übereinstimmung mit Angaben von Hoefs und Binns (1978). Besondere Bedeutung besitzt immer die Frage nach einem möglichen Sauerstoffisotopenaustausch zwischen einem Gestein und Wasser. Sofern diese Frage nur unter thermodynamischem Aspekt zu beantworten ist, können wir das mit Hilfe folgender Beziehung tun [$10^3 \cdot \ln \beta_{\mathrm{H_2O}}(T)$ aus Tabelle 3]

$$10^3 \cdot \ln \alpha^{\mathrm{Thol}}_{\mathrm{H_2O}} = (5{,}61 - 4{,}06) \cdot 10^6/T^2 - 2{,}71 \cdot 10^3/T. \qquad (3.13)$$

Wir dürfen bei dieser Betrachtung jedoch nicht außer acht lassen, daß sich die einzelnen Minerale des Gesteins hinsichtlich des Isotopenaustauschs mit Wasser unterschiedlich verhalten. Aber auch hier hat eine Berechnung unter Berücksichtigung des Mineralbestandes ergeben, daß die näherungsweise Berechnung das summarische Verhalten des Gesteins recht gut widerspiegelt, sofern keine Mineralumwandlungen bei der Einwirkung von Wasser zugelassen werden. Im letzteren Falle kann sich die chemische Zusammensetzung des Gesteins ändern, so daß auch ein anderer ^{18}O-Index berechnet werden muß.

3.5. Berechnung von ^{30}Si-Indices und von Silicium-β-Faktoren im Silicatsystem

In dem vorliegenden Abschnitt soll versucht werden, auf ähnliche Weise, wie das beim Sauerstoff geschehen ist, mit Hilfe eines halbempirischen Ansatzes auf der Basis von ^{30}Si-Indices Siliciumisotopenaustausch-Gleichgewichte zwischen verschiedenen Mineralen in Abhängigkeit von der Temperatur zu berechnen. Ein grundsätzlicher

Unterschied besteht bei der Betrachtung der entsprechenden IE zwischen dem Sauerstoff und dem Silicium darin, daß das Silicium nur einen unmittelbaren Nachbarn in Silicaten aufweist, und zwar den Sauerstoff. Die Schwingungen des Siliciums gegen Sauerstoff erfolgen (mit Ausnahme des Stichovits, einer Hochdruck- und Hochtemperaturmodifikation von SiO_2) immer innerhalb einer tetraedrischen Anordnung der Sauerstoffatome gegenüber dem Silicium. Zum anderen folgt aus der geringeren relativen Massendifferenz der kleinere IE für das Silicium. Bildungstemperaturen von Mineralparagenesen (Einfriertemperaturen von Isotopenaustauschgleichgewichten), die mit Hilfe von δ^{30}Si-Messungen bestimmt werden, sind zuverlässiger als solche, die durch δ^{18}O-Messungen ermittelt werden, da im Falle des Siliciums kein vergleichbares fluides Medium wie Wasser vorhanden ist, das durch postmagmatischen Isotopenaustausch die δ^{30}Si-Werte verändern könnte. Daher liegt in der Kombination von δ^{18}O- und δ^{30}Si-Messungen ein höherer Informationsgehalt über das Schicksal einer Mineralparagenese seit ihrer Bildung als in der Messung nur eines dieser Nuklide allein. So zeigt auch der allgemeine Trend in der isotopengeochemischen Forschung eine zunehmende Korrelation der δ-Werte von Nukliden verschiedener chemischer Elemente. Daß dabei gegenwärtig δ^{30}Si-Messungen noch keine besondere Rolle spielen, läßt sich in gewissem Maße auf meßtechnische und probenchemische Schwierigkeiten zurückführen. Bisher liegen jedenfalls nur wenige Angaben über δ^{30}Si-Messungen vor, die bei Wetzel (1980) zusammengefaßt sind. In dieser Arbeit gibt der Autor einen halbempirischen Zusammenhang zwischen δ^{30}Si-Wert und der chemischen Zusammensetzung an:

$$\delta^{30}\mathrm{Si} = k^*(T) \cdot (a_{\mathrm{Si}} + 0{,}5 a_{\mathrm{Al}}) \cdot \frac{2[4(a_{\mathrm{Si}} + a_{\mathrm{Al}}) - a_{\mathrm{O}}]}{a_{\mathrm{Si}}\,(a_{\mathrm{Si}} + a_{\mathrm{Al}})} + C^*(^{30}\mathrm{Si}), \tag{3.14}$$

wobei $k^*(T)$ eine Konstante, deren Größe proportional der mittleren Bildungstemperatur, C^* (^{30}Si) eine Konstante, die den summarischen δ^{30}Si-Wert der Paragenese angibt, und a_i die Molzahl des chemischen Elements i entsprechend der chemischen Formel des Minerals sind.

Zum Verständnis der Formel sind folgende Gedanken hilfreich: In Übereinstimmung mit der Regel von Waldmann (1943) sollte man davon ausgehen können, daß sich die δ^{30}Si-Werte hinsichtlich des Vernetzungsgrades so verhalten wie die δ^{18}O-Werte, d. h. mit steigendem Vernetzungsgrad zunehmen. Diese Zunahme sollte wie beim Sauerstoff proportional der Anzahl der O—Si- bzw. O—Al-Gruppen pro Siliciumatom sein. Weiterhin sollte es nicht gleichgültig sein, ob an dem betrachteten Siliciumatom O—Si- oder O—Al-Anordnungen auftreten.

Auch bei unseren Überlegungen wollen wir davon ausgehen, daß innerhalb des gesamten Silicatsystems der Silicium-IE im wesentlichen durch den Vernetzungsgrad bestimmt wird. Eine solche Annahme wird auch durch Untersuchungen gestützt, die ergaben, daß die Ramanfrequenzen der dreifach entarteten Translationsschwingung des SiO_4-Tetraeders mit dem Vernetzungsgrad zunehmen (Grant 1954). Diese Schwingung ist die einzige, die zu einer Bewegung des Siliciumatoms relativ zu den Sauerstoffatomen führt.

Wir folgen dem prinzipiellen Ansatz von Wetzel (1980) und definieren einen spezifischen Vernetzungsgrad (Schütze 1981a)

$$V_n = \frac{4[2(\bar{n}_{\mathrm{Si}} + \bar{n}_{\mathrm{Al[4]}}) - \bar{n}_0]}{\bar{n}_{\mathrm{Si}}}, \tag{3.15}$$

wobei $\bar{n}_j$ die Anzahl der betätigten Bindungen $(a_j \cdot W_j)$ des chemischen Elements j gemäß der chemischen Formel des betrachteten Minerals darstellt.

Gleichung (3.15) trägt der Tatsache Rechnung, daß es für den Silicium-IE nicht gleichgültig ist, ob O—Si- oder O—Al-Bindungen vorliegen. Beim Ersatz von Silicium durch Aluminium im Tetraeder wird der Silicium-IE größer, da die Vernetzung pro Siliciumatom zunimmt. Die Messung von δ^{30}Si-Werten an verschiedenen Gesteinen und Mineralen bestätigt ein solches Verhalten (Abb. 1).

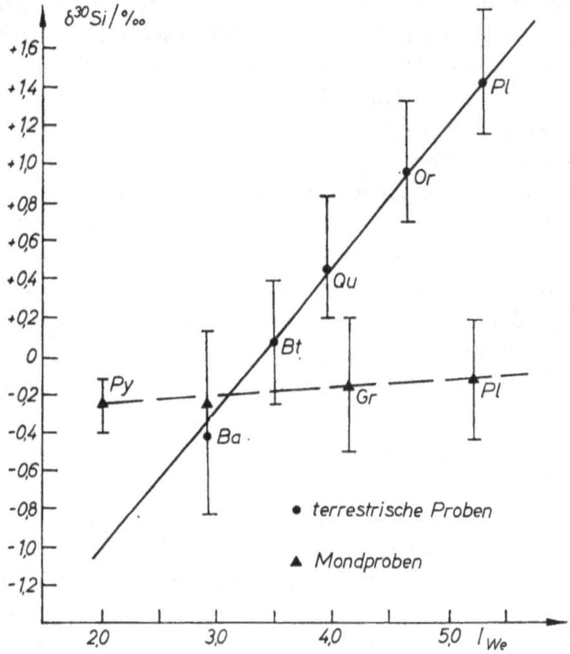

Abb. 1. Vergleich zwischen berechneten [Geraden nach Gleichung (3.14) und experimentell bestimmten δ^{30}Si-Werten nach Wetzel (1980)]

In Tabelle 5 sind die spezifischen Vernetzungsgrade für einige typische Silicatstrukturen und deren Vertreter angeführt. Die nach Gleichung (3.15) berechneten spezifischen Vernetzungsgrade führen zu Abstufungen zwischen den verschiedenen Mineralgruppen, wie sie auch von Wetzel (1980) mit Gleichung (3.14) gefunden werden und die nicht im Widerspruch zu bisherigen Meßwerten an natürlichen Mineralen stehen. Daher soll der spezifische Vernetzungsgrad V_n ein essentieller Bestandteil des ^{30}Si-Index sein. Bei den weiteren Betrachtungen wollen wir, wie im Falle des Sauerstoffs, den Quarz als Bezugsmineral verwenden ($I_{^{30}\mathrm{Si}}^{\mathrm{Qu}} \equiv 1{,}000$).

Entsprechende Rechnungen zum Sauerstoff-IE im Silicatsystem zeigen, daß ein linearer Zusammenhang existiert zwischen $I_{^{18}\mathrm{O}}$- und δ^{18}O-Werten für solche Minerale, die sich bei der gleichen Temperatur gebildet haben. Bezüglich der Silicium-IE gilt nach Abb. 1 das gleiche Verhalten. Daß der auf der Abszisse aufgetragene Index I_{We} nach Wetzel (1980) nicht selbst der ^{30}Si-Index im hier behandelten Sinne sein kann, ergibt sich aus dem Umstand, daß sein Wert für Inselsilicate Null wird. Das gleiche trifft auch für den oben definierten spezifischen Vernetzungsgrad V_n [Gleichung (3.15)] zu.

Tabelle 5. Nach Gleichung (3.15) berechneter spezifischer Vernetzungsgrad V_n für die verschiedenen Mineralgruppen des Silicatsystems

Silicat-struktur	Mineralbeispiel	chemische Formel	V_n
Insel	Forsterit	$Mg_2[SiO_4]$	0
Kette	Enstatit	$Mg[SiO_3]$	2,00
Band	Hornblende	$NaMg_3[Si_4O_{11}]OH$	2,50
Schicht	Serpentin	$Mg_6[Si_4O_{10}](OH)_8$	3,00
	Biotit	$KMg_3[AlSi_3O_{10}](OH)_2$	3,33
Raumnetz	Quarz	$[SiO_2]$	4,00
	Orthoklas	$K[AlSi_3O_8]$	4,67
	Anorthit	$Ca[Al_2Si_2O_8]$	6,00

Wie beim Sauerstoff wollen wir nämlich davon ausgehen, daß folgende Beziehung gelten soll [vgl. Gleichung (3.9)]

$$10^3 \cdot \ln \beta'_{\text{Sil}}(T) = I^{\text{Sil}}_{^{30}\text{Si}} \cdot 10^3 \cdot \ln \beta'_{\text{Qu}}(T); \tag{3.16}$$

die gestrichenen β beziehen sich in dieser Arbeit auf den Silicium-IE und der Index Sil steht für ein beliebiges Silicat. Der Charakter der Temperaturabhängigkeit der β-Faktoren ist durch Gleichung (2.20d) gegeben.

In einem ersten Schritt zur Definition des ^{30}Si-Index ist der Zusammenhang zwischen diesem und dem spezifischen Vernetzungsgrad mathematisch zu formulieren (Abb. 2). Für $I^{\text{Sil}}_{^{30}\text{Si}}$ als $f(V^{\text{Sil}}_n)$ können wir allgemein ansetzen

$$I^{\text{Sil}}_{^{30}\text{Si}} = b \cdot V^{\text{Sil}}_n + I^0_{^{30}\text{Si}} \tag{3.17}$$

und für Quarz als Bezugsmineral ($I^{\text{Qu}}_{^{30}\text{Si}} = 1{,}000$; $V^{\text{Qu}}_n = 4{,}00$)

$$I^{\text{Qu}}_{^{30}\text{Si}} = b \cdot 4{,}00 + I^0_{^{30}\text{Si}} = 1{,}000; \tag{3.17a}$$

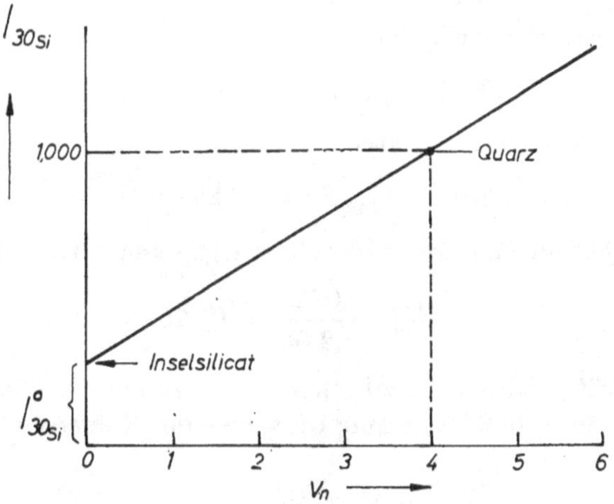

Abb. 2. Ausgangssituation zur Berechnung des Zusammenhangs zwischen $I_{^{30}\text{Si}}$ und V_n

damit erhalten wir

$$b = \frac{1{,}000 - I^0_{^{30}\mathrm{Si}}}{4{,}00}. \qquad (3.17\,\mathrm{b})$$

Eine weitere Bestimmungsgleichung folgt aus einer Literaturangabe (GRANT 1954) zur Trennung der Siliciumisotope im System Quarz/Topas bei 565 K

$$10^3 \cdot \ln \alpha'^{\mathrm{Qu}}_{\mathrm{Top}}(565\ \mathrm{K}) = 10^3 \cdot (\ln \beta'_{\mathrm{Qu}} - \ln \beta'_{\mathrm{Top}})\ (565\ \mathrm{K}) \approx 6{,}0‰. \qquad (3.18)$$

Das gestrichene α bezieht sich in dieser Arbeit auf Siliciumisotopentrennungen.

Bei Kenntnis von $10^3 \cdot \ln \beta'_{\mathrm{Qu}}(T)$ gewinnen wir aus Gleichung (3.18) den Ausdruck $10^3 \cdot \ln \beta'_{\mathrm{Top}}(T)$ und wegen $V_n^{\mathrm{Top}} = 0$ (Inselsilicat) den Wert der Größe $I^0_{^{30}\mathrm{Si}}$ (Ordinatenabschnitt in Abb. 2)

Zur Berechnung von $10^3 \cdot \ln \beta'_{\mathrm{Qu}}(T)$

Die isotopischen Inkremente $i_{\mathrm{O-Si}}$ (Sauerstoff-IE) und $i_{\mathrm{Si-O}}$ (Silicium-IE) unterscheiden sich lediglich im IE der Schwingungsfrequenz, da die auf den Bindungsabstand O-Si bezogene Bindungsstärke unabhängig von der Art des betrachteten IE ist ($C_{\mathrm{O-Si}} = C_{\mathrm{Si-O}} = 0{,}5818$); nach Gleichung (3.3) ergibt sich für den Silicium-IE der Schwingungsfrequenz in der Si—O-Bindung

$$\varepsilon_{\mathrm{Si \to O}} = 0{,}01235.$$

Für das ^{30}Si-Inkrement dieser Bindung folgt damit nach Gleichung (3.2)

$$i_{\mathrm{Si-O}} = 0{,}01235 \cdot 0{,}5818 = 0{,}007185.$$

Nach Gleichung (3.5) ist das isotopische Inkrement dem Isotopenindex direkt proportional; da aus Gleichung (3.8) ebenfalls eine direkte Proportionalität von $10^3 \ln \beta(T)$ und dem Isotopenindex folgt, ist auch das isotopische Inkrement dem Ausdruck $10^3 \cdot \ln \beta(T)$ direkt proportional. Zum Vergleich von $10^3 \cdot \ln \beta'_{\mathrm{Qu}}(T)$ und $10^3 \cdot \ln \beta_{\mathrm{Qu}}(T)$ können wir daher ansetzen

$$\frac{10^3 \cdot \ln \beta'_{\mathrm{Qu}}(T)}{10^3 \cdot \ln \beta_{\mathrm{Qu}}(T)} = \frac{i_{\mathrm{Si-O}}}{i_{\mathrm{O-Si}}} = \frac{0{,}007185}{0{,}0217} = 0{,}331$$

und erhalten die wichtige Beziehung

$$10^3 \cdot \ln \beta'_{\mathrm{Qu}}(T) = 2{,}64 \cdot 10^6/T^2, \qquad (3.19)$$

die mit Gleichung (3.18) für den Topas

$$10^3 \cdot \ln \beta'_{\mathrm{Top}}(T) = 0{,}725 \cdot 10^6/T^2$$

ergibt. Der ^{30}Si-Index für den Topas berechnet sich danach zu

$$I^{\mathrm{Top}}_{^{30}\mathrm{Si}} = \frac{0{,}725}{2{,}64} = 0{,}275.$$

Da der Topas $Al_2[SiO_4/F_2]$ den spezifischen Vernetzungsgrad 0 aufweist, ist auch der Ordinatenabschnitt in Abb. 2 bestimmt; wir setzen den Zahlenwert in Gleichung (3.17 b) ein und erhalten

$$b = \frac{1{,}000 - 0{,}275}{4{,}00} = 0{,}181.$$

Wir können nun für den ^{30}Si-Index schreiben

$$I^{\mathrm{Sil}}_{^{30}\mathrm{Si}} = 0{,}181 \cdot V_n{}^{\mathrm{Sil}} + 0{,}275 \tag{3.20}$$

und für beliebige Silicate deren $10^3 \cdot \ln \beta'(T)$-Wert entsprechend Gleichung (3.16) berechnen:

$$10^3 \cdot \ln \beta'_{\mathrm{Sil}}(T) = I^{\mathrm{Sil}}_{^{30}\mathrm{Si}} \cdot 2{,}64 \cdot 10^6/T^2. \tag{3.16a}$$

Tabelle 6 enthält die nach den Gleichungen (3.15), (3.20) und (3.16a) ermittelten Werte für die in Tabelle 5 aufgeführten Mineralgruppen bzw. Minerale. Die entsprechenden δ^{30}Si-Werte wurden mit folgender Gleichung für 1000 K gewonnen:

$$10^3 \cdot \ln \alpha'^{A}_{B}(T) = 10^3(\ln \beta'_A - \ln \beta'_B)\,(T), \tag{3.21}$$

wonach sich für den Mother Lode Standard (MLS) [δ^{30}Si $= \pm 0‰$] anhand der bei Wetzel (1980) zusammengefaßten Meßwerte (vgl. Abb. 1) ergibt

$$10^3 \cdot \ln \beta'_A(T) = 10^3 \cdot \ln \beta'_{\mathrm{MLS}} = 2{,}16 \cdot 10^6/T^2.$$

Die Abb. 3 zeigt den Zusammenhang zwischen $I_{^{30}\mathrm{Si}}$- und δ^{30}Si-Werten für einen Mineralbestand, der aus einem einheitlichen Magma bei 1000 K gebildet worden ist.

Tabelle 6. Zusammenstellung der $10^3 \cdot \ln \beta'$- und δ^{30}Si-Werte für die verschiedenen Mineralgruppen des Silicatsystems

(Die δ^{30}Si-Werte wurden für eine Austauschtemperatur von 1000 K berechnet und der Mother-Lode-Standard betragsmäßig in die Serpentin-Kaolinit-Gruppe eingeordnet)

Mineralgruppe	V_n	$I_{^{30}\mathrm{Si}}$	$10^3\ln \beta' \cdot T^2/10^6$	δ^{30}Si/‰
Olivine	0	0,275	0,725	−1,44
Pyroxene	2,00	0,638	1,68	−0,48
Amphibole	2,50	0,729	1,92	−0,24
Serpentin-Kaolinit-Gruppe	3,00	0,820	2,16	±0
Glimmer	3,33	0,880	2,32	+0,16
Siliciumdioxid	4,00	1,000	2,64	+0,48
Alkalifeldspäte	4,67	1,124	2,97	+0,81
Anorthit	6,00	1,366	3,60	+1,44

3.6. Ergänzende Bemerkungen zur Nutzung des ^{30}Si-Index

Am Schmelzpunkt und auch bei höheren Temperaturen zeigen viele Silicate noch andeutungsweise die Struktur der kristallinen Phase (Grant 1954), zumindest aber cybotaktische Bezirke oder, wenn von höheren Temperaturen her abgekühlt wird, sogenannte Vorkeimgruppen. Die Aufspaltung der Tetraedervernetzung durch das Aufbrechen von Si-O-Brückenbindungen erfordert im allgemeinen höhere Temperaturen als die Schmelztemperatur T_S. So hat man z. B. festgestellt, daß geschmolzenes $[SiO_2]_\infty$ selbst bei 2300 K (etwa 300 K über dem Schmelzpunkt) noch $[Si_xO_y]_x^{z-}$-Komplexe aufweist, welche mit einem $x \approx 600$ noch relativ hochmolekular sind (Petzold und Hinz 1978). Damit erhebt sich die Frage, ob ein echter Siliciumisotopenaustausch

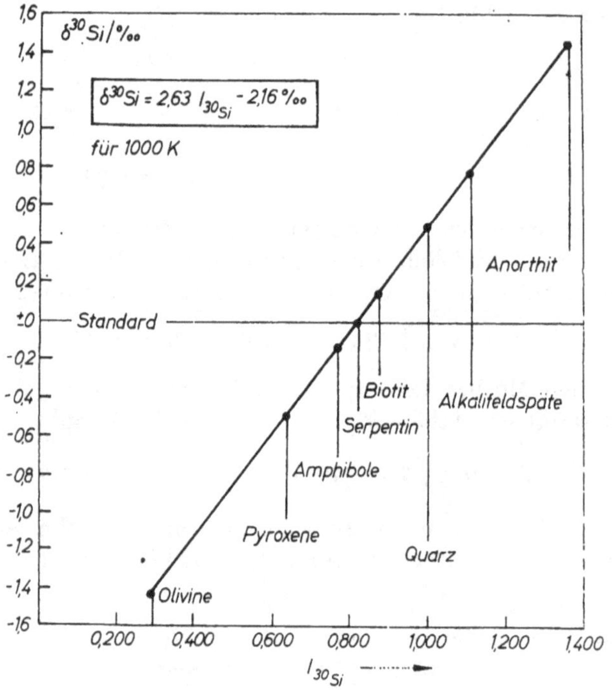

Abb. 3. Abhängigkeit des δ^{30}Si-Wertes vom Isotopenindex $I_{^{30}Si}$ bei 1000 K

bei den geologisch möglichen Temperaturen (in 700 km Tiefe, wo die tiefsten Magmenkammern liegen, etwa 2300 bis 2800 K) zwischen den Tetraedern unterschiedlicher Bindungsart überhaupt von größerer Bedeutung ist oder ob möglicherweise vorwiegend ganze Tetraeder ausgetauscht werden. In Abb. 4 sind verschiedene Bindungstypen der SiO_4-Tetraeder schematisch dargestellt. Nach Grant (1954) nehmen die Frequenzen der Si → O-Schwingungen im Tetraeder mit der Vernetzung der Silicatstruktur zu. Nach Gleichung (2.1) ist das nur durch eine Vergrößerung der Kraftkonstante dieser Schwingung (eine Verringerung der reduzierten Masse kommt nicht in Betracht) zu verstehen. Mit zunehmendem Vernetzungsgrad werden die Si—O-Bindungen „steifer", weil die Bindungen zu den „externen" Bindungspartnern ebenfalls „steifer" werden. Effektiv wirkt sich das auf die Si → O-Schwingung im Tetraeder wie eine Erhöhung der Sauerstoffmasse und damit der reduzierten Masse aus. Dadurch wird der Silicium-IE in dieser Bindung ebenfalls mit steigendem Vernetzungsgrad erhöht. Da jedoch die Frequenzerhöhungen mit zunehmendem Vernetzungsgrad nachgewiesen sind (Grant 1954), überwiegt die Zunahme der Kraftkonstante in der Si → O-Schwingung gegenüber der Erhöhung der reduzierten Masse. Die Frage, wie sich der Siliciumisotopenaustausch zwischen zwei verschiedenen Silicaten vollzieht, läßt sich nicht eindeutig beantworten. Da man in silicatischen Schmelzen immer SiO_4-Tetraeder vorfindet, kann man wohl davon ausgehen, daß sich die Gleichgewichte hauptsächlich über den Tetraederaustausch vollziehen, z. B.

$$\underset{\text{Fayalith}}{Fe_2[^{28}SiO_4]} + \underset{\text{Ca-Olivin}}{Ca_2[^{30}SiO_4]} \rightleftharpoons Fe_2[^{30}SiO_4] + Ca_2[^{28}SiO_4].$$

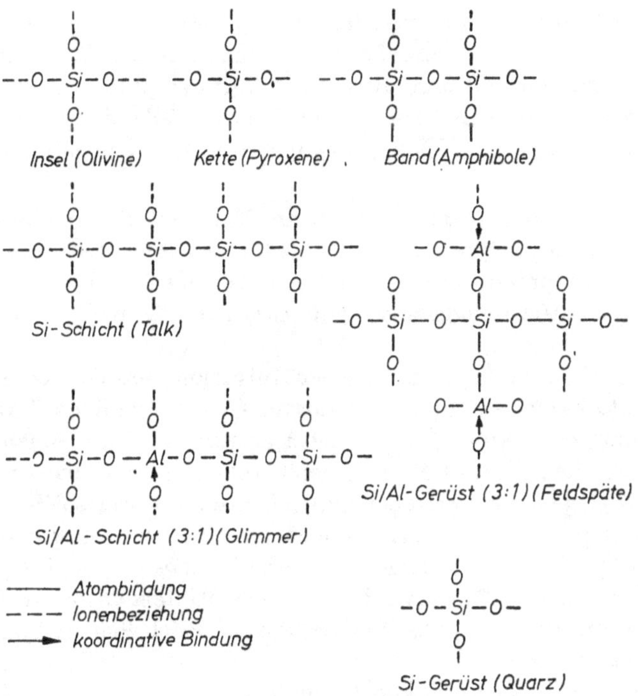

Abb. 4. Beispiele für Bindungsmöglichkeiten von SiO_4- und AlO_4-Tetraedern in Silicaten

Wir wollen bei unseren weiteren Betrachtungen davon ausgehen, daß in der Regel beim Vorliegen einer Silicatschmelze in Form eines natürlichen Magmas in der Phase der Abkühlung eine typische Mineralparagenese entsteht, die bezüglich des Isotopenaustausches von eingestellten Gleichgewichten ausgeht, und damit die δ^{30}Si-Werte der verschiedenen Minerale der Paragenese Hinweise auf die mittlere Einfriertemperatur der Austauschkinetik vermitteln. Ein schnelles Abkühlen wird immer zu höheren mittleren Einfriertemperaturen, in der Literatur häufig auch als Bildungstemperaturen der Paragenese bezeichnet, führen als die langsame Abkühlung einer Schmelze. So sollten sich auch die unterschiedlichen Neigungen der Geraden für terrestrisches und lunares Gestein in Abb. 1 deuten lassen.

Natürlich sind wir uns darüber im klaren, daß auch kinetische Trenneffekte einen Einfluß auf die Isotopenverteilung nehmen können. Vor allem werden das Diffusionseffekte sein, die ihr Ziel, die substantielle Gleichgewichtsverteilung zwischen verschiedenen Phasen bzw. zwischen verschiedenen Spezies in einer Phase, mangels hinreichender Translationsmöglichkeiten verfehlen. Nur gehen wir dabei nicht davon aus, daß mit Unterschreiten der Schmelztemperatur T_S der Isotopenaustausch aufhört, sondern davon, daß Platzwechselvorgänge in größerem Umfang in Mineralen noch bis zu einer absoluten Temperatur von etwa $^2/_3 T_S$ stattfinden.

Für die Temperaturabhängigkeit der Diffusion von Atomen in einem Kristallgitter gilt (Geguzin 1977)

$$D_i = D_0 \cdot e^{-E_{AD}/RT};$$

D_i: Diffusionskoeffizient, D_0: Frequenzfaktor, E_{AD}: Aktivierungsenergie der Diffusion (T-unabhängig). Der temperaturunabhängige Frequenzfaktor D_0 ist der Gittersymmetrie, der Gitterkonstanten und den Gitterkräften direkt proportional. Sein Wert liegt im allgemeinen zwischen 10^{-2} bis 10 cm^2/s. Im Falle der Selbstdiffusion von Gold beträgt die mittlere Verschiebung $\left[\pm\sqrt{D_i \cdot t}\ \mathrm{cm}\right]$ bei $(2/3) \cdot T_S$ ($T_S = 1336$ K) nur noch 2% derjenigen bei T_S.

Gehen wir davon aus, daß magmatische Schmelzen nach ihrem Eindringen in höhere Krustenbereiche in geologisch relativ kurzen Zeiten abkühlen und dabei die Temperatur $(2/3) \cdot T_S$ beträchtlich unterschreiten, dürfte in den meisten geologisch bedeutsamen Fällen das Isotopenaustauschgleichgewicht zwischen T_S und etwa $(2/3) \cdot T_S$ „einfrieren".

Je nach dem Umfang einer magmatischen Intrusion werden sich Inhomogenitäten stofflicher und isotopischer Art in dem erstarrten Gestein abbilden. Ganz sicher werden in der Natur kaum große homogene Intrusiva zu finden sein, vielmehr werden zonare Strukturen vorherrschen (Tilles 1961a), deren Interpretation den zugrunde liegenden geologischen Prozeß genauer verstehen hilft. Um zuverlässig solche Aussagen zu erhalten, sind Mineralpaare für die Isotopenanalyse zu gewinnen, die auch in unmittelbarer räumlicher Nachbarschaft liegen. Innerhalb eines Batholiten können z. B. in vertikaler und horizontaler Richtung beträchtliche Unterschiede in den δ^{30}Si-Werten gleicher Minerale auftreten (Tilles 1961b), die offensichtlich verschiedenem Abkühlungsverhalten entsprechen.

Mit den vorgestellten theoretischen Grundlagen zur näherungsweisen Berechnung von Sauerstoff- und Siliciumisotopieeffekten beim Isotopenaustausch zwischen kristallinen Silicaten verfügen wir über den erforderlichen methodischen Fundus, um isotopengeochemische Modellrechnungen zu ausgewählten geologischen Prozessen durchführen zu können.

4. *Isotopengeochemische Untersuchungen zur Entwicklung der Erdkruste*

4.1. *Sauerstoffisotope und Magmatismus*

Die Sauerstoffisotopenzusammensetzung der verschiedenen Minerale und Gesteine ist geprägt durch die primäre Herkunft ihres Stoffbestandes und gegebenenfalls durch nachfolgende Isotopenaustauschreaktionen bzw. Mischvorgänge. Der gesamte Stoffbestand der Erdkruste stellt letztlich ein magmatisches Differentiationsprodukt des Erdinneren, insbesondere des Erdmantels, dar (Hargraves 1976, O'Nions, Hamilton und Evensen 1980, Moorbath 1977, Windley 1977, Berckhemer 1981). Es läßt sich theoretisch ermitteln, wie der durchschnittliche δ^{18}O-Wert der gesamten kontinentalen Kruste auf Grund der magmatischen Differentiation allein beschaffen sein müßte. Dieser Durchschnittswert wird durch die Wirkung von Wasser infolge des Sauerstoffisotopenaustauschs bei relativ niedrigen Temperaturen stark erhöht. Das gilt für den gemessenen durchschnittlichen δ^{18}O-Wert der Kruste und keinesfalls für alle Gesteine und Minerale.

Wie viele Sauerstoffisotopenuntersuchungen zeigen, gibt es durchaus primäre Magmatite, die solche δ^{18}O-Werte aufweisen, wie sie für diese, als Differentiationsprodukte des Erdmantels etwa peridotitischer Zusammensetzung, theoretisch berechnet werden können. Das bedeutet, mit Hilfe von Sauerstoffisotopenuntersuchungen ist es möglich, durch sekundäre Prozesse veränderte Magmatite von unveränderten und daher unmittelbar im Stoff- und Isotopenbestand vom Erdmantel ableitbaren Magmatiten zu unterscheiden. Daß dazu noch gewisse Einschränkungen getroffen werden müssen, wird später gezeigt. Mit Hilfe des im Kapitel 3. eingeführten ^{18}O-Index wollen wir den Prozeß der Kristallisationsdifferentiation isotopengeochemisch näher untersuchen.

Zur Berechnung des ^{18}O-Index vorwiegend silicatischer Gesteine wird Gleichung (3.5a) umgeformt, um die zeitaufwendige Berechnung aller einzelnen Inkrementanteile zu vermeiden. Dabei wird davon ausgegangen, daß in erster Linie die Anzahl der O—Si-, O—Al[4]-, O—Al[6]- und O—Fe^{3+}[6]-Bindungen in der chemischen Formel des Gesteins den Wert des Isotopenindex bestimmt. Da wir uns bei den noch darzustellenden Berechnungen zur Entwicklung der kontinentalen Kruste auf die Stoffbilanzen des Sauerstoffs, des Siliciums und des Aluminiums beschränkt haben und alle anderen Elemente, die in den silicatischen Gesteinen vorkommen können, nur summarisch erfaßt haben, soll eine Näherungsformel eingeführt werden, die sowohl die O-Fe^{3+}- als auch die O-Me'-Bindungen zusätzlich berücksichtigt. In guter Näherung können wir für den ^{18}O-Index schreiben (SCHÜTZE 1981b)

$$I_{^{18}O} \approx \frac{4{,}000 \cdot a_{Si} + 2{,}046(4 - a_{Si}) + 1{,}290 \cdot a_{Al[6]} + 0{,}092 a_{\overline{Me}}}{\bar{n}_O}. \tag{4.1}$$

Dabei bedeuten die einzelnen Summanden:

$$4{,}000 \cdot a_{Si} = W_{Si} \cdot i'_{O-Si} \cdot a_{Si},$$

$$2{,}046 \cdot (4 - a_{Si}) = 2{,}046 \cdot a_{Al[4]} = W_{Al} \cdot i'_{O-Al[4]} \cdot a_{Al[4]}$$

(die chemische Formel für silicatische Gesteine ist immer so aufzustellen, daß $a_{Si} + a_{Al[4]} = 4$ gilt),

$$1{,}290 \cdot a_{Al[6]} = W_{Al} \cdot i'_{O-Al[6]} \cdot a_{Al[6]},$$

$$0{,}092 \cdot a_{\overline{Me}} = W_{Me'} \cdot i'_{O-Me'} \cdot 0{,}11 \cdot 0{,}88 \cdot a_{\overline{Me}} + W_{Me^{3,4+}} \cdot i'_{O-Me^{3,4+}} \frac{0{,}12}{3{,}5} \cdot a_{\overline{Me}};$$

$\overline{Me}$: alle Kationen in der chemischen Formel des Gesteins außer Si^{4+} und Al^{3+} auf Einwertigkeit bezogen,

$i'_{O-Me'} = 0{,}216$: das mittlere reduzierte ^{18}O-Inkrement aller schwachen O—Me'-Bindungen,

$i'_{O-Me^{3,4+}} = 0{,}590$: das mittlere reduzierte ^{18}O-Inkrement der O—Fe^{3+}- und O—Ti^{4+}-Bindungen,

$\frac{0{,}12}{3{,}5} \cdot a_{\overline{Me}}$: die durchschnittliche Molzahl von Fe^{3+} und Ti^{4+} wird zu 12% der summarischen Molzahl a_{Me} angenommen (auf Einwertigkeit bezogen).

Am Beispiel zweier Gesteine sollen die sowohl nach Gleichung (3.5a) als auch nach Gleichung (4.1) berechneten ^{18}O-Indices gegenübergestellt werden.
Ein Peridotit mit der chemischen Formel

$$\left.\begin{matrix} Na_{0,1}K_{0,03}Mg_{4,54}Ca_{0,33} \\ Fe^{2+}_{0,74}Mn^{2+}_{0,02}Fe^{3+}_{0,17}Ti^{4+}_{0,05} \end{matrix}\right\} Al_{0,32}[Si_{3,89}Al_{0,11}O_{14,46}]$$

liefert folgende ${}^{18}O$-Indices:

$$\text{nach Gleichung (3.5a):} \quad I_{^{18}O} = 0{,}588,$$

$$\text{nach Gleichung (4.1):} \quad I_{^{18}O} \approx 0{,}598.$$

Diese Differenz in den Isotopenindices bedeutet eine Differenz in den $\delta^{18}O$-Werten von 0,04‰.

Ein Granit mit der chemischen Formel

$$\left.\begin{matrix} Na_{0,27}K_{0,32}Mg_{0,04}Ca_{0,06} \\ Fe^{2+}_{0,06}Fe^{3+}_{0,03}Ti^{4+}_{0,01} \end{matrix}\right\} [Si_{3,26}Al_{0,74}O_{8,16}]$$

liefert folgende ${}^{18}O$-Indices:

$$\text{nach Gleichung (3.5a):} \quad I_{^{18}O} = 0{,}898,$$

$$\text{nach Gleichung (4.1):} \quad I_{^{18}O} \approx 0{,}898.$$

In Abb. 5 ist der Zusammenhang zwischen dem ${}^{18}O$-Index und dem $\delta^{18}O$-Wert für silicatische Gesteine bzw. silicatische Minerale, die sich aus einem einheitlichen Magmenbestand bei der Kristallisationsdifferentiation gebildet haben, dargestellt. Als Fixpunkte der Lage der Kurven im Koordinatensystem dienten die durchschnittlichen $\delta^{18}O$-Meßwerte von Olivinen (4,7‰), Peridotiten (4,9‰) und ORB (Ocean Rift Basalts)

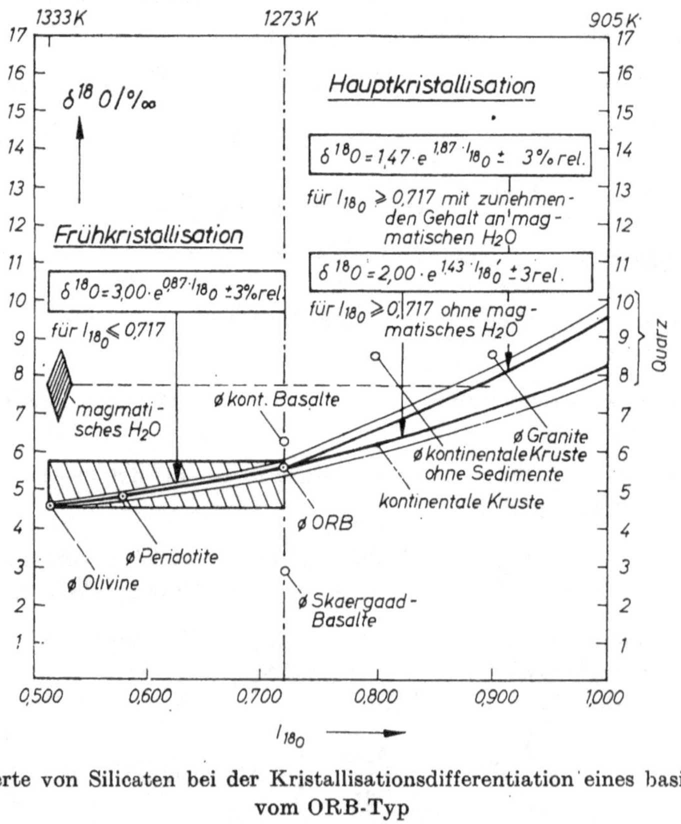

Abb. 5. $\delta^{18}O$-Werte von Silicaten bei der Kristallisationsdifferentiation eines basischen Magmas vom ORB-Typ

(5,6‰). Der Verlauf der Kurven für die Phase der Hauptkristallisation wurde mit Hilfe der Gleichungen (3.10), (3.9a) und (3.9b) für verschiedene Minerale im Gleichgewicht mit ORB bzw. magmatischem Wasser (7,7‰) (bei steigendem Gehalt) für die Bildungstemperaturen dieser Minerale berechnet. Danach erhalten wir folgende Zusammenhänge zwischen ^{18}O-Index und $\delta^{18}O$-Wert:
für die Phase der Frühkristallisation ($I_{^{18}O} \leqq 0{,}717$)

$$\delta^{18}O = 3{,}00 \cdot e^{0{,}87 \cdot I_{^{18}O}} \pm 3\% \text{ rel.}; \tag{4.2}$$

für die Phase der Haupt- und Spätkristallisation ($I_{^{18}O} \geqq 0{,}717$)

$$\delta^{18}O = 2{,}00 \cdot e^{1{,}43 \cdot I_{^{18}O}} \pm 3\% \text{ rel.} \tag{4.3}$$

(magmatisches Wasser nur in geringen Mengen vorhanden);
und

$$\delta^{18}O = 1{,}47 \cdot e^{1{,}87 \cdot I_{^{18}O}} \pm 3\% \text{ rel.} \tag{4.3a}$$

(magmatisches H_2O nimmt mit $I_{^{18}O}$ zu).

Wir wollen nun anhand des Bowenschen Schemas (Bowen 1928) über die Beziehungen der Kristallisationsprodukte eines silicatischen Magmas zueinander eine Zuordnung von $\delta^{18}O$-Werten zu den verschiedenen Kristallisationsprodukten vornehmen (Abb. 6). Der Abbildung ist zu entnehmen, daß die Silicate mit zunehmendem Vernetzungsgrad der SiO_4-Tetraeder bei der diskontinuierlichen bzw. die Plagioklase der kontinuierlichen Reaktionsreihe mit zunehmendem Si/Al-Verhältnis höhere ^{18}O-Indices und damit auch höhere $\delta^{18}O$-Werte aufweisen. Daraus läßt sich die Schlußfolgerung ziehen, daß in der silicatischen Schmelze im thermodynamischen Gleichgewicht sowohl ein höherer Vernetzungsgrad der SiO_4-Tetraeder als auch ein größeres Si/Al-Verhältnis als in den ge-

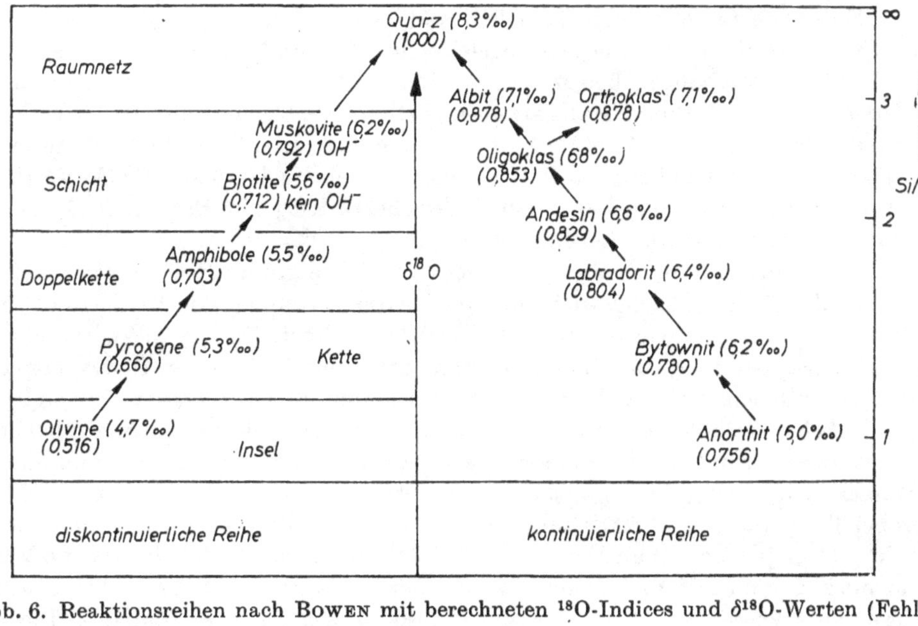

Abb. 6. Reaktionsreihen nach Bowen mit berechneten ^{18}O-Indices und $\delta^{18}O$-Werten (Fehler für δ-Werte: $\pm 3\%$ rel.)

bildeten Mineralen vorliegt. Damit reichert sich auch das schwere Sauerstoffisotop ^{18}O in der Restschmelze an, und jedes sich bei der Kristallisationsdifferentiation durch andere Prozesse ungestört bildende nachfolgende Mineral weist einen höheren $\delta^{18}O$-Wert auf als das vorhergehende. Die berechneten $\delta^{18}O$-Werte für die verschiedenen Minerale in Abb. 6 stehen in recht guter Übereinstimmung mit den niedrigen Werten vieler $\delta^{18}O$-Messungen an diesen Mineralen (Taylor und Epstein 1962, Taylor 1968, Bottinga und Javoy 1975). Allerdings muß bei diesen Betrachtungen beachtet werden, daß infolge der Anreicherung von ^{18}O in der Schmelze, bei einem großen Mengenverhältnis von Kristallisat zu Schmelze, bereits bei der Bildung eines Minerals eine ansteigende Tendenz im $\delta^{18}O$-Wert mit zunehmendem Mineralbildungsgrad festzustellen sein müßte, so daß im extremen Falle die $\delta^{18}O$-Werte der verschiedenen Minerale aneinander anschließen können.

Wir wollen diese Gedankengänge auf die Bildung der Gesteine übertragen. Gehen wir mit Bowen (1928) davon aus, daß basaltisches Magma prinzipiell als Ausgangssubstanz für saure Magmatite angesehen werden kann und daß dabei die Kristallisationsdifferentiation die Hauptrolle spielt, so erhalten wir das folgende Schema

basaltisches Stammagma ($\delta^{18}O = 5{,}6 \pm 0{,}2‰$) $\rightarrow$ dioritisches Magma ($\delta^{18}O = 5{,}8 \pm 0{,}2‰$) $\rightarrow$ granitisches Magma ($\delta^{18}O = 7{,}2 \pm 0{,}2‰$) $\rightarrow$ Granit-Pegmatite ($\delta^{18}O = 8{,}9 \pm 0{,}3‰$; magmatisches Wasser: $\delta^{18}O = 7{,}7 \pm 1‰$).

Die $\delta^{18}O$-Werte wurden über die entsprechenden ^{18}O-Indices (basaltisches Magma: 0,717, dioritisches Magma: 0,745, granitisches Magma: 0,900, Granitpegmatite: 0,980) mit Hilfe der Gleichungen (4.2), (4.3) und (4.3a) berechnet. Tatsächlich findet man viele $\delta^{18}O$-Werte, die bei den angeführten Differentiationsstufen in die berechneten $\delta^{18}O$-Wertebereiche fallen (Taylor 1968). Aus der Sicht der Isotopengeochemie des Sauerstoffs ist diese Kristallisationsdifferentiation als ein wesentliches Element bei der Bildung der Erdkruste zu betrachten. Letztlich sind die Gleichungen (4.2), (4.3) und (4.3a) auf der Grundlage dieser Vorstellung abgeleitet worden, und ihre Gültigkeit ist durch eine Vielzahl von Messungen belegt. Das auf der Abb. 5 von den beiden Kurven im Bereich der Phase der Hauptkristallisation eingeschlossene Gebiet weist $\delta^{18}O$-Werte aus, die für die entsprechenden Minerale bzw. Gesteine eine direkte Mantelherkunft ihres Stoffbestandes wahrscheinlich machen. Es gibt jedoch auch viele $\delta^{18}O$-Werte dieser Minerale und Gesteine, die deutlich oberhalb der oberen Kurve im Bereich der Phase der Hauptkristallisation in Abb. 5 liegen.

Welche Ursachen gibt es für diese Abweichungen? Die größte Rolle spielt dabei das Wasser. In Abb. 7 sind Gleichgewichtskurven für die Verteilung von ^{18}O zwischen verschiedenen magmatischen Gesteinen und Wasser gezeichnet. Daraus ist zu entnehmen, daß es Gesteinstypen gibt, die bei einer bestimmten Temperatur einen Inversionspunkt besitzen, bei welchem sich das Vorzeichen für die Trennung $10^3 \cdot \ln \alpha \approx (\delta^{18}O_{Gestein} - \delta^{18}O_{H_2O})$ umkehrt. Je höher diese Inversionstemperatur liegt, desto wahrscheinlicher ist (aus kinetischen Gründen) ein Sauerstoffisotopenaustausch zwischen Gestein/Mineral und Wasser in Richtung der Anreicherung von ^{18}O im Gestein. So reichert Granit ^{18}O bereits bei Temperaturen $< 800\,°C$ im Gleichgewicht mit Wasser an. Bei Temperaturen $> 900\,°C$ gibt er jedoch ^{18}O an Wasser ab. Danach läßt sich feststellen, daß die Wahrscheinlichkeit für eine ^{18}O-Anreicherung in einem Gestein durch Sauerstoffisotopenaustausch mit Wasser mit dem „sauren" Charakter des Gesteins zunimmt. Die ^{18}O-Anreicherung hängt vom Ausmaß des Isotopenaustauschs und vom $\delta^{18}O$-Wert des

Wassers ab. Unabhängig von der Lage des Inversionspunktes bezeichnen wir den Isotopenaustausch, der zur Anreicherung von ^{18}O im Gestein bzw. Mineral führt, als Tieftemperaturaustausch und denjenigen, der zur ^{18}O-Anreicherung im Wasser führt, als Hochtemperaturaustausch.

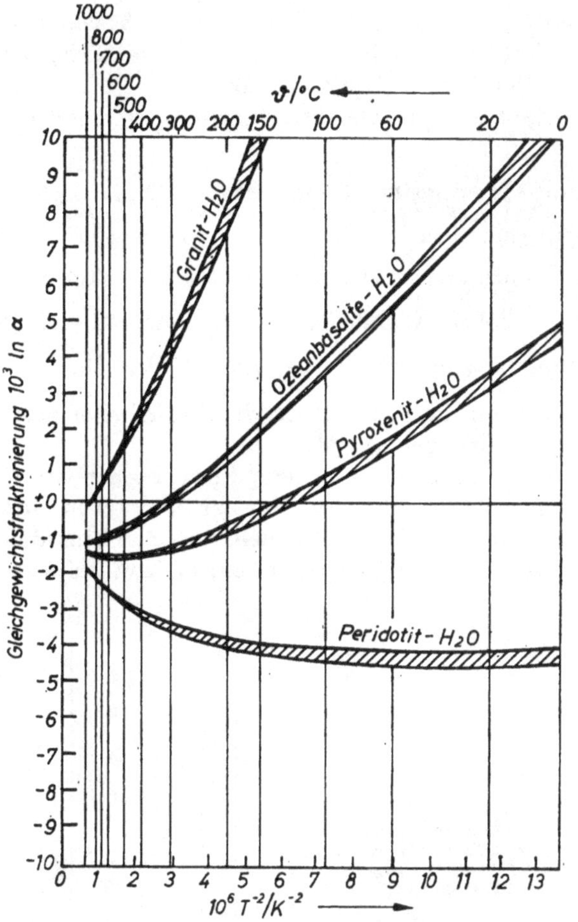

Abb. 7. Sauerstoffisotopentrennungen zwischen verschiedenen magmatischen Gesteinen und Wasser in Abhängigkeit von der Temperatur

In den meisten Fällen bleibt die Wechselwirkung der Gesteine und auch vieler Minerale mit dem Wasser nicht auf den Isotopenaustausch begrenzt, sondern führt zu chemischen Veränderungen, z. B. die Serpentinisierung von Olivinen, Pyroxenen und Amphibolen (Humphris und Thompson 1978). Das bedeutet, daß dabei das primäre magmatische Gestein substantiell verändert wird und damit einen anderen ^{18}O-Index aufweist, wodurch sich auch die Isotopentrennung $10^3 \cdot \ln \alpha(T)$ ändern muß.

Eine weitere Möglichkeit der Veränderung von $\delta^{18}O$-Werten primärer magmatischer Gesteine kann im Falle der Assimilation von an- oder abgereichertem Krustenmaterial auftreten (Taylor 1980, Muehlenbachs, Anderson und Sigvaldason 1974, Nestler

1976). Aber auch dabei wird das Gestein substantiell verändert, so daß das bereits hinsichtlich der Wechselwirkung mit dem Wasser Gesagte zutrifft. In beiden Fällen kann es sich um magmatisches Gestein handeln, das vom Oberen Mantel abzuleiten ist, aber durch die genannten Prozesse merklich verändert wurde und daher aufgrund von $\delta^{18}O$-Messungen allein nicht mehr als solches identifiziert werden kann.

Sekundäre Magmatite, wie sie bei der Ultrametamorphose entstehen, weisen im allgemeinen hohe $\delta^{18}O$-Werte auf, weil in ihren Bestand wesentliche Anteile von Parametamorphiten (mittlerer $\delta^{18}O$-Wert = 11,5‰) eingehen.

Taylor (1968) hat fünf Gruppen von $\delta^{18}O$-Gesteinswerten gebildet, die wie folgt definiert sind:

LL-Gruppe (niedrigster ^{18}O-Gehalt)	$\delta^{18}O \leqq 5{,}4‰$
L-Gruppe (niedriger ^{18}O-Gehalt)	$\delta^{18}O$ = 5,5 bis 6,9‰
I-Gruppe (mittlerer ^{18}O-Gehalt)	$\delta^{18}O$ = 7,0 bis 7,7‰
H-Gruppe (hoher ^{18}O-Gehalt)	$\delta^{18}O$ = 7,8 bis 10,2‰
HH-Gruppe (höchster ^{18}O-Gehalt)	$\delta^{18}O \geqq 10{,}3‰$.

In Abb. 8 ist ein Histogramm gezeigt, welches die Häufigkeiten granitoidischer Gesteine in den verschiedenen ^{18}O-Gruppen angibt.

Bei den 74 von Taylor (1968) analysierten granitoidischen Gesteinen handelt es sich um Tonalite, Granodiorite und Granite. Für ein Entstehen dieser Gesteine durch Kristallisationsdifferentiation basischer Magmen wäre eine Einordnung in die L-Gruppe (Tonalite, Granodiorite), in die I-Gruppe (Granite) bzw. teilweise in die H-Gruppe

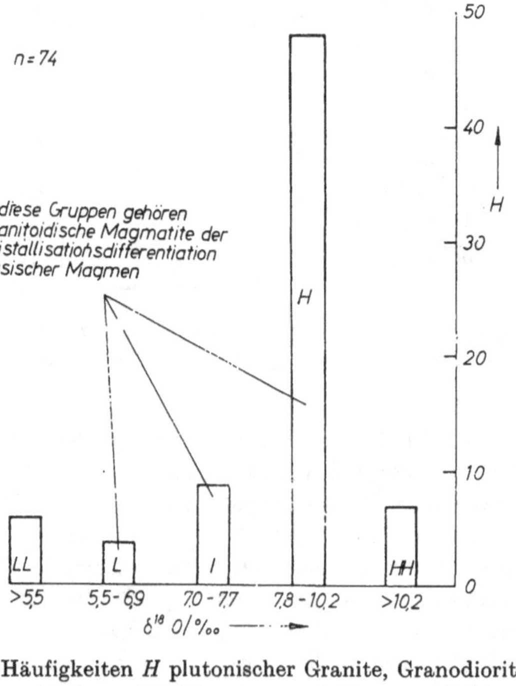

Abb. 8. Histogramm der Häufigkeiten *H* plutonischer Granite, Granodiorite und Tonalite in den verschiedenen $\delta^{18}O$-Gruppen nach Taylor (1968)

(Granite) typisch. Bei einem größeren Teil der Granite der H-Gruppe sollte es sich nach unseren Vorstellungen um sekundäre Granite handeln, die durch Anatexis von Krustenmaterial entstanden sind. Da die analysierten Gesteine von mehreren Kontinenten stammen, zeigt sich in diesen Untersuchungen eine allgemeine Tendenz der $\delta^{18}O$-Werte granitischer Magmatite. Wenn man auch nicht davon ausgehen kann, daß alle granitoidischen Gesteine, deren $\delta^{18}O$-Wert in die L-, I-Gruppe bzw. in den niedrigen $\delta^{18}O$-Wertebereich der H-Gruppe fallen, als Produkte der Kristallisationsdifferentiation basischer Magmen anzusehen sind, so kann bei zwei der beprobten Magmatite eine solche Herkunft als gesichert gelten. Es handelt sich um den „Old Granite" vom Bushveld-Komplex in Südafrika ($3{,}2 \cdot 10^9$ a), wo die gesamte Differentiationsfolge erkennbar ist, und um den Granodiorit der Bounty-Insel, die einige Hundert Kilometer vom Kontinent entfernt liegt (TAYLOR 1968), dessen Herkunft als Anatexit kontinentaler Kruste nicht erklärbar ist.

Aufbauend auf den Vorstellungen der Kristallisationsdifferentiation eines vom Oberen Mantel abzuleitenden basaltischen Stammagmas vom Charakter der Ocean Rift Basalts wird im nächsten Abschnitt ein isotopengeochemisch gestütztes Entwicklungsmodell der kontinentalen Kruste vorgestellt.

4.2. *Isotopengeochemische Modellvarianten zur Krustenentwicklung*

Gegenwärtig verfügen wir über zwei Varianten eines isotopengeochemischen Modells zur Entwicklung der Erdkruste. Gemeinsam ist beiden Varianten, daß sie das prinzipielle Wirken der Plattentektonik von einem sehr frühen Zeitpunkt der erdgeschichtlichen Entwicklung an implizieren und den überwiegenden Anteil des Stoffbestands der kontinentalen Kruste als Differentiationsprodukt subduzierender Ozeanriftbasalte vom rezenten ORB (Ocean Rift Basalts)-Typ betrachten. Unterschiedlich sind beide Varianten bezüglich der gewählten Reservoirgrößen, ihrer $\delta^{18}O$-Werte und bezüglich ihres Stoffbestandes. Da in der Zwischenzeit seit der Erarbeitung unserer ersten Modellvariante (WETZEL und SCHÜTZE 1981) die Ergebnisse von RONOW und JAROSCHEWSKI (1976) weitgehende Anerkennung und Bestätigung durch übertiefe Bohrungen und seismische Untersuchungen (z. B. SMITHSON, JOHNSON und WONG 1981) sowie von MOORBATH (1977) gefunden haben, werden wir die Entwicklung des Modells anhand der Variante, daß kein wesentlicher Unterschied im Stoffbestand zwischen Oberer Kruste („Granitschale") und Unterer Kruste („Basaltschale") existiert, vorstellen. In der Diskussion werden beide Varianten miteinander verglichen und eine Wertung versucht.

4.2.1. *Modellvorstellungen*

Den Berechnungen legen wir prinzipiell die gleichen Vorstellungen zugrunde wie bei dem ersten Ansatz (WETZEL und SCHÜTZE 1981): Die Bildung der primären Kruste einschließlich einer relativ starren untergelagerten ultramafischen Schicht vor etwa $4 \cdot 10^9$ a und die Neubildung der Lithosphäre, insbesondere an Riftzonen, erfolgt auf dem Wege der Erstarrung von Magmen, die aus den tiefen Bereichen des Oberen Mantels (Asthenosphäre) stammen und welche als partielle Schmelzen vom Peridotit des Oberen Mantels (entstanden bei etwa 1300 °C und 1000 MPa mit einem Schmelzanteil von etwa 15%) abzuleiten sind. Ihr Wassergehalt liegt, wenn sie an den Riftzonen auftreten, unter 1 Masse-% (WEDEPOHL 1981, HAMLYN und BONATTI 1980).

Bezüglich der Kruste wollen wir annehmen, daß sie in ihrer Primärform vor etwa $4 \cdot 10^9$ a die gleiche chemische Zusammensetzung wie die rezenten Riftbasalte aufwies, die wir als zunächst letztes Glied der Differentiation des Mantelmagmas auffassen. Daß bei der Bildung der primären Kruste keine weitere Differentiation auftrat, sollte im Zusammenhang stehen mit einem intensiven Wärmeaustausch der basaltischen Schmelze mit dem Weltraum infolge des Auftretens kondensierter Hydrosphäre bei Unterschreiten der kritischen Temperatur (Entstehen starker Konvektionsströme im Verlauf von Kondensation und Verdampfung) vor etwa $4 \cdot 10^9$ a.

Es ist anzunehmen, daß die primäre Lithosphäre eine noch geringere Stabilität gegenüber der inneren Dynamik des Erdmantels, gegenüber den innerhalb einer kurzen Zeitspanne kondensierten Wassermassen sowie gegenüber Impakten meteoritischer Materie aufwies und infolgedessen an Schwächezonen zerbrach. Dabei tauchten wesentliche Teile der primären Lithosphäre in die Asthenosphäre ab, während neue Lithosphäre mit ihrer Kruste vom ORB-Typ durch die Differentiation des Mantelmagmas gebildet wurde. Im vorliegenden Modell gehen wir davon aus, daß die primäre Kruste vor etwa

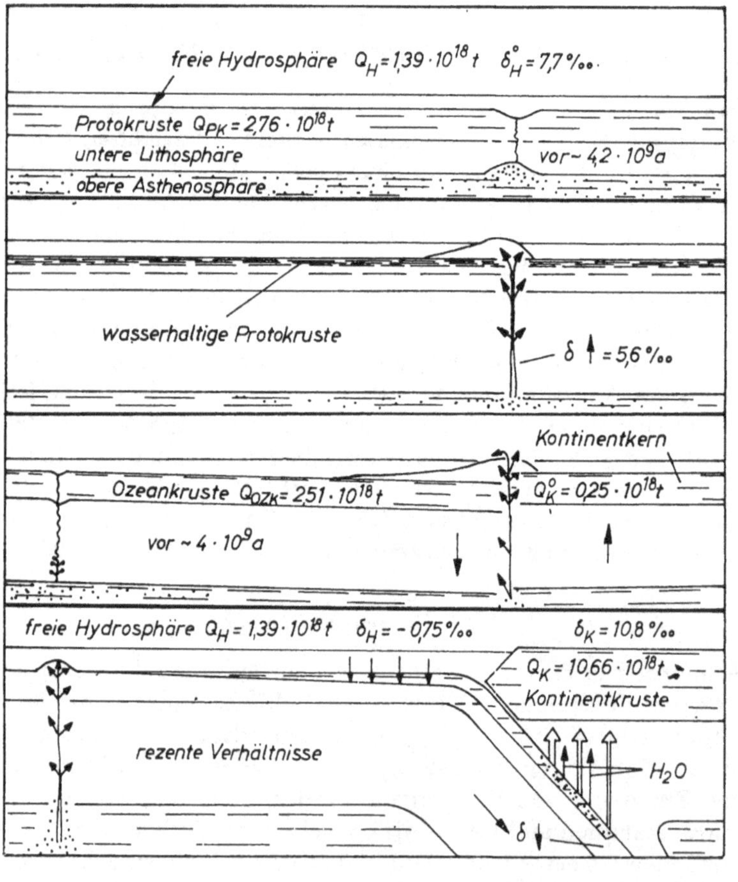

Abb. 9. Modellvorstellung zur Entwicklung der kontinentalen Kruste (Sauerstoffreservoire und deren $\delta^{18}O$-Werte)

$4{,}2 \cdot 10^9$ a eine Masse gleich dem 1,1fachen der rezenten Ozeankruste (m_{OZK}) hatte. Die Kontinentalkerne vor etwa $4 \cdot 10^9$ a sollen die Masse 0,1 m_{OZK} aufgewiesen haben. An ihnen erfolgte das Wachstum der kontinentalen Kruste im Verlauf der erdgeschichtlichen Entwicklung durch Aufnahme der saueren Anteile des bei der Subduktion partiell aufschmelzenden wasserhaltigen (etwa 4 bis 5 Masse-% H_2O) veränderten ORB-Materials. Das bedeutet, daß letztlich ein basischeres Material als ORB in den Stoffbestand des tieferen Oberen Mantels (untere Lithosphäre und Asthenosphäre) zurückkehrt (Abb. 9).

Nach Ronow und Jaroschewski (1976) lassen sich folgende Gesteinsmengen für die uns interessierenden Reservoire berechnen:

Ozeankruste	m_{OZK}	$= 5{,}48 \cdot 10^{18}$t
„Basaltschicht"	m_{BS}	$= 11{,}60 \cdot 10^{18}$t
„Granitschicht"	m_{GS}	$= 8{,}23 \cdot 10^{18}$t
kontinentale Sedimente	m_{KS}	$= 2{,}85 \cdot 10^{18}$t
kontinentale Kruste (ohne Hydrosphäre)	m_K	$= 22{,}68 \cdot 10^{18}$t.

Die ozeanischen Sedimente wurden bei der Berechnung zur einen Hälfte der Ozeankruste (diese Menge entspricht etwa der Menge der ozeanischen Verwitterungsprodukte) und zur anderen Hälfte den kontinentalen Sedimenten zugeordnet. Das Reservoir der freien Hydrosphäre wurde zu $1{,}56 \cdot 10^{18}$t berechnet (Schütze 1980b). Zur Umrechnung auf die entsprechenden Sauerstoffreservoirgrößen wurden für die Ozeankruste ein Sauerstoffgehalt von 45,8 Masse-% und für die kontinentale Kruste einer von 47 Masse-% zugrunde gelegt. Wedepohl (1981) hat die durchschnittliche Zusammensetzung von 387 Ozeanriftbasalten bezüglich ihrer Hauptkomponenten berechnet. Danach ergibt sich folgende durchschnittliche chemische Formel für Ozeanriftbasalte (ORB)

$$\left.\begin{matrix} Na_{0,32}K_{0,02}Ca_{0,87}Mg_{0,84} \\ Mn_{0,009}Fe^{2+}_{0,38}Ti_{0,06}Fe^{3+}_{0,13} \end{matrix}\right\} Al_{0,64}[Si_{3,36}Al_{0,64}O_{11,19}].$$

Nach Gleichung (3.5a) berechnet sich für diese chemische Formel der ^{18}O-Index zu $I_{^{18}O} = 0{,}717$ und der δ^{18}O-Wert nach den Gleichungen (4.2) bzw. (4.3) zu $\delta^{18}O = 5{,}6‰$.

In Tabelle 7 sind die Ausgangsdaten bezüglich des Sauerstoffs und seiner Isotope für das Krustenentwicklungsmodell (2. Variante) aufgeführt. Die δ^{18}O-Werte stellen wahrscheinliche Durchschnittswerte experimenteller Untersuchungen dar (nur δ^0_H wurde berechnet).

Die frischen Riftbasalte weisen im Durchschnitt δ^{18}O-Werte von 5,6‰ auf (Kyser und O'Neil 1978). Durch Verwitterung und Sauerstoffisotopenaustausch mit dem Ozeanwasser erhöht sich mit der Zeit ihr δ^{18}O-Wert (Muehlenbachs und Clayton 1976, Garlick und Dymond 1970, Pineau, Javoy, Hawkins und Craig 1976) und weist im Durchschnitt 6,4‰ (δ^*_{ORB}) auf. Für die Ozeankruste mit ihren Sedimenten ($\delta^{18}O = 17‰$) resultiert folglich ein durchschnittlicher Wert von 8,5‰ (δ_{OZK}).

Tabelle 7. Zusammenstellung von Modelldaten

Reservoir	Symbol	chemische Formel	Sauerstoff	$\delta^{18}O$ (‰)	Symbol
Ozeankruste (frisch und gealtert)	Q_{OZK}	$M^n_{5,10/n}Al_{0,64}[Si_{3,36}Al_{0,64}O_{11,19}]$ ORB	$2{,}51 \cdot 10^{18}t$	5,6	$\delta\uparrow$
		$M^n_{5,24/n}Al_{0,64}[Si_{3,36}Al_{0,64}O_{11,26}]$ ⌀ Ozeankruste		8,5	δ_{OZK}
„Basaltschicht"	Q_{BS}	$M^n_{3,74/n}Al_{0,25}[Si_{3,25}Al_{0,75}O_{9,87}]$	$5{,}45 \cdot 10^{18}t$	9,2	δ_{BS}
„Granitschicht"	Q_{GS}	$M^n_{2,01/n}Al_{0,24}[Si_{3,29}Al_{0,71}O_{9,01}]$	$3{,}87 \cdot 10^{18}t$	11	δ_{GS}
Sedimente (kontinental)	Q_{KS}	$M^n_{4,08/n}Al_{0,52}[Si_{3,48}Al_{0,52}O_{10,56}]$	$1{,}34 \cdot 10^{18}t$	17	δ_S
Kruste (kontinental) ohne Hydrosphäre	Q_K	$M^n_{3,05/n}Al_{0,24}[Si_{3,27}Al_{0,73}O_{9,52}]$	$10{,}66 \cdot 10^{18}t$	10,8	δ_K
Freie Hydrosphäre	Q_H	H_2O	$1{,}39 \cdot 10^{18}t$	7,7	δ^0_H vor etwa $4 \cdot 10^9a$
				−0,75	δ_H rezent

4.2.2. *Berechnungen zum Modell*

Pauschal lassen sich unsere Vorstellungen mit folgender Massenbilanzgleichung darstellen

$$m_K' + r \cdot m_{OZK} = m_K + r \cdot m\downarrow; \tag{4.4}$$

m_K': Masse der primären kontinentalen Kruste,
$m\downarrow$: Masse der subduzierenden Ozeankruste,
r: Koeffizient, der die Anzahl der Neubildungen der Ozeankruste angibt.

Wegen der Annahme, daß die Masse der primären kontinentalen Kruste $0{,}1 \cdot m_{OZK}$ sein soll, können wir schreiben

$$(0{,}1 + r)\, m_{OZK} = m_K + r \cdot m\downarrow$$

und weiterhin

$$0{,}1 + r = \frac{m_K}{m_{OZK}} + r\,\frac{m\downarrow}{m_{OZK}} \text{ oder mit } r \cdot m\downarrow = s \cdot m_{OZK}$$

mit den Werten von m_K und m_{OZK} (S. 63)

$$0{,}1 + r = 4{,}14 + s. \tag{4.5}$$

Wir haben damit die stöchiometrischen Koeffizienten für die chemische Reaktionsgleichung der Bildung der kontinentalen Kruste erhalten

$$(0{,}1 + r) \cdot Me^n_{5,10/n}Al_{0,64}[Si_{3,36}Al_{0,64}O_{11,19}] \rightarrow$$
primäre Kruste und aufsteigende Riftbasalte

$$\rightarrow 4{,}14 \cdot \mathrm{Me}^n_{3,05/n}\mathrm{Al}_{0,24}[\mathrm{Si}_{3,27}\mathrm{Al}_{0,73}\mathrm{O}_{9,52}] +$$

rezente kontinentale Kruste

$$+ s\mathrm{Me}^n_{w/n}\mathrm{Al}_z[\mathrm{Si}_x\mathrm{Al}_{(4-x)}\mathrm{O}_y] \tag{4.6}$$

vom Oberen Mantel assimilierter Ozeankrustenrest.

Es bedeuten

$$x = a_{\mathrm{Si}},\ 4 - x = a_{\mathrm{Al}[4]},\ z = a_{\mathrm{Al}[6]},\ y = a_0 \quad \text{und}$$

$$w = 2y - x - 12 - 3z.$$

In Gleichung (4.6) sind fünf Unbekannte (x, y, z, r und s). Zur Lösung benötigen wir folglich fünf unabhängige Bestimmungsgleichungen. Mit Gleichung (4.5) steht uns bereits eine Gleichung zur Verfügung. Weiterhin können wir die Molzahlbilanzen der drei Elemente Si, O und Al durchführen. An den anderen Elementen ist eine solche Bilanz zu ungenau, und eine Bilanz über die Summe der Molzahlen der anderen Elemente bringt keine unabhängige Gleichung. Aus diesem Grunde kommt eine Isotopenbilanz des Sauerstoffs als fünfte unabhängige Bestimmungsgleichung in Betracht.

Molzahlbilanz des Siliciums

$$(0{,}1 + r) \cdot 3{,}36 = 4{,}14 \cdot 3{,}27 + sx;$$

mit Gleichung (4.5) erhält man

$$x = \frac{0{,}34}{s} + 3{,}36. \tag{4.7}$$

Molzahlbilanz des Sauerstoffs

$$(0{,}1 + r) \cdot 11{,}19 = 4{,}14 \cdot 9{,}52 + sy;$$

mit Gleichung (4.5) erhält man

$$y = \frac{6{,}92}{s} + 11{,}19. \tag{4.8}$$

Molzahlbilanz des Aluminiums

$$(0{,}1 + r) \cdot 1{,}28 = 4{,}14 \cdot 0{,}97 + s[z + (4 - x)];$$

mit Gleichung (4.5) erhält man

$$z = \frac{1{,}28}{s} - (4 - x) + 1{,}28. \tag{4.9}$$

Sauerstoffisotopenbilanz

Die Berechnungen zu dem vorliegenden Modell ergeben, daß eine Isotopenbilanz des Sauerstoffs bei Verwendung der angegebenen Modelldaten *nur unter Berücksichtigung eines Wasser-Recyclings durch den Oberen Mantel* richtig sein kann. Im ersten Modell

(WETZEL und SCHÜTZE 1981) ließ sich der ^{18}O-Transport in die Obere Kruste ausschließlich durch die Abreicherung der freien Hydrosphäre und als Folge der magmatischen Differentiation (^{18}O wird in sauren Gesteinen angereichert) darstellen. Die Tatsache, daß nach RONOW und JAROSCHEWSKI (1976), MOORBATH (1977) sowie nach SMITHSON, JOHNSON und WONG (1981) u. a. die Untere Kruste intermediären Charakter aufweist, erfordert neben anderen geänderten Parametern einen wesentlich größeren ^{18}O-Transport, der nur durch das erwähnte Wasser-Recycling erklärbar ist. Bei der Annahme eines Wassergehalts der subduzierenden Ozeankruste von 5 Masse-% ergibt sich folgende Bilanzgleichung für die Sauerstoffisotope:

$$0{,}1 \cdot Q_{\mathrm{OZK}} \cdot \delta\uparrow + r \cdot Q_{\mathrm{OZK}} \cdot \delta\uparrow + (Q_{\mathrm{H}} + 0{,}0972 \cdot r \cdot Q_{\mathrm{OZK}}) \cdot \delta_{\mathrm{H}}{}^{0}$$
$$= Q_{\mathrm{K}} \cdot \delta_{\mathrm{K}} + s' \cdot Q_{\mathrm{OZK}} \cdot \delta\downarrow + (Q_{\mathrm{H}} + 0{,}0972 \cdot r \cdot Q_{\mathrm{OZK}}) \cdot \delta_{\mathrm{H}}. \qquad (4.10)$$

In Gleichung (4.10) tritt auf der rechten Seite der Koeffizient s' auf, weil die Massenbilanz des Sauerstoffs von der der Gesteine [Gleichung (4.4)] abweicht; es gilt nämlich

$$(0{,}1 + r)\, m_{\mathrm{OZK}} \cdot x_{\mathrm{O}} = m_{\mathrm{K}} \cdot x_{\mathrm{O}}' + r \cdot m\downarrow \cdot x_{\mathrm{O}}'' \quad \text{bzw.}$$

$$(0{,}1 + r)\, m_{\mathrm{OZK}} \cdot x_{\mathrm{O}} = m_{\mathrm{K}} \cdot x_{\mathrm{O}}' + s \cdot m_{\mathrm{OZK}} \cdot x_{\mathrm{O}}'' \quad \text{und schließlich}$$

$$(0{,}1 + r) = 4{,}25 + s' \qquad (4.10)$$

mit

$$s' = s \cdot \frac{x_{\mathrm{O}}''}{x_{\mathrm{O}}},$$

wobei x_{O} den Masseanteil des Sauerstoffs in den Riftbasalten, x_{O}' in der rezenten Kruste und x_{O}'' in dem vom Oberen Mantel assimilierten Ozeankrustenrest darstellen.

Nach s' aufgelöst liefert Gleichung (4.10) mit den Modelldaten aus Tab. 7

$$s' = \frac{13{,}97}{\delta\uparrow - \delta\downarrow + 0{,}82}. \qquad (4.11)$$

Da mit der Sauerstoffisotopenbilanz [Gleichung (4.10)] die weiteren Unbekannten $\delta\downarrow$ (δ^{18}O-Wert des vom Oberen Mantel assimilierten Ozeankrustenrestes) und s' eingeführt werden, sollte die Lösung des gesamten Gleichungssystems auf iterativem Wege erfolgen. Dazu werden in die Gleichung (4.11) verschiedene $\delta\downarrow$-Werte ($\delta\downarrow < 5{,}6$) eingesetzt, und mit den erhaltenen s'-Werten werden mittels der Gleichungen (4.7), (4.8) und (4.9) x, y und z berechnet. Auf diese Wese erhält man für jeden eingesetzten $\delta\downarrow$-Wert eine chemische Formel für den vom Oberen Mantel assimilierten Ozeankrustenrest:

$$\mathrm{Me}^{n}_{w/n}\mathrm{Al}_{z}[\mathrm{Si}_{x}\mathrm{Al}_{(4-x)}\mathrm{O}_{y}],$$

mit der man den ^{18}O-Index des Gesteins gemäß Gleichung (4.1) unmittelbar unter Verwendung von x, y, z und w berechnen kann

$$I_{^{18}\mathrm{O}} \approx \frac{4{,}000x + 2{,}046(4 - x) + 1{,}290z + 0{,}092w}{2y}. \qquad (4.1\,\mathrm{a})$$

Die entsprechenden δ^{18}O-Werte erhält man mit Gleichung (4.2), da der ^{18}O-Index des assimilierten Gesteinsmaterials auf jeden Fall $< 0{,}717$ ist

$$\delta^{18}\mathrm{O} = 3{,}00 \cdot \mathrm{e}^{0{,}87 \cdot I_{^{18}\mathrm{O}}} \pm 3\%\ \mathrm{rel.} \qquad (4.2)$$

Bei Übereinstimmung des vorgegebenen $\delta\downarrow$-Wertes mit dem aus den Gleichungen (4.1a) und (4.2) berechneten $\delta^{18}O$-Wert ist die chemische Formel für den subduzierten und vom Oberen Mantel assimilierten Ozeankrustenrest festgelegt, da der geringe Unterschied zwischen s' und s das Ergebnis nicht signifikant beeinflußt.

Mit den angeführten Modelldaten erhalten wir die Lösung des Gleichungssystems mit der Vorgabe $\delta\downarrow = 5{,}51‰$.

Dann sind $r = 19{,}5$ und $s = 15{,}5$ ($s' = 15{,}4$), und für die chemische Formel des vom Oberen Mantel assimilierten Ozeankrustenrests folgt

$$Me^n_{5,69/n}Al_{0,74}[Si_{3,38}Al_{0,62}O_{11,64}]$$

mit einem ^{18}O-Index von 0,698 ($\delta^{18}O = 5{,}51‰$).

Für den gesamten Vorgang der Bildung der kontinentalen Kruste können wir nun folgende chemische Gleichung aufschreiben

$$0{,}1 \cdot Me^n_{5,10/n}Al_{0,64}[Si_{3,36}Al_{0,64}O_{11,19}]$$
(Kontinentalkerne vor etwa $4 \cdot 10^9$ a)

$$+ \; 19{,}5 \cdot Me^n_{5,10/n}Al_{0,64}[Si_{3/36}Al_{0,64}O_{11,19}]$$
(aufsteigende Ozeanriftbasalte ORB)

$$\to 4{,}14 \cdot Me^n_{3,05/n}Al_{0,24}[Si_{3,27}Al_{0,73}O_{9,52}]$$
(rezente kontinentale Kruste)

$$+ \; 15{,}5 \cdot Me^n_{5,60/n}Al_{0,74}[Si_{3,38}Al_{0,62}O_{11,64}] \qquad (4.12)$$
(vom Oberen Mantel assimilierter Ozeankrustenrest).

Siliciumisotopenbilanz

Das erhaltene Ergebnis wollen wir noch mit Hilfe der Siliciumisotopenbilanz überprüfen. Die Isotopenbilanz erfordert zunächst das Aufstellen der Siliciummassenbilanz

$$(0{,}1 + r) \cdot m_{OZK} \cdot x_{Si} = m_K \cdot x'_{Si} + r \cdot m\downarrow x''_{Si},$$

wobei x_{Si} der Masseanteil des Silicium in den Ozeanriftbasalten, x'_{Si} in der kontinentalen Kruste und x''_{Si} in dem assimilierten Ozeankrustenrest ist. Da gelten soll $r \cdot m\downarrow = s \cdot m_{OZK}$ und weiterhin $m \cdot x = Q$, können wir auch schreiben

$$(0{,}1 + r) \cdot Q'_{OZK} = Q_K' + sQ'_{OZK}\downarrow \text{ bzw.}$$
$$(0{,}1 + r) \cdot Q'_{OZK} = Q_K' + s''Q'_{OZK}. \qquad (4.13)$$

Der Koeffizient auf der linken Seite der Gleichung ist bekannt ($r = 19{,}5$); die Reservoirgrößen ergeben sich aus

$$Q'_{OZK} = m_{OZK} \cdot x_{Si} = 5{,}48 \cdot 10^{18} \cdot 0{,}24 = 1{,}32 \cdot 10^{18} \text{ t Silicium}$$

und

$$Q_K' = m_K \cdot x'_{Si} = 22{,}68 \cdot 10^8 \cdot 0{,}26 = 5{,}90 \cdot 10^{18} \text{t Silicium}.$$

Damit läßt sich die Siliciumisotopenbilanz aufstellen

$$(0{,}1 + r) \cdot Q'_{OZK} \cdot \delta'\uparrow = Q_K'\delta_K' + s''Q'_{OZK}\delta'\downarrow. \qquad (4.14)$$

Um eine unabhängige Überprüfung unseres Ergebnisses zu erreichen, müssen $\delta'\uparrow$ und δ_K' als Meßwerte eingesetzt werden bzw. aus Meßwerten berechnet sein.

Nach Epstein und Taylor (1970) sowie nach Tilles (1961a, b) weist der Quarz einen durchschnittlichen δ^{30}Si-Wert von 0,46‰ auf. Mit dieser Angabe können wir den $\delta'\uparrow$-Wert mit Hilfe von Gleichung (3.21) berechnen:

$$10^3 \cdot \ln \alpha'^{\mathrm{Qu}}_{\mathrm{ORB}}(T) = 10^3(\ln \beta'_{\mathrm{Qu}} - \ln \beta'_{\mathrm{ORB}})\,(T), \tag{3.21}$$

$$10^3 \cdot \ln \beta'_{\mathrm{Qu}}(T) = 2{,}64 \cdot 10^6/T^2, \tag{3.19}$$

$$10^3 \cdot \ln \beta'_{\mathrm{ORB}}(T) = 2{,}64 \cdot I^{\mathrm{ORB}}_{^{30}\mathrm{Si}} \cdot 10^6/T^2, \tag{3.16a}$$

$I^{\mathrm{ORB}}_{^{30}\mathrm{Si}} = 0{,}724$ [berechnet unter Verwendung der Gleichungen (3.15) und (3.20)],

$$10^3 \cdot \ln \alpha'^{\mathrm{Qu}}_{\mathrm{ORB}}(1000\ \mathrm{K}) = 0{,}73‰.$$

Bei 1000 K ist $\delta'\uparrow$ folglich um 0,73‰ niedriger als der δ^{30}Si-Wert von Quarz. Wir erhalten somit für $\delta'\uparrow = -0{,}27‰$. Leider liegen für intermediäre Gesteine keine Meßergebnisse vor, so daß wir bei der Festlegung des δ_K'-Wertes auf eine Abschätzung angewiesen sind. Wir gehen davon aus, daß eine 1:1-Mischung basischen und granitischen Materials zu (dem Charakter nach) intermediären Gesteinen führt. Für Granite wird ein durchschnittlicher δ^{30}Si-Wert von 0,61 angegeben (Epstein und Taylor 1970, Tilles 1961a, b). Als Mittelwert folgt für die rezente Kruste $\delta_K' = 0{,}17‰$.

Nach Einsetzen aller bekannten Zahlenwerte in die Siliciumisotopenbilanz [Gleichung (4.14)] folgt

$$\delta'\downarrow = -0{,}40;$$

dieser Wert entspricht nach der Berechnung mit Hilfe der in Abb. 3 dargestellten Beziehung zwischen $I_{^{30}\mathrm{Si}}$ und δ^{30}Si einem Isotopenindex von 0,670. Berechnet man unter Verwendung der chemischen Formel [Gleichung (4.12)] direkt den ^{30}Si-Index der assimilierten Ozeankruste, so erhält man 0,675. Die Übereinstimmung ist recht befriedigend, und sie erhöht die Wahrscheinlichkeit dafür, daß sich die Entwicklung der kontinentalen Kruste prinzipiell so vollzogen haben kann, wie wir es in der Einleitung zu diesem Kapitel beschrieben haben.

4.2.3. *Diskussion der Ergebnisse*

Zunächst erhebt sich die Frage, ob das angenommene Wasser-Recycling in dem gewählten Umfange auch real sein kann. Der Abschätzung der Wassermenge wurde folgendes zugrunde gelegt: Mit zunehmendem Alter (zunehmendem Abstand von den Riftzonen) wird die Ozeankruste wasserhaltiger. Die Ozeanbasalte können δ^{18}O-Werte bis zu etwa 9‰ annehmen. Nach Garlick und Dymond (1970) entspricht das einem Wassergehalt von etwa 3,6 Masse-%. Abschätzungen ergeben, daß im Sediment weitere 2,3 Masse-% Wasser vorhanden sind. Da nur die Hälfte der Sedimente des Ozeans zur Subduktion gelangt, könnte der Wassergehalt mit etwa 5 Masse-% bezüglich der Ozeankruste ein realer Wert sein. Nach Muehlenbachs und Clayton (1976) wird in $1 \cdot 10^9$ a etwa ein Ozeanvolumen dem Recycling unterworfen.

In unserem Modell erhalten wir für die in $1 \cdot 10^9$ a umgelaufene Sauerstoffmasse im Wasser

$$\frac{Q_{\mathrm{H_2O}}}{10^9} = \frac{0{,}0972 \cdot Q_{\mathrm{OZK}} \cdot r}{4 \cdot 10^9} = \frac{4{,}81 \cdot 10^{18}\ \mathrm{t}}{4 \cdot 10^9\ \mathrm{a}} = 1{,}20 \cdot 10^{18}\ \mathrm{t}/10^9\ \mathrm{a}.$$

Die Sauerstoffmasse des Weltozeans beträgt $1{,}26 \cdot 10^{18}$ t. Damit erhalten wir das gleiche Ergebnis wie MUEHLENBACHS und CLAYTON (1976).

Das dem Ozean durch die Ozeankruste entzogene Wasser ($\delta^{18}O = \pm 0‰$) setzt sich ins Isotopenaustauschgleichgewicht mit dem subduzierenden Material, das seinen ursprünglich erhöhten $\delta^{18}O$-Wert hauptsächlich dem chemisch gebundenen Wasser in den partiell verwitterten Basalten verdankt (PINEAU, JAVOY, HAWKINS und CRAIG 1976). Wenn das Wasser bei etwa 700 °C mit dem partiell ausgeschmolzenen sauren Material den Ozeankrustenrest verläßt, weist es einen um etwa 1,3‰ höheren $\delta^{18}O$-Wert als der Ozeankrustenrest ($\delta\downarrow = 5{,}51‰$) auf. Durch weiteren Isotopenaustausch mit peridotitischem Material in der unteren Lithosphäre kann je nach Aufenthaltsdauer der $\delta^{18}O$-Wert des Wassers bis zu weiteren 2‰ erhöht werden. Der Bereich für das magmatische Wasser sollte demnach zwischen 6,7‰ und 8,7‰ liegen. Zur Ermittlung dieses Sachverhaltes wurden folgende über den ^{18}O-Index berechnete Gleichungen verwendet:

Subduzierter Ozeankrustenrest/H_2O:

$$10^3 \cdot \ln \alpha^{OZK}_{H_2O} = 1{,}53 \cdot 10^6/T^2 - 2{,}71 \cdot 10^3/T, \tag{4.18}$$

Peridotit/H_2O:

$$10^3 \cdot \ln \alpha^{Per}_{H_2O} = 0{,}65 \cdot 10^6/T^2 - 2{,}71 \cdot 10^3/T. \tag{4.19}$$

Wie die vorliegenden Modellrechnungen zeigen, können wir an unseren prinzipiellen Vorstellungen über das Wachstum der Kontinente festhalten. Durch die größeren Sauerstoffreservoire mit insgesamt auch höherem $\delta^{18}O$-Wert der verschiedenen Krustenteile muß jedoch das Wasser-Recycling als zusätzlicher Transportmechanismus für ^{18}O in Richtung Kruste/Ozean zwingend eingeführt werden.

Im Modell sind die Größen r und s von besonderer Bedeutung, da sie die Dynamik des Krustenentwicklungsprozesses widerspiegeln. Folglich ist die Frage nach dem möglichen Fehler dieser Größen zu beantworten. Wir wollen daher den $\delta^{18}O$-Wert der kontinentalen Kruste δ_K und den Wassergehalt der Ozeankruste variieren, um den Einfluß auf s und r zu erfassen.

Tab. 8 und 9 zeigen, daß bei Änderung der genannten Modelldaten die Auswirkung auf die $\delta\downarrow$-Werte relativ gering ist (und damit auch auf die chemische Formel des subduzierten Ozeankrustenrestes). Die Auswirkung auf s ist beträchtlich.

Wir wollen den von uns erhaltenen s-Wert für $\delta_K = 10{,}8‰$ und 5% Wassergehalt verwenden und damit die durchschnittliche Zeit einer jeweiligen Neubildung der ge-

Tabelle 8. Auswirkung unterschiedlichen Wassergehaltes der subduzierenden Ozeankruste auf s und $\delta\downarrow$

Wassergehalt Masse-%	$\delta\uparrow$‰	δ_K‰	s	$\delta\downarrow$‰
0	5,6	10,8	∞	5,60
2	5,6	10,8	50	5,59
3	5,6	10,8	30	5,56
4	5,6	10,8	20	5,54
5	5,6	10,8	16	5,52

Tabelle 9. Auswirkung unterschiedlicher δ_K-Werte auf s und $\delta\downarrow$

δ_K‰	Wassergehalt Masse-%	$\delta\uparrow$‰	s	$\delta\downarrow$‰
11,8	5,0	5,6	25	5,55
10,8	5,0	5,6	16	5,52
9,8	5,0	5,6	14	5,49

samten Ozeankruste berechnen:

$$t_{OZB} = \frac{\text{Alter der Kontinentkerne}}{r} = \frac{4 \cdot 10^9}{19{,}5} = 205 \cdot 10^6 \text{ a}.$$

Der Wert von etwa 200 Mio Jahren steht mit der Tatsache, daß nur wenige Ozeanbasalte gefunden wurden mit einem Alter $>$ 180 Mio Jahren, in recht guter Übereinstimmung (Rast 1980). Die Angabe $s \approx 16 \pm 5$ sollte nach unserer Überzeugung den möglichen Wertebereich von s und damit auch für r (Zyklen der Neubildung der Ozeankruste) hinreichend genau beschreiben. Danach ergibt sich für die durchschnittliche Zeit der Ozeankrustenerneuerung folgender Wertebereich

$$t_{OZB} = (210 \pm 50) \cdot 10^6 \text{ a}.$$

Für den Kreislauf des Sauerstoffs und seiner Isotope in der Natur läßt sich unter Berücksichtigung der gegenüber dem ersten Modell (Wetzel und Schütze 1981) veränderten Reservoirgrößen und zum Teil auch ihrer $\delta^{18}O$-Werte folgendes feststellen (Abb. 10): Der Erdmantel stellt ein gigantisches Sauerstoffreservoir mit niedrigem $\delta^{18}O$-Wert (4,9 ± 0,3‰ bei periodischer Zusammensetzung) dar. Durch partielles Aufschmelzen in Gegenwart geringer Wassermengen ($\approx$ 0,2 Masse-%) gelangt basisches Magma der Zusammensetzung der ORB ($\delta\uparrow$ = 5,6‰) in den Krustenbereich und gehört zunächst dem Reservoir der Magmatite und Orthometamorphite an. Entscheidend für den durchschnittlichen $\delta^{18}O$-Wert dieses Reservoirs (δ_M = 8,6‰) ist der Isotopenaustausch mit der freien Hydrosphäre bei Temperaturen $<$ 250 °C. Hierbei entzieht ORB der Hydrosphäre ^{18}O und erhöht damit seinen ^{18}O-Gehalt. Bei der Verwitterung läuft dieser Prozeß noch intensiver ab und führt zu einem δ-Wert von δ_S = 17‰ für den Durchschnitt der Sedimente.

Aus den Sedimenten gelangt Sauerstoff bei der Metamorphose in das Reservoir der Parametamorphite unter Abgabe von H_2O (bei Temperaturen $>$ 500 °C — je nach Gesteinstyp — mehr oder weniger angereichert an ^{18}O); in diesem Reservoir stellt sich ein durchschnittlicher δ_P-Wert von 11,5‰ ein. Entweder kann Sauerstoff auf dem Wege der Verwitterung in das Reservoir der Sedimente oder durch Ultrametamorphose in das der Magmatite und Orthometamorphite zurückkehren. Durch Magmatismus kehrt das durch die Ozeankruste subduzierte H_2O (5 Masse-%) in das Reservoir der freien Hydrosphäre als magmatisches Wasser ($\delta^{18}O$ = 6,7 bis 8,7‰) zurück.

Wie sich aus einer Angabe von Anderson (1974) berechnen läßt, ist der Anteil dieses Wassers an der jährlich durch den Vulkanismus geförderten Wassermenge gering. Ein großer Teil dieses vulkanischen Wassers dürfte wohl zirkulierendes meteorisches Wasser sein.

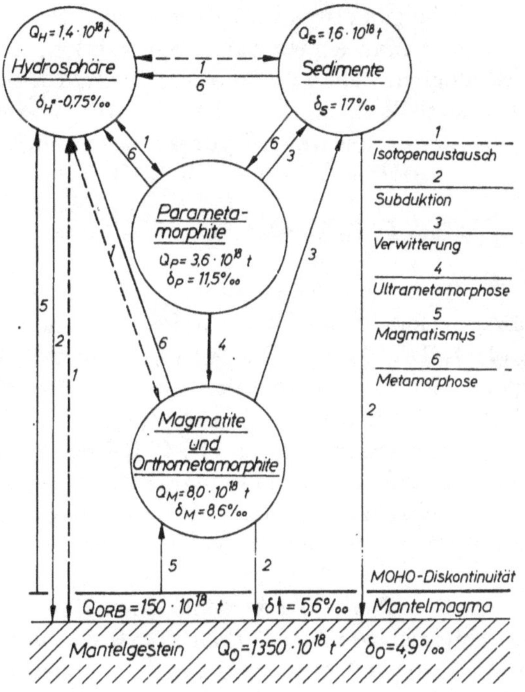

Abb. 10. Der Kreislauf des Sauerstoffs und seiner Isotope

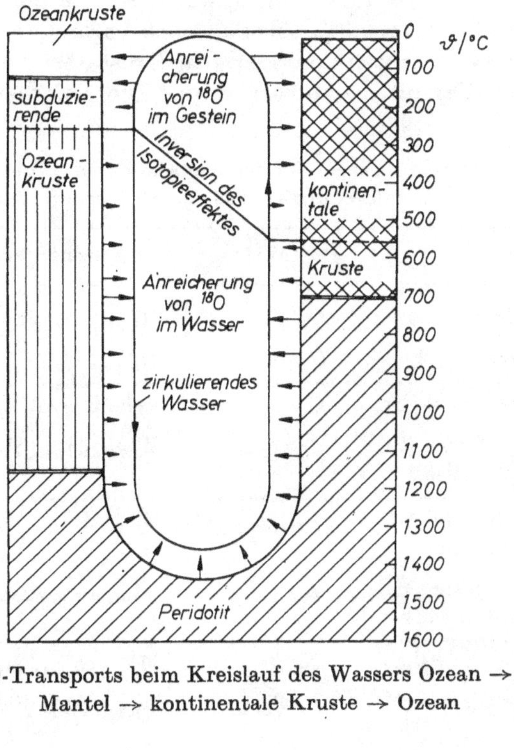

Abb. 11. Schema des ^{18}O-Transports beim Kreislauf des Wassers Ozean → Ozeankruste → Oberer Mantel → kontinentale Kruste → Ozean

Bei der Subduktion gelangen etwas basischere Magmatite als ORB sowie ein Teil der Sedimente in den Oberen Mantel, wo durch Konvektion, über deren Intensität nur begrenzte Aussagen möglich sind (Verhoogen 1973), letztlich eine Durchmischung erfolgen kann. Beim partiellen Aufschmelzen wird das subduzierte H_2O (angereichert an ^{18}O) wieder dem Reservoir der freien Hydrosphäre zugeführt (Abb. 11).

4.2.4. Vergleich beider Modellvarianten

Eine Wertung der Ergebnisse beider Modellvarianten macht es erforderlich, daß zunächst die gewählten Modelldaten miteinander verglichen werden. Das geschieht in den Tabellen 10 und 11. Tabelle 10 zeigt, daß kein wesentlicher Unterschied bezüglich der Zusammensetzung der Ozeanriftbasalte zwischen den Modellvarianten existiert. Dagegen finden wir diese bei der Zusammensetzung der Unteren Kruste („Basaltschicht"), die in Variante 2 wesentlich saurer ist. Bei der Oberen Kruste sind die Verhältnisse umgekehrt, ohne daß jedoch ein so markanter Unterschied auftritt. Betrachten wir die chemischen Formeln für die gesamte Erdkruste, so weist Variante 2 einen etwas saueren Charakter auf, was aufgrund des Fehlens einer basischen Unteren Kruste zu erwarten ist.

Was die Größe und $\delta^{18}O$-Werte der verschiedenen Reservoire betrifft (Tab. 11), so sind vor allem die Unterschiede hinsichtlich der Ozeanbasalte und Unteren Kruste auffällig. Hier drückt sich der Unterschied in der chemischen Zusammensetzung der Unteren Kruste („Basaltschicht") zwischen beiden Modellvarianten aus, der sich dann auch hinsichtlich der rezenten kontinentalen Kruste wiederfindet. Nach Variante 2 ist der Sauerstoffvorrat der rezenten kontinentalen Kruste um $1{,}3 \cdot 10^{18}$ t und der zugehörige mittlere $\delta^{18}O$-Wert um 2,3‰ höher als nach Variante 1. Darin und in dem stärker saueren Charakter der rezenten kontinentalen Kruste bei Variante 2 drücken sich die Unterschiede beider Varianten summarisch aus. Die Anforderungen an den ^{18}O-Trans-

Tabelle 10. Vergleich der chemischen Formeln verschiedener Reservoire der Modellvarianten 1 (Wetzel und Schütze 1981) und 2 (vorliegende Arbeit)

Reservoir	Symbol	Chemische Formel
Ozeankruste (1)	Q_{UK}	$M^n_{5,50/n}Al_{0,58}[Si_{3,42}Al_{0,58}O_{11,33}]$
Ozeankruste (2)	Q_{OZK}	$M^n_{5,10/n}Al_{0,64}[Si_{3,36}Al_{0,64}O_{11,19}]$
Untere Kruste (1)	Q_{UK}	siehe Ozeankruste (1)
Untere Kruste (2) („Basaltschicht")	Q_{BS}	$M^n_{3,74/n}Al_{0,25}[Si_{3,25}Al_{0,75}O_{9,87}]$
Obere Kruste (1) (ohne Sedimente)	Q_{OK}-Q_S	$M^n_{1,16/n}[Si_{3,20}Al_{0,80}O_{8,18}]$
Obere Kruste (2) („Granitschicht")	Q_{GS}	$M^n_{2,01/n}Al_{0,24}[Si_{3,29}Al_{0,71}O_{9,01}]$
rezente Kruste (1)	Q_K	$M^n_{3,91/n}Al_{0,42}[Si_{3,31}Al_{0,69}O_{10,24}]$
rezente Kruste (2)	Q_K+Q_{OZK}	$M^n_{3,44/n}Al_{0,32}[Si_{3,29}Al_{0,71}O_{9,84}]$

Tabelle 11. Vergleich von Sauerstoffgehalten und $\delta^{18}O$-Werten verschiedener Reservoire der Modellvarianten 1 (Wetzel und Schütze 1981) und 2 (vorliegende Arbeit)

Reservoir	Symbol	Sauerstoff in 10^{18} t	$\delta^{18}O$ (‰)	Symbol
Ozeankruste (1)	Q^{III}	2,46	6,7	$\delta\uparrow$
Untere Kruste (1)	Q_{UK}	6,1	6,7	$\delta\uparrow$
Ozeankruste (2) (frisch)	Q_{OZK}	2,51	5,6	$\delta\uparrow$
„Basaltschicht" (2)	Q_{BS}	5,45	9,2	δ_{BS}
Obere Kruste (1) (ohne Sedimente)	Q_{OK}-Q_S	2,5	10,5	δ'_{OK}
„Granitschicht"	Q_{GS}	3,87	11	δ_{GS}
Sedimente (1)	Q_S	0,80	16	δ_S
Sedimente (2) (kontinental)	Q_{KS}	1,34	17	δ_{KS}
Kontinentale Kruste (1) (rezent)	Q_K	9,4	8,5	δ_K
Kontinentale Kruste (2) (rezent)	Q_K	10,66	10,8	δ_K
Hydrosphäre (1) (vor $3,5 \cdot 10^9$ a)	Q_O	1,5	7,7	$\delta_O{}^0$
Hydrosphäre (2) (vor $4 \cdot 10^9$ a)	Q_H	1,39	7,7	$\delta_H{}^0$
Hydrosphäre (1) (rezent)	Q_O	1,5	−0,75	δ_O
Hydrosphäre (2) (rezent)	Q_H	1,39	−0,75	δ_H

port in Richtung Kruste sind bei Variante 2 wesentlich höher als bei Variante 1 und können nur durch den im Vergleich zu Variante 1 zusätzlichen ^{18}O-Transport über das zirkulierende Wasser erfüllt werden.

Wir wollen nun die Ergebnisse beider Varianten miteinander vergleichen (Tab. 12). In Variante 2 drücken sich durch den größeren Betrag des ($\delta\uparrow$-$\delta\downarrow$)-Wertes die höheren Anforderungen an die Kristallisationsdifferentiation (größeres Reservoir der kontinentalen Kruste) in dieser Variante aus. Dieser Fakt kommt auch in der etwas basischeren Zusammensetzung des subduzierten Ozeankrustenrestes und in den größeren r- und s-Werten von Variante 2 zum Ausdruck. Der entscheidende Unterschied zwischen beiden Modellvarianten ist jedoch, daß das Gleichungssystem (4.5) bis (4.10) bei Variante 2 nur lösbar ist durch die Einbeziehung eines Wasserkreislaufs durch den Oberen Mantel. Anderenfalls streben die r- und s-Werte gegen ∞, so daß keine vernünftige Lösung gefunden werden kann.

Tabelle 12. Zusammenstellung von Ergebnissen beider Modellvarianten

Ergebnisbezeichnung	Variante 1	Variante 2
stöchiometrische Koeffizienten in der chemischen Gleichung der Krustenbildung	$r \approx 14{,}3 \pm 3$ $s \approx 13{,}8 \pm 3$	$r \approx 20 \pm 5$ $s \approx 16 \pm 5$
Sauerstoff im subduzierten Krustenrest/Neubildung der gesamten Ozeankruste	$\frac{s}{r} \cdot Q_{UK} = 5{,}87 \cdot 10^{18}$t	$\frac{s}{r} \cdot Q_{OZK} = 2{,}01 \cdot 10^{18}$t
Sauerstoffzuwachs an kontinentaler Kruste in 200 Mio Jahren	$0{,}52 \cdot 10^{18}$t	$0{,}50 \cdot 10^{18}$t
$(\delta\uparrow - \delta\downarrow)$ in ‰	0,06	0,09
Dauer einer totalen Neubildung der Ozeankruste	$(256 \pm 55) \cdot 10^6$ a) bezogen auf $3{,}5 \cdot 10^9$ a	$(210 \pm 50) \cdot 10^6$ a bezogen auf $4 \cdot 10^9$ a
subduzierter Ozeankrustenrest	$M^n_{5,67/n}Al_{0,60}[Si_{3,43}Al_{0,57}O_{11,45}]$	$M^n_{5,60/n}Al_{0,74}[Si_{3,38}Al_{0,62}O_{11,64}]$
Wasserzirkulation durch den Oberen Mantel	keine	etwa der Sauerstoffgehalt des rezenten Weltozeans in $1 \cdot 10^9$ a

Beide Modellvarianten gehen von einem einheitlichen Konzept aus: Die Bildung der Protokruste vor mehr als $4 \cdot 10^9$ a (bzw. $3{,}5 \cdot 10^9$ a in Variante 1) ebenso wie die Neubildung der Kruste im Grenzbereich zwischen Kruste und Mantel, wobei das zuwachsende Material juvenilen Magmen des Mantels entstammt. Diese Magmen sind etwas saurer als das im Grenzbereich zwischen Kruste und Mantel, insbesondere in den Subduktionszonen, in den Oberen Mantel zurückkehrende Krustenmaterial. Wir nehmen weiterhin an, daß die chemische Zusammensetzung der zur Krustenbildung führenden juvenilen Magmen während der gesamten Zeit seit etwa $4 \cdot 10^9$ a ($3{,}5 \cdot 10^9$ a bei Variante 1) derjenigen der an den heutigen Riftzonen auftauchenden Magmen (ORB) entspricht. Auf diese Weise hat sich die ursprünglich basische Protokruste in die rezente, aus sauren, intermediären und mehr oder weniger basischen Gesteinen bestehende kontinentale Kruste und in die sich immer neubildende Ozeankruste verwandelt. In Übereinstimmung mit der vorherrschenden Meinung gehen wir davon aus, daß die gesamte freie Hydrosphäre schon in den Frühstadien der Erdentwicklung entstanden ist (Fanale 1972, Chase und Perry 1972, Walker 1976). Die Vermittlung des ^{18}O-Transports von den ursprünglichen Zuwachsorten zu den krustenobersten Bereichen erfolgt im Zuge des Kreislaufs der Gesteine innerhalb der Kruste.

Ausgehend von den bisherigen Ergebnissen der zwei Modellvarianten, kommen wir zu dem Schluß, daß sich die Evolution der Kruste seit ihrer Entstehung prinzipiell so abgespielt hat, wie das heutigen Beobachtungen zu entnehmen ist. Dabei spielt die Plattentektonik mit ihrem Zyklus des Entstehens neuer ozeanischer Kruste und der Subduktion des Ozeankrustenrestes in tiefe Bereiche des Mantels eine sehr wesentliche Rolle für den Zuwachs kontinentaler Kruste intermediären Charakters. Jedoch läßt sich allein aufgrund unseres Modells von der Evolution der Erdkruste nicht entscheiden, ob diese Aussage lediglich in dem Sinne zutrifft, daß sich die Änderung der chemischen Zusammensetzung und die Geschwindigkeit der Umgestaltung der Kruste im zeitlichen Mittel der Erdgeschichte so verhalten haben wie in der Gegenwart oder daß sich Chemismus und Geschwindigkeit dieser Evolution während der gesamten Erdgeschichte etwa so verhalten haben wie in der Gegenwart.

Die erstere Hypothese läßt die Frage offen, warum die Plattentektonik in der Gegenwart gerade so abläuft wie im Mittel der Erdgeschichte. Für die letztere Hypothese spricht, daß die chemische Zusammensetzung der Granite und der alten Schilde in der Zeitspanne vor $2{,}5 \cdot 10^9$ bis $1{,}0 \cdot 10^9$ a keine drastischen Unterschiede zeigt (ROGERS 1978).

Unser Modell liefert als Mittelwert beider Varianten die Aussage, daß nach Entstehung der Protokruste sich eine zwanzigmalige Neubildung der basaltischen Ozeankruste (bezogen auf die Masse der rezenten basaltischen Ozeankruste) vollzogen hat, d. h., im Verlauf von etwa 210 Mio Jahren (dieser Wert liegt im Überschneidungsgebiet der Fehlerbereiche beider Modellvarianten) sollte die ozeanische Kruste erneuert sein und die kontinentale Kruste einen Zuwachs von etwa $0{,}5 \cdot 10^{18}$ t Sauerstoff erhalten haben. Aus der gegenwärtigen Sicht müssen wir der 2. Modellvariante mit dem zirkulierenden Wasser den Vorrang einräumen. Die Begründung dafür haben wir oben gegeben. Will man jedoch der Komplexität der Evolution der Erdkruste Rechnung tragen, so ist mit Sicherheit das Vorhandensein basischer Unterer Kruste in verschiedenen Bereichen der Kontinente, insbesondere natürlich in der Nähe von Subduktionszonen und kontinentalen Riften, nicht auszuschließen. Weitere Untersuchungen mit Hilfe isotopengeochemischer Aussagen sollten daher der Wichtung beider Modellvarianten gewidmet sein. Eine Wertung des zeitlichen Ablaufs der Krustenevolution aus physikalisch-chemischer Sicht legt den Schluß nahe, bezüglich der Produktion juveniler basischer Magmen tiefer Mantelherkunft und für den Zuwachs kontinentaler Kruste eine zeitliche Konstanz anzunehmen. Episodischen Charakter sollten dagegen solche Prozesse aufweisen, welche die Kontinentalkrustentektonik bewirken und daher auch zum Transport von ^{18}O und von ^{30}Si vom Zuwachsbereich zur oberen Kontinentalkruste führen.

5. *Zur Nutzung der gewonnenen Erkenntnisse*

In diesem Kapitel soll abschließend diskutiert werden, welche Nutzanwendung aus der Berechnung von Isotopenindices und aus den Modellvorstellungen über die Evolution der Erdkruste abgeleitet werden kann. Innerhalb des Silicatsystems lassen sich bei Kenntnis der chemischen Zusammensetzung von Mineralen und Gesteinen in jedem Falle die zugehörigen Isotopenindices ($I_{^{18}O}$ und $I_{^{30}Si}$) auf einer einheitlichen theoretischen Basis berechnen.

Es zeigt sich, daß die aus den Isotopenindices berechneten δ-Werte hinsichtlich ihrer Abstufung bezüglich verschiedener Minerale und Gesteine in den angegebenen Fehlergrenzen, sofern ihre Entstehung aus dem Geschehen der Kristallisationsdifferentiation von magmatischem Mantelmaterial abzuleiten ist, betragsmäßig richtig sind, d. h., sie stehen in keinem Widerspruch zu den beobachteten Tatsachen.

Das hat zwei praktische Konsequenzen: Zum ersten lassen sich danach die Bedingungen für das „Einfrieren" der Isotopenaustauschvorgänge (Bestimmung der „Bildungstemperatur") zwischen verschiedenen Mineralen einer Paragenese ohne Verwendung z. T. wenig übereinstimmender Literaturangaben für verschiedene Mineralpaare ermitteln. Dadurch wird auch das Erkennen von Nichtgleichgewichtsbedingungen, die sich in irrealen Temperaturwerten offenbaren, zuverlässiger möglich. Da weiterhin mit Hilfe des Isotopenindex *alle* Silicate erfaßbar sind, können auch δ-Werte von Mineralen in die Isotopengeothermometrie einbezogen werden, welche bisher bezüglich der T-Abhängigkeit ihrer Gleichgewichtskonstanten mit anderen Mineralen nicht untersucht werden konnten.

Ein weiterer, wesentlicher Vorteil resultiert aus der Möglichkeit, δ-Werte von primären magmatischen Gesteinen direkt berechnen zu können. Daraus ergibt sich die zweite Konsequenz von praktischer Bedeutung, nämlich Magmatite und Orthometamorphite von Anatexiten bzw. Parametamorphiten unterscheiden zu können. Das ist der prinzipielle Sachverhalt, der in Abb. 5 dargestellt ist. Innerhalb des Kreislaufs der Gesteine können primäre Magmatite bei krustenendogenen Prozessen stofflich und isotopisch, letzteres insbesondere durch die Möglichkeit des Sauerstoffisotopenaustausches mit dem Wasser, so stark verändert werden, daß eine Herkunft des Stoffbestandes aus dem Mantel nicht mehr erkennbar ist. Sofern der $\delta^{18}O$-Wert des Gesteins nur durch den Isotopenaustausch mit Wasser verändert wurde, läßt sich mit Hilfe der Sauerstoffisotopentrennung $10^3 \ln \alpha_{H_2O}^{Gestein}(T)$, deren Wert mit der beschriebenen Methode berechenbar ist, trotzdem noch eine Entscheidung über die mögliche Herkunft des Gesteins (Kruste oder Mantel) treffen. Des weiteren lassen sich auch Aussagen über das Massenverhältnis Gestein: Wasser sowie über die Herkunft des Wassers (magmatisch oder meteorisch) treffen.

Hält man sich vor Augen, welche große Anzahl von $\delta^{18}O$-Meßwerten an silicatischen Mineralen bzw. Gesteinen in der Literatur angegeben ist, so steht außer Zweifel, daß es für die Geowissenschaftler äußerst hilfreich ist, wenn diese Daten weitergehend aufbereitet werden.

In Vorbereitung solcher Arbeiten haben wir eine entsprechende Datei (ISOXDAT) aufgebaut, in die bis zum gegenwärtigen Zeitpunkt über 2000 Isotopendaten von Mineralen und Gesteinen (Literaturwerte) eingespeist wurden (Gebhardt und Hermichen 1980) (Abb. 12). Eine Analyse dieses Datenmaterials wird sich besonders mit den Granitoiden befassen. Dem liegen folgende Gedanken zugrunde: Wie Abb. 8 zeigt, läßt sich ein Großteil der von Taylor (1968) gemessenen granitoidischen Gesteine hinsichtlich ihrer $\delta^{18}O$-Werte in die H-Gruppe ($\delta^{18}O = 7{,}8$ bis $10{,}2‰$) einordnen, was entweder auf deren palingenen Charakter oder auf einen Sauerstoffisotopenaustausch primärer Granite mit Wasser bei relativ niedrigen Temperaturen hinweist.

Da bei erhöhten $\delta^{18}O$-Werten von primären Granitoiden vor allem von einer Wechselwirkung mit größeren Mengen magmatischen Wassers auszugehen ist, sollte in solchen Fällen versucht werden, neben der Bestimmung von $\delta^{18}O$-Werten am Gesamtgestein bzw. an einzelnen Mineralen auch an dem Gesteinswasser den $\delta^{18}O$-Wert zu bestimmen. Führt die gemessene Trennung $\delta^{18}O_{Gestein} - \delta^{18}O \cong 10^3 \cdot \ln \alpha_{H_2O}^{Gestein}(T)$ zu einer plausiblen Temperatur für die Einstellung des Isotopenaustauschgleichgewichts, so kann es sich um ein Gestein der Kristallisationsdifferentiation intermediärer Magmen subkrustaler Herkunft handeln. Als weiteres Hilfsmittel, das die Isotopenforschung zur Feststellung der Metallherkunft von Magmatiten anbietet, kommt die Bestimmung des Strontiumisotopenanfangsverhältnisses $(^{87}Sr/^{86}Sr)_0$ in Betracht.

Wir halten die Frage einer möglichen Mantelherkunft im Zusammenhang mit dem Problem der Spezialisierung der Granite für sehr bedeutsam, da eine umfassende Deu-

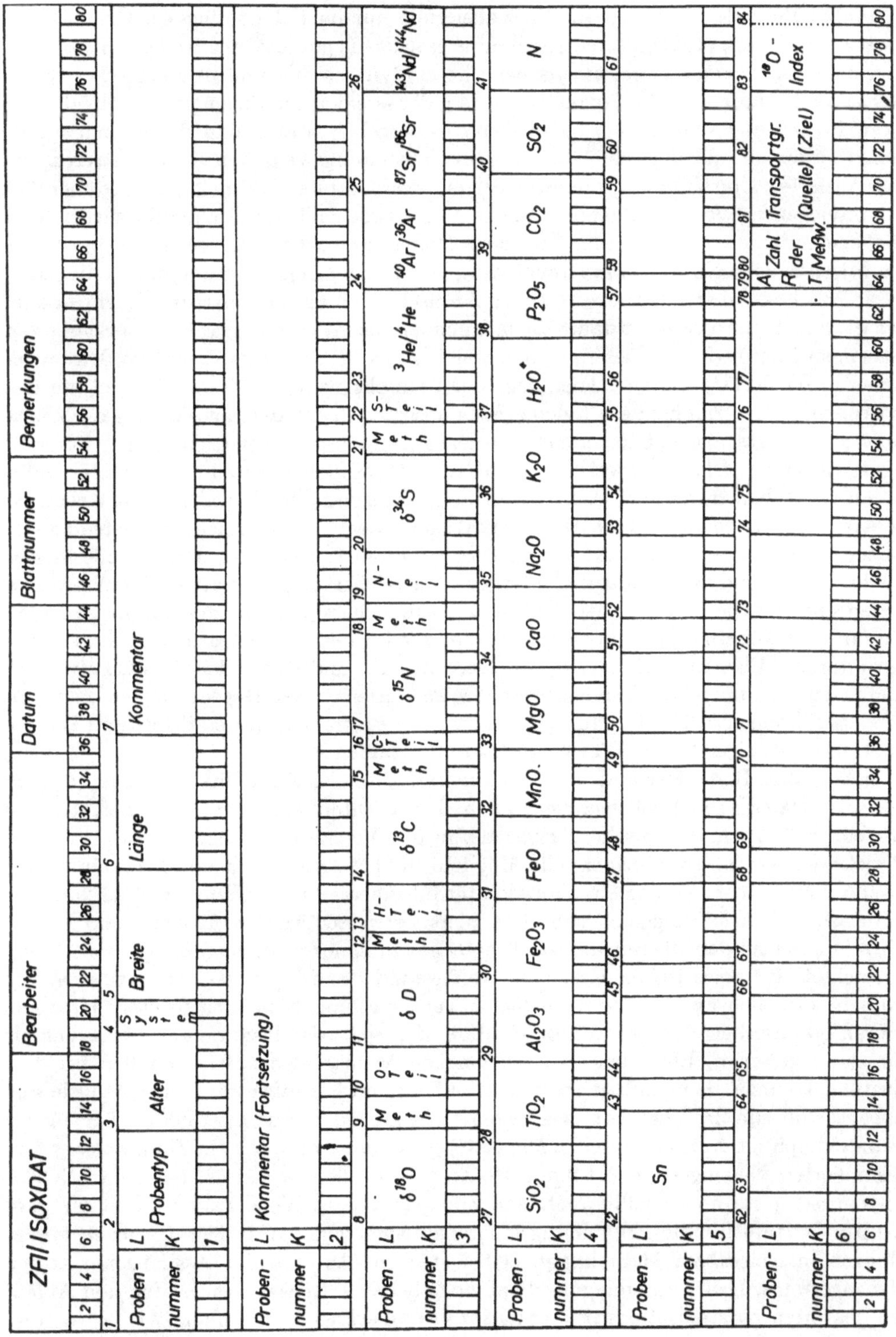

Abb. 12. Datenerfassungsbogen für die Datei ISOXDAT

tung aller Befunde nicht auf eine Spezialisierung nur im Falle palingener Granite hinweist. Nach Dahm (1981) gibt es gegen die Anatexis-Hypothese eine Reihe z. T. schwerwiegender Bedenken aus geochemischer, thermodynamischer und petrologischer Sicht. Der zitierte Autor sieht in der sedimentären Phase einen im allgemeinen mehr dispersiven Prozeß und schließt bezüglich des Westerzgebirges aufgrund der geringen zeitlichen Differenz und der fehlenden Synklinalausbildung zwischen dem Auftreten unspezialisierter älterer und spezialisierter jüngerer Granite eine mögliche sedimentäre Voranreicherung von erzbildenden Elementen weitgehend aus. Er glaubt ferner, daß aus energetischen Gründen das Anatexis-Modell anfechtbar ist (Aufstiegskraft der granitischen Schmelze bis in krustenoberste Teile) und daß mit diesem Modell die nachgewiesene Phasenhaftigkeit des westerzgebirgischen sauren Magmatismus nicht erklärbar ist. Der Autor diskutiert daher die Möglichkeit der Ableitung granitischer Schmelzen aus einem intermediären Tiefenmagma, welches aus dem Oberen Mantel an Schwächezonen in die Kruste eintritt. Hier liegt der Gedanke nahe, daß es sich dabei um das intermediäre Material handelt, welches nach unserem Modell der Entwicklung der kontinentalen Kruste aus subduzierendem Ozeankrustenmaterial partiell ausgeschmolzen wird [Gleichung (4.12)] und welches entweder im Basisbereich zur allmählichen Kristallisation oder eben durch den Aufstieg an Schwächezonen der kontinentalen Kruste in höhere Bereiche gelangt. Nach Dahm (1981) unterliegt das intermediäre Tiefenmagma einem diskontinuierlichen Erstarrungsprozeß, verbunden mit der Abgabe überhitzter wasserreicher und mit anderen Volatilen angereicherter granitischer Schmelzen, in denen auch solche erzbildenden Elemente angereichert werden, die nur in geringem Umfang bzw. überhaupt nicht in den Verband kristallisierter Silicate eingehen können (granitophile Elemente wie Be, B, Li, Rb, Sn u. a.) und daher den Trend aufweisen, sich in der zunehmend saueren Restschmelze zu konzentrieren. Dagegen haben die granitophoben Elemente (Zr, Ti, Mn, V, Cr u. a.) das Bestreben, in der Früh- und Hauptkristallisationsphase konsolidierte Strukturen zu bilden.

Zieht man z. B. die Herkunft der Zinnmineralisation aus Mantelmaterial entsprechend der von Dahm (1981) als wahrscheinlich dargestellten Möglichkeit in Betracht, so ergeben sich auch isotopische Kriterien für die Vererzungshöffigkeit von Graniten. Betrachten wir folgende prinzipielle Möglichkeit der Entstehung von Zinnmineralisationen etwas näher: Von einem Manteldiapir intermediärer Zusammensetzung kann ein durchschnittlicher Zinngehalt von etwa 2 ppm erwartet werden (Rösler und Lange 1972), wenn man den Oberen Mantel als homogen in seiner stofflichen Zusammensetzung betrachtet. Im granitischen Restschmelzenbestand des Diapirs reichert sich u. a. das Zinn beträchtlich an und kann in dem mitunter räumlich weit entfernten besonders sauren granitischen Stoffbestand im Stadium der Spätkristallisation zur Absetzung als Zinnstein kommen. Ein solches Geschehen könnte man sich z. B. vorstellen bei dem Zustandekommen der Zinnlagerstätten Altenberg und Ehrenfriedersdorf. Es würde sich dabei sowohl um Zinn handeln, das einem recht großen Vorrat intermediärer Schmelze (Manteldiapir des Nordböhmischen Massivs?) entstammt, als auch um Zinn, welches dem assimilierten Nebengestein ($>$ 2 ppm) entzogen wurde. Je saurer dabei das Nebengestein ist, desto höher sollte auch sein Zinngehalt sein. Wir erhalten damit die günstigste Variante für die Entstehung einer Zinnlagerstätte (Abb. 13): Intrusion großer Mengen intermediären Mantelmagmas bei starkem Ausmaß der Assimilation sauren Nebengesteins. Das Mantelmagma dient vor allem als Energiespender für den Ablauf der gesamten Kristallisationsdifferentiation (keine schnelle Abkühlung wie bei anatektischen Schmelzen) und als wichtigste Quelle von Zinn u. a. erzbildender Elemente. Anhand dieser Hypothese wollen wir versuchen, die isotopische Zusammensetzung des Sauerstoffs verschiedener Reservoire dieses Ablaufs als Kriterien zu erfassen.

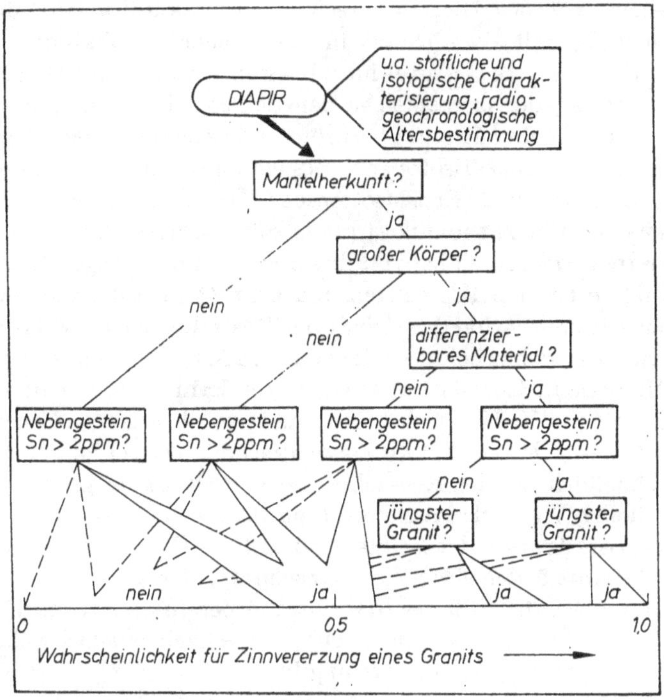

Abb. 13. Schematische Darstellung eines möglichen Zusammenhangs zwischen Granitherkunft und einer Zinnvererzungswahrscheinlichkeit

Die erste Frage bezieht sich auf die Herkunft eines Diapirs. Dabei sollte die Probenahme in dem oberen Zentralbereich dieses Körpers erfolgen, denn dieser sollte am wenigstens differenziert und daher am wenigsten gegenüber der ursprünglichen Magmazusammensetzung verändert sein. Aus seiner chemischen Zusammensetzung wird zunächst die chemische Formel und danach der $\delta^{18}O$-Wert nach Gleichung (4.2), Gleichung (4.3) bzw. Gleichung (4.3a) über den ^{18}O-Index [Gleichung (4.1)] berechnet. Der am Gesamtgestein gemessene $\delta^{18}O$-Wert wird mit dem berechneten verglichen. Stimmen beide Werte unter Berücksichtigung der entsprechenden Fehler überein, dann ist die Mantelherkunft des Diapirs mit hoher Wahrscheinlichkeit gegeben. Im Randbereich des Diapirs läßt sich das Ausmaß der Assimilation von Nebengestein näherungsweise ermitteln ($\delta^{18}O$-Werte von Nebengestein und Randbereich des Diapirs).

Als weitere Methode der Isotopenforschung zur Klärung der Frage, ob eine Mantelherkunft wahrscheinlich ist, kommt die Rb/Sr-Altersbestimmung in Betracht. Neben dem absoluten Alter des Diapirs erhält man das $^{87}Sr/^{86}Sr$-Anfangsverhältnis, welches auf eine Mantelherkunft bei Erfüllung des Kriteriums

$$(^{87}Sr/^{86}Sr)_0 \leqq 1{,}093 \cdot 10^{-12}(4{,}55 \cdot 10^9 - t_{Gestein}) + 0{,}699 \qquad (5.1)$$

($t_{Gestein}$: Alter des Gesteins)

hinweist (WETZEL und SCHÜTZE 1982); höhere Werte für das Anfangsverhältnis ergeben sich, wenn größere Mengen von Krustenmaterial (Nebengestein) assimiliert werden und insbesondere, wenn es sich bei dem Diapir um einen Anatexit handelt.

Sollten die isotopischen neben anderen, in den Geowissenschaften üblichen, Kriterien für eine Mantelherkunft des Diapirs sprechen, so ist alles weitere die Aufgabe des Geologen, nämlich die mit dem Diapir in genetischer Verbindung stehenden Spätkristallisationsstufen (jüngste Granite) im weitesten Umkreis des Diapirs festzustellen. Das ist der Sachverhalt, der prinzipiell in dem Schema der Abb. 13 dargestellt ist und der mit weiteren Untersuchungen zu überprüfen ist. Aus Sicht der vorliegenden Arbeit gilt das vor allem für Sauerstoffisotopenuntersuchungen, die auch auf die verschiedensten Granite auszudehnen sind. Erste isotopische Kriterien zur Typisierung von Graniten wurden bereits von WETZEL und SCHÜTZE (1982) erarbeitet. Soweit sie die $\delta^{18}O$-Werte der Granite betreffen, werden einige von ihnen weiter unten angeführt. Bei den Graniten und insbesondere bei den Pegmatiten und beim Quarz ist dabei zu beachten, daß mit zunehmender Differentiation der Gehalt der Restschmelze an Volatilen beträchtlich zunimmt. Uns interessiert hierbei besonders das Wasser, weil es mit dem Sauerstoff der Gesteine bzw. Minerale in Isotopenaustausch treten kann. Wie schon erwähnt, gibt die obere Kurve in Abb. 5 $\delta^{18}O$-Werte der Gesteine bzw. silicatischen Minerale der Hauptkristallisation an, wenn der Gehalt an magmatischem Wasser mit der Differentiation zunimmt und schließlich bei der Kristallisation von Quarz im großen Überschuß vorhanden ist. Mit hoher Wahrscheinlichkeit kann das bestenfalls nur in der allerletzten Phase der Hauptkristallisation der Fall sein, so daß das Gebiet zwischen der oberen und unteren Kurve in Abb. 5 den $\delta^{18}O$-Wert einschließt, der prinzipiell für eine Mantelherkunft der entsprechenden Granite bzw. ihres Mineralbestandes in Betracht kommt. Der $\delta^{18}O$-Wert eines Granits bzw. die $\delta^{18}O$-Werte einzelner silicatischer Minerale des Granits sprechen für Mantelherkunft, wenn gilt

$$2{,}00 \cdot e^{1{,}43 \cdot I_{^{18}O}} - 3\%\ \text{rel.} \leqq \delta^{18}O \leqq 1{,}47 \cdot e^{1{,}87 \cdot I_{^{18}O}} + 3\%\ \text{rel.}; \tag{5.2}$$

für den ^{18}O-Index ist der mit Hilfe der chemischen Formel des Gesteins bzw. des Minerals nach Gleichung (3.5a) bzw. (4.1) berechnete Wert einzusetzen; der $\delta^{18}O$-Wert resultiert aus der Messung.

Gilt für den gemessenen $\delta^{18}O$-Wert

$$\delta^{18}O > 1{,}47 \cdot e^{1{,}87 \cdot I_{^{18}O}} + 3\%\ \text{rel.}, \tag{5.3}$$

so handelt es sich sehr wahrscheinlich um einen Granit anatektischer Herkunft.

Für einen Sauerstoffisotopenaustausch zwischen dem Magma bzw. Gestein und größeren Mengen meteorischen Wassers gilt folgendes Kriterium

$$\delta^{18}O < 2{,}00 \cdot e^{1{,}43 \cdot I_{^{18}O}} - 3\%\ \text{rel.}; \tag{5.4}$$

in Abb. 14 ist ein Beispiel für das Wirken meteorischen Wassers im Zusammenhang mit einer Intrusion dargestellt (nach TAYLOR 1974). In solchen Fällen ist davon auszugehen, daß sich ein thermokonvektiver Kreislauf des meteorischen Wassers ($\delta^{18}O \approx -6‰$) im Zusammenhang mit der Intrusion ausbildet. Dabei kommt es im Zentrum der Intrusion zu einem Hochtemperaturaustausch, wobei vom Magma ^{18}O an das meteorische Wasser abgegeben wird. Die dabei entstehende isotopische Aureole kann einen Durchmesser von vielen Kilometern annehmen.

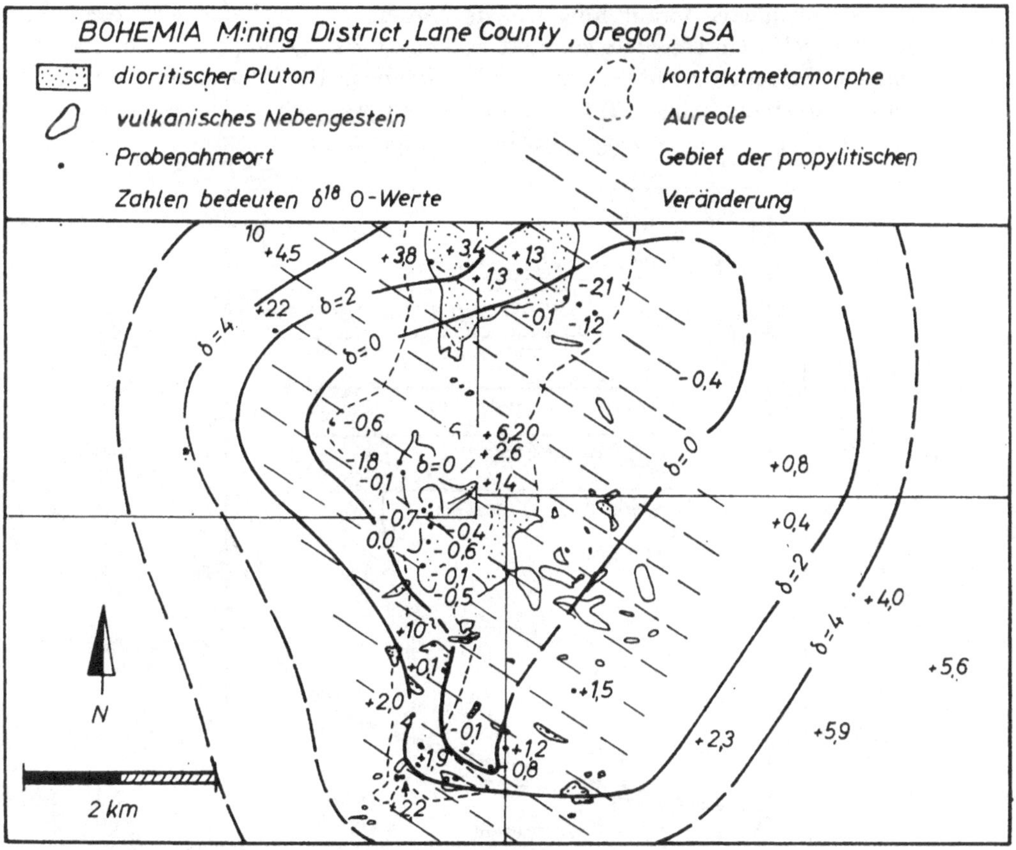

Abb. 14. Erniedrigung der $\delta^{18}O$-Werte eines dioritischen Plutons (Tertiär) und des vulkanischen Nebengesteins verursacht durch Isotopenaustausch zwischen Gestein und meteorischem Grundwasser (nach TAYLOR 1974)

Mit Hilfe der Kriterien (5.1) bis (5.4) ist es also möglich, Granite bezüglich ihres genetischen Schicksals näher zu charakterisieren. Da in Abb. 5 lediglich der Zusammenhang zwischen $\delta^{18}O$-Wert und $I_{^{18}O}$-Wert für die Frühkristallisation und Hauptkristallisation dargestellt ist, aber gerade für die weiteren Differentiationsprodukte der Granite (Pegmatite mit zunehmenden Gehalt an Quarz) die verschiedenen Phasen der Spätkristallisation von besonderer Bedeutung sind, wird dieser Bereich noch gesondert betrachtet. In Abb. 15 wird der entsprechende Sachverhalt gezeigt. Die verschiedenen dargestellten Kurven wurden alle unter der Annahme eines großen Überschusses von magmatischem Wasser ($\delta^{18}O = 7{,}7‰$) berechnet. Mit Hilfe von $\delta^{18}O$-Messungen an zwei Mineralen des Granits, z. B. Feldspat und Quarz, läßt sich die ungefähre Bildungstemperatur der Paragenese bestimmen. Bei ihrer Kenntnis ist der Bereich der Kristallisation festgelegt, und die Kriterien für eine mögliche Mantelherkunft können sinngemäß formuliert werden, wie bei den Graniten. Danach ist es durchaus möglich, daß ein Quarz mit einem $\delta^{18}O$-Wert von 21‰ sich aus einem Magmenbestand bilden kann, der primär vom Oberen Mantel stammt.

Es soll aber nochmals darauf hingewiesen werden, daß mit den $\delta^{18}O$-Messungen elementgeochemische Untersuchungen und andere in der geologischen Erkundungspraxis übliche Methoden nicht ersetzt werden können. Das Plus derartiger Untersuchungen liegt in einem höheren Informationsgewinn, was sich auf die Erkundungszeit und auf die Genauigkeit der Aussage positiv auswirken kann.

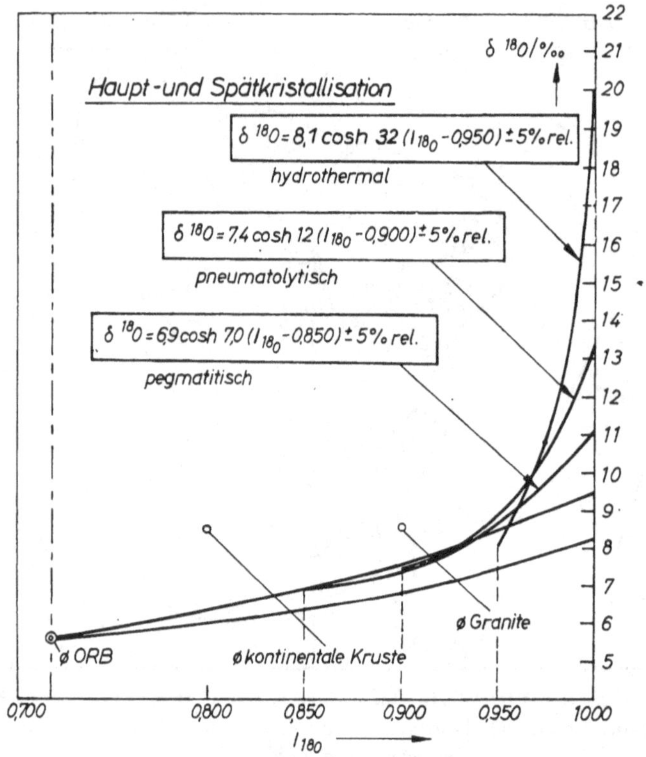

Abb. 15. $\delta^{18}O$-Werte von Silicaten in Abhängigkeit vom ^{18}O-Index bei der Haupt- und Spätkristallisation aus einem Magma vom ORB-Typ

Die vorstehenden Ausführungen könnten den Eindruck erwecken, daß wir eine Vererzung anatektischer Granite ausschließen. Das ist keineswegs der Fall. Wetzel und Rösler (1981) haben die verschiedenen Möglichkeiten zur Konzentrierung erzbildender chemischer Elemente im sedimentären Bereich aufgezeigt. Die Anatexis von Krustenmaterial setzt jedoch, wenn sie zu einer Vererzung von Graniten führen soll, voraus, daß solche Konzentrierungen in dem von der Anatexis erfaßten Krustenbereich vorhanden sind. Mit weiteren isotopischen Untersuchungen sollte daher geprüft werden, ob sich auch für solche Fälle Kriterien aufzeigen lassen, welche Aussagen zur Vererzungswahrscheinlichkeit anatektischer Granite gestatten.

Wenn abschließend noch einiges zu unserem Krustenmodell hinsichtlich seiner geologischen Relevanz auszusagen ist, so soll zunächst auf den schon erwähnten Fakt der Identität intermediärer Manteldiapire mit dem Krustenzuwachsmaterial aus unserem Modell hingewiesen werden. Derartige intermediäre Magmen entstehen in Gegenwart von Wasser (2. Modellvariante) als partielle Schmelze des subduzierenden Ozeankrustenmaterials. Sind Schwächezonen in der kontinentalen Kruste vorhanden, so besteht die Möglichkeit ihres unmittelbaren Aufdringens und ihrer nachfolgenden Differentiation. Zum anderen kann das im Überschuß, im Vergleich zu anderen Bereichen des Oberen Mantels, in dem subduzierenden Material vorhandene Wasser an besonders tief gelegenen Bereichen der kontinentalen Kruste (> 35 km) die Anatexis von Krustenmaterial bewirken, so daß ein großer Diapir auch auf diese Weise entstehen kann. Wie schon erwähnt, muß sein $\delta^{18}O$-Wert jedoch höher als derjenige des Manteldiapirs sein.

Unser Krustenmodell vermittelt eine Vorstellung vom Wachstum der Kontinente und vom Werden und Vergehen der basaltischen Ozeankruste. Der Ozeankrustenkreislauf fördert aus der Tiefe des Erdmantels vor allem solche chemischen Elemente in die kontinentale Kruste, die sich in dem Stoffbestand des Mantels nicht hinreichend konsolidieren können. Daß bei dieser Betrachtungsweise die Plattentektonik der bestimmende Mechanismus ist, liegt nahe. Aber auch andere Bewegungsformen, bei denen wasserhaltiges basaltisches Material in den Zustand der partiellen Schmelzung gelangt, würden prinzipiell das gleiche Ergebnis liefern. Ein Wachsen der Kontinente unmittelbar aus dem Oberen Mantel durchschnittlich peridotitischer Zusammensetzung führt zu dem Ergebnis, daß bei der rezenten Zusammensetzung der Kontinente deren untere Lithosphäre aus reinem Olivin bestehen müßte. Diese Berechnung wurde von uns, wegen der Aussagen von Schwarz, Anderson und DeLong (1977) und DeLong, Schwarz und Anderson (1977), daß das subduzierende Ozeankrustenmaterial nicht heißer als 600 °C wird, vorgenommen. Schließt man eine separate Zirkulation der unteren Lithosphäre, welche nach der vorherrschenden Meinung in fester Verbindung mit den Kontinenten und auch mit der Ozeankruste steht, aus, so ist eine solche Annahme nicht plausibel.

Wir sind der Meinung, daß das hier vorgestellte isotopengeochemisch gestützte Krustenentwicklungsmodell wesentliche Fakten des beobachtbaren Geschehens widerspruchsfrei liefert. Jedoch sind wir nicht kompetent genug, alle Möglichkeiten seiner weiteren Prüfung zu überschauen. Das sollte vor allem dem Geowissenschaftler vorbehalten sein, den wir um seine Diskussion bitten.

6. *Zusammenfassung in Thesenform*

Der Rahmen und die wichtigsten Ergebnisse dieser Arbeit lassen sich in folgenden Thesen zusammenfassen:

1. Die Isotopengeochemie erbringt in Verbindung mit der Elementgeochemie wertvolle Beiträge zur Aufklärung geowissenschaftlicher Fragestellungen. Als Beispiele dafür seien angeführt: der Gewinn zusätzlicher Informationen über den Ablauf von Transportprozessen, über die Entstehungsbedingungen von Mineralisationen, über postgenetische Veränderungen von Magmatiten sowie über den Kreislauf chemischer Elemente in der Natur.
2. Die Entwicklung der Isotopenforschung wirkt sich auf die Entwicklung der Isotopengeochemie positiv aus. Von letzterer werden kontinuierlich neue Voraussetzungen für die effektive Anwendung von Methoden der Isotopenforschung geschaffen sowie Impulse in der Isotopenforschung selbst ausgelöst. Unter anderem betrifft das die Theorie der Isotopieeffekte, die Gegenstand der vorliegenden Arbeit ist.
3. Aufgrund seiner Allgegenwart in der Geo- und Hydrosphäre kommt dem Sauerstoff und seinen stabilen Isotopen eine besondere Bedeutung zu. Eine wesentliche Ur-

sache für die Variationen des meßbaren $^{18}O/^{16}O$-Verhältnisses natürlicher Reservoire der Geosphäre ist der Isotopenaustausch zwischen dem Sauerstoff verschiedener Minerale (Gesteine) selbst und zwischen dem Sauerstoff der Minerale (Gesteine) und dem Sauerstoff des Wassers.

4. Zur quantitativen Berechnung der temperaturabhängigen thermodynamischen Isotopieeffekte des Sauerstoffs wurde auf halbempirischer Basis eine Inkrementenmethode entwickelt. Mit ihrer Hilfe sind diese Isotopieeffekte (bzw. elementaren Trennfaktoren α oder reduzierten Gleichgewichtskonstanten) für den Sauerstoffisotopenaustausch zwischen Silicaten (silicatischen Gesteinen) selbst und zwischen den Silicaten (silicatischen Gesteinen) und Wasser auf einheitlicher Basis näherungsweise bestimmbar.
5. Bei dieser Methode wird in Kenntnis der chemischen Formel und der Anordnung der Ionen im Kristallgitter des Silicats zunächst für jede Bindung, an welcher Sauerstoff beteiligt ist, ein isotopisches Inkrement berechnet. Die Summe der Inkremente, bezogen auf die Gesamtzahl der Sauerstoffbindungen in dem betrachteten Silicat (silicatischen Gestein) entsprechend seiner chemischen Formel, führt zu seinem Isotopenindex $I_{^{18}O}$. Je größer der Zahlenwert des Isotopenindex ist, desto größer ist das Vermögen des betreffenden Silicats (silicatischen Gesteins), das Nuklid ^{18}O im Gleichgewicht mit einem anderen Silicat (silicatischen Gestein) anzureichern.
6. Bei Kenntnis der chemischen Formel eines Silicats bzw. silicatischen Gesteins kann sein ^{18}O-Index mit folgenden Beziehungen berechnet werden

$$I_{^{18}O} = \frac{\sum_{j=1}^{m} \bar{n}_{\mathrm{Me}j} \cdot i'_{\mathrm{O-Me}[n]j} + 0{,}11 \sum_{k=1}^{m} \bar{n}_{\mathrm{Me}'k} \cdot i'_{\mathrm{O-Me}'[n]k}}{\bar{n}_{\mathrm{O}}},$$

wobei $\bar{n}_{\mathrm{Me}j} = a_{\mathrm{Me}j} \cdot W_{\mathrm{Me}j}$ (Molzahl · Wertigkeit) die Anzahl der Bindungen des betreffenden Kations und $\bar{n}_{\mathrm{Me}'k}$ die Anzahl der schwachen Bindungen eines externen Kations im Silicat darstellen; $i'_{\mathrm{O-Me}[n]j}$ bzw. $i'_{\mathrm{O-Me}'[n]k}$ sind die reduzierten ^{18}O-Inkremente der entsprechenden Bindungen des Sauerstoffs zu den betrachteten Kationen mit der Koordinationszahl n. Die Anzahl der Sauerstoffbindungen gemäß der chemischen Formel wird durch $\bar{n}_{\mathrm{O}}$ angegeben (OH-Bindungen werden nur als eine Sauerstoffbindung gewertet).

In guter Näherung gilt ebenfalls zur Berechnung des ^{18}O-Index

$$I_{^{18}O} \approx \frac{4{,}000 a_{\mathrm{Si}} + 2{,}046(4 - a_{\mathrm{Si}}) + 1{,}290 a_{\mathrm{Al}[6]} + 0{,}092 a_{\overline{\mathrm{Me}}}}{2 a_{\mathrm{O}}},$$

wobei die reduzierten ^{18}O-Inkremente mit der Wertigkeit multipliziert als Konstante vor den entsprechenden Molzahlen stehen

a_{Si}:	Molzahl des Siliciums in der chemischen Formel des Silicats bzw. Gesteins,
$4 - a_{\mathrm{Si}} = a_{\mathrm{Al}[4]}$:	Molzahl des tetraedrisch koordinierten Aluminiums,
$a_{\mathrm{Al}[6]}$:	Molzahl des oktaedrisch koordinierten Aluminiums,
$a_{\overline{\mathrm{Me}}}$:	Molzahl aller Kationen außer Si^{4+} und Al^{3+} auf Einwertigkeit bezogen,
a_{O}:	Molzahl des Sauerstoffs (OH-Gruppen gehen nur mit halber Molzahl ein).

7. Zur Berechnung des temperaturabhängigen thermodynamischen Isotopieeffekts (bzw. des elementaren Trennfaktors α oder der reduzierten Gleichgewichtskonstanten) zwischen beliebigen Silicaten erfolgt die Adjustierung des Isotopenindex von Quarz, welcher als Bezugsmineral gewählt wurde ($I_{^{18}O} \equiv 1{,}000$) an seinen temperaturabhängigen β-Faktor (reduziertes Zustandssummenverhältnis) mit Hilfe eines experimentell gut untersuchten Sauerstoffisotopenaustauschgleichgewichts bei verschiedenen Temperaturen.
8. Durch Multiplikation des Isotopenindex eines beliebigen Silicats mit dem 10^3fachen des Logarithmus des β-Faktors (T) von Quarz erhält man den entsprechenden Ausdruck des Silicats, der auch als molekülinterner Sauerstoffisotopieeffekt in ‰ aufgefaßt werden kann:

$$10^3 \cdot \ln \beta_{\text{Sil}}(T) = I_{^{18}O}^{\text{Sil}} \cdot 7{,}98 \cdot 10^6/T^2.$$

9. Der temperaturabhängige thermodynamische Isotopieeffekt für den Sauerstoffisotopenaustausch zwischen zwei verschiedenen Silicaten (silicatischen Gesteinen) A und B ist folgender Gleichung zu entnehmen:

$$10^3 \cdot \ln \alpha_B{}^A(T) = 10^3 \cdot (\ln \beta_A - \ln \beta_B)\,(T) \cong \Delta\delta^{18}O^{A-B}(T);$$

er gibt für jede Temperatur des Existenzbereiches der betrachteten Silicate die Differenz der $\delta^{18}O$-Werte in ‰ bei Vorliegen des Sauerstoffisotopen-Austauschgleichgewichts an.
10. Unter der Voraussetzung, daß der durchschnittliche $\delta^{18}O$-Meßwert von 4,9‰ für den Peridotit des Oberen Mantels typisch ist, gelten für alle primärmagmatischen Silicate und silicatischen Gesteine folgende Zusammenhänge zwischen ihren $\delta^{18}O$-Werten und ihren ^{18}O-Indices

$$\delta^{18}O = 3{,}00 \cdot e^{0{,}87 \cdot I_{^{18}O}} \pm 3\% \text{ rel.}$$

für $I_{^{18}O} \leqq 0{,}717$ (Frühkristallisation),

$$\delta^{18}O = 2{,}00 \cdot e^{1{,}43 \cdot I_{^{18}O}} \pm 3\% \text{ rel.}$$

für $I_{^{18}O} \geqq 0{,}717$ (Hauptkristallisation),

$$\delta^{18}O = 6{,}9 \cosh 7{,}0\,(I_{^{18}O} - 0{,}850) \pm 5\% \text{ rel.}$$

für $I_{^{18}O} \geqq 0{,}850$ (Spätkristallisation, pegmatitischer Bereich),

$$\delta^{18}O = 7{,}4 \cdot \cosh 12\,(I_{^{18}O} - 0{,}900) \pm 5\% \text{ rel.}$$

für $I_{^{18}O} \geqq 0{,}900$ (Spätkristallisation, pneumatolytischer Bereich)

und

$$\delta^{18}O = 8{,}1 \cdot \cosh 32\,(I_{^{18}O} - 0{,}950) \pm 5\% \text{ rel.}$$

für $I_{^{18}O} \geqq 0{,}950$ (Spätkristallisation, hydrothermaler Bereich).

Abweichungen gemessener $\delta^{18}O$-Werte deuten, unter Berücksichtigung der entsprechenden Fehler, entweder auf anatektisches Material oder auf postmagmatische Veränderungen des Silicats bzw. des Gesteins hin.

11. Für die Berechnung des Isotopenindex des Siliciums $I_{^{30}Si}$ wurde folgende Beziehung abgeleitet

$$I_{^{30}Si} = 0{,}181\ V_n + 0{,}275,$$

in welcher dem spezifischen (auf die Anzahl der Si-Atome in der chemischen Formel bezogenen) Vernetzungsgrad V_n eine wichtige Rolle zukommt.
12. In den Silicaten tritt ausschließlich der Sauerstoff als Bindungspartner des Siliciums auf, so daß nur die isotopischen Inkremente der Si—O-Bindungen für die Berechnung des Isotopenindex betrachtet werden müssen. Die Stärke der Si—O-Bindungen nimmt mit dem Vernetzungsgrad des Silicats zu, wobei der Einbau von Aluminium in Tetraeder und die damit verknüpfte Aufnahme zusätzlicher Kationen wie eine Erhöhung der Vernetzung wirkt.
13. Der spezifische Vernetzungsgrad läßt sich aus folgender Gleichung berechnen

$$V_n = \frac{4[2(\bar{n}_{Si} + \bar{n}_{Al[4]}) - \bar{n}_O]}{\bar{n}_{Si}},$$

wobei

$\bar{n}_{Si}$ die Anzahl der von Si betätigten Bindungen (Wertigkeit · Molzahl des Siliciums), $\bar{n}_{Al[4]}$ die Anzahl der vom tetraedrisch koordinierten Al betätigten Bindungen und $\bar{n}_O$ die Anzahl der vom O betätigten Bindungen entsprechend der chemischen Formel darstellen.
14. Der temperaturabhängige molekülinterne Siliciumisotopieeffekt eines beliebigen Silicats kann mit folgender Gleichung berechnet werden:

$$10^3 \cdot \ln \beta'_{Sil}(T) = I^{Sil}_{^{30}Si} \cdot 2{,}64 \cdot 10^6/T^2,$$

wobei, wie im Falle des Sauerstoffisotopieeffekts, der Faktor von $I^{Sil}_{^{30}Si}$ auf der rechten Seite der Gleichung den entsprechenden Ausdruck des Quarzes darstellt

$$10^3 \cdot \ln \beta'_{Qu}(T) = 2{,}64 \cdot 10^6/T^2.$$

15. Der temperaturabhängige thermodynamische Isotopieeffekt für den Siliciumisotopenaustausch zwischen zwei verschiedenen Silicaten (silicatischen Gesteinen) A und B ist folgender Gleichung zu entnehmen:

$$10^3 \ln \alpha'^A_B(T) = 10^2 (\ln \beta_A' - \ln \beta'_B)\ (T) \cong \Delta\delta^{30}Si(T);$$

er gibt für jede Temperatur des Existenzbereiches der betrachteten Silicate die Differenz der δ^{30}Si-Werte in ‰ bei Vorliegen des Siliciumisotopen-Austauschgleichgewichts an.
16. Für eine Gleichgewichtstemperatur von 727 °C (1000 K) gilt folgender Zusammenhang zwischen δ^{30}Si-Wert und dem Silicium-Isotopenindex

$$\delta^{30}Si = [(2{,}63 \cdot I_{^{30}Si} - 2{,}16) \pm 10\%\ \text{rel.}]‰.$$

17. Zwei anhand isotopengeochemischer Daten unter spezieller Nutzung der Inkrementenmethode berechnete Modellvarianten der Krustenentwicklung werden miteinander verglichen. Die Varianten unterscheiden sich vor allem bezüglich der angenommenen chemischen Zusammensetzung der Unteren Kruste der Kontinente. In der ersten Variante wird die Untere Kruste als basaltisch und in der zweiten Variante als intermediär angenommen.

18. Die isotopengeochemische Berechnung der ersten Modellvariante ergibt für die Dauer einer totalen Neubildung der Ozeankruste $(265 \pm 55) \cdot 10^6$ a und die zweite Modellvariante $(210 \pm 50) \cdot 10^6$ a. Ein wesentlicher Unterschied in den Ergebnissen beider Varianten besteht darin, daß die zweite Variante nur zu einem vernünftigen Ergebnis führt, wenn mit der subduzierenden Ozeankruste auch Wasser (5 Masse-%) durch den Oberen Mantel transportiert wird. Dieses Wasser erleichtert das partielle Schmelzen der subduzierenden Ozeankruste und kehrt selbst als magmatisches Wasser mit erhöhtem δ^{18}O-Wert in die kontinentale Kruste zurück.
19. Aus dem gegenwärtigen Erkenntnisstand wird der zweiten Modellvariante der Vorzug gegeben, da sie sich in weitgehender Übereinstimmung mit modernsten Beobachtungen befindet:

- Die freie Hydrosphäre hat sich bereits vor mehr als $4 \cdot 10^9$ a gebildet;
- seit dieser Zeit existieren auch Kerne der kontinentalen Kruste;
- die untere kontinentale Kruste hat weitgehend intermediären Charakter;
- der Krustenzuwachs besteht vorwiegend aus intermediärem Material, welches basischen Magmen von Mantelherkunft entstammt.
- Der gegenüber dem Oberen Mantel erhöhte δ^{18}O-Wert der kontinentalen Kruste ist sowohl das Ergebnis der Kristallisationsdifferentiation als auch insbesondere das Ergebnis des Isotopenaustauschs mit Wasser, bei welchem das Nuklid ^{18}O im Oberen Mantel bevorzugt vom Wasser aufgenommen wird und im Krustenbereich an die mit ihm im Gleichgewicht stehenden Gesteine wieder partiell rückgetauscht wird.
- Die gegenüber dem Oberen Mantel erhöhten δ^{30}Si-Werte der kontinentalen Kruste sind das Ergebnis der Kristallisationsdifferentiation.
- Die Zeitdauer für die Erneuerung der gesamten Ozeankrsute beträgt $(210 \pm 50) \times 10^6$ a.
- Der Kreislauf basischen Gesteinsmaterials und des Wassers durch den Oberen Mantel vollzieht sich bereits seit etwa $4 \cdot 10^9$ a im Sinne des Ablaufs der rezent zu beobachteten Plattentektonik.

20. Die Möglichkeit, anhand der chemischen Formel eines magmatischen silicatischen Gesteins dessen Isotopenindex und δ^{18}O-Wert für den Fall einer ursprünglichen Mantelherkunft zu berechnen, berechtigt uns dazu, auch Aussagen über mögliche Vererzungen von Graniten zu treffen.
21. Aus physikalisch-chemischen Gründen sollten Manteldiapire das größere Differentiationsvermögen als Anatexite aufweisen und damit vor allem in ihrem Randbereich solche Granitstöcke besitzen, die granitophile Elemente angereichert haben. Da im allgemeinen Anatexite deutlich höhere δ^{18}O-Werte haben, als sie aus ihren chemischen Formeln mit Hilfe des Isotopenindex zu berechnen sind, ist eine Unterscheidung zwischen Mantelherkunft und Krustenabstammung eines Diapirs auch mit Hilfe von Sauerstoffisotopenmessungen möglich. Zur Auswertung unter diesem Gesichtspunkt werden die entsprechenden Gleichungen der 10. These benutzt.
22. Die letzte These wird in weiteren Arbeiten auf ihre Tragfähigkeit und damit auf ihre Allgemeingültigkeit überprüft werden mit dem Ziel, dem Erkundungsgeologen zusätzliches Informationsmaterial liefern zu können.

7. *Häufig gebrauchte Symbole und Abkürzungen*

α	elementarer Trennfaktor
$10^3 \ln \alpha$	Isotopentrennung
β	reduziertes Zustandssummenverhältnis
$10^3 \ln \beta$	molekülinterner IE
$\delta\uparrow$	δ-Wert der Ozeanriftbasalte
$\delta\downarrow$	δ-Wert des subduzierten Ozeankrustenrestes
δ_K	δ-Wert der kontinentalen Kruste
$\delta_H{}^0$	δ-Wert der primären Hydrosphäre
δ_H	δ-Wert der rezenten Hydrosphäre
$\Delta\delta$	Differenz von δ-Werten
$\varepsilon_{O\rightarrow Me}$	Schwingungsisotopieeffekt
a_i	Molzahl des Elements i gemäß chemischer Formel
$C_{O-Me[n]}$	auf den Bindungsabstand bezogene Bindungsstärke
$i_{O-Me[n]}$, i'_{Si-O}	isotopische Inkremente (gestrichene Größen: reduzierte isotopische Inkremente)
$I_{^{18}O}$, $I_{^{30}Si}$	Isotopenindices
n	Koordinationszahl
$\bar{n}_i$	Anzahl der Bindungen des Elements i gemäß Formel
Q_{OZK}	Sauerstoffmenge in Ozeankruste
Q_K	Sauerstoffmenge in rezenter kontinentaler Kruste
Q_H	Sauerstoffmenge in Hydrosphäre
r	Anzahl der Ozeankrustenneubildungen
s	Anzahl der subduzierten Äquivalente von Q_{OZK}
V_n	spezifischer Vernetzungsgrad
W_i	Wertigkeit des Elements i gemäß chemischer Formel
IE	Isotopieeffekt
MLS	Mother Lode Standard
ORB	Ocean Rift Basalts
SMOW	Standard Mean Ocean Water

8. *Literatur*

Anderson, A. T., Chlorine, sulfur, and water in magmas and oceans. Geol. Soc. Amer. Bull. **85** (1974), 1485–1492.

Barth, T. F. W., und Rosenqvist, T., Thermodynamic relations of immiscibility and crystallization of molten silicates. Amer. J. Sci. **247** (1949), 316–324.

Berckhemer, H., Die Entwicklung der Erdkruste. Naturwissenschaften **68** (1981), 323–327.

Bigeleisen, J., Chemistry of isotopes. Science **147** (1965), 463–471.

Bigeleisen, J., und Goeppert-Mayer, M., J. Chem. Phys. **15** (1947), 261.

Blattner, P., und Bird, G. W., Oxygen isotope fractionation between quartz and K-feldspar at 600°C. Earth Planet. Sci. Lett. **23** (1974), 21–27.

Borschewski, J. A., Die Natur hydrothermaler Erzfluide entsprechend ihrer Sauerstoff- und Wasserstoffisotopenwerte. Geochimija (1980), 11, 1650–1661 [russisch].

— Theoretische Berechnung der β-Faktoren einiger Minerale und des Wassers. Geochimija im Druck, Manuskript 1981 [russisch].

— Dolomanowa, E. I., Lisowskaja, O. J., Medwedowskaja, N. I., und Rochdestwenskaja, I. W., Bildungsbedingungen von Mineralassoziationen der transbaikalischen Zinnlagerstätten mit Hilfe von Sauerstoffisotopendaten. Nowye Dannye o Mineralach SSSR (1979), 28, 34–46 [russisch].

Bottinga, Y., Calculation of fractionation factors for carbon and oxygen isotopic exchange in the system calcite-carbon dioxide-water. J. Phys. Chem. **72** (1968), 800–808.

— und Javoy, M., Comments on oxygen isotope geothermometry. Earth Planet. Sci. Lett. **20** (1973), 250–265.

— Oxygen isotope partioning among minerals in igneous and metamorphic rocks. Rev. Geophys. Space Phys. **13** (1975), 401–418.

Bowen, N. L., The Evolution of the Igneous Rocks. Princeton Univ. Press, Princeton N. S., 1928.

Chase, C. G., und Perry, Jr., E. C., The oceans: Growth and oxygen isotope evolution. Science **177** (1972), 992–994.

Christoph, G., Richtungsaussagen über Isotopieeffekte mit Hilfe der Inkrementenmethode. ZfI-Mitteilungen Nr. 30 (1980), 181–197.

Clayton, R. N., O'Neil, J. R., und Mayeda, T. K., Oxygen isotope exchange between quartz and water. J. Geophys. Res. **77** (1972), 3057–3067.

Dahm, K.-P., Geologisch-geochemische Prozeßabläufe (stoffliche Differenzierung und Krustenentwicklung). Studie 31. 7. 1981, Zentralinstitut für Physik der Erde (ZIPE) der AdW der DDR, Potsdam.

DeLong, S. E., Schwarz, W. M., und Anderson, R. N., Thermal history of ridge subduction. Vortrag auf dem Spring Meeting der AGU, 30. 5.–3. 6. 1977, Washington D. C., Kurzfassung in: EOS, Transactions, American Geophysical Union **58** (1977) 6, 500.

Donzowa, E. I., Isotopenaustausch des Sauerstoffs im Prozeß der Gesteinsbildung. Geochimija (1970) 8, 903–916 [russisch].

Epstein, S., und Taylor, jr., H. P., $^{18}O/^{16}O$, $^{30}Si/^{28}Si$, D/H, and $^{13}C/^{12}C$ studies of lunar rocks and minerals. Science **167** (1970), 533–536.

Fanale, F. P., A case for catastrophic early degassing of the earth. Chem. Geol. **8** (1972), 79–105.

Finkelnburg, W., Einführung in die Atomphysik. Springer-Verlag Berlin/Göttingen/Heidelberg 1958, S. 443–446.

Friedman, I., und O'Neil, J. R., Compilation of Stable Isotope Fractionation Factors of Geochemical Interest. Data of Geochemistry, Sixth Edition, Washington, 1977.

Galimow, E. M., Die Isotope des Kohlenstoffs in der Erdöl- und Erdgasgeologie. Verlag Nedra, Moskau 197?, S. 14–21 [russisch].

Garlick, G. D., Oxygen isotope ratios in coexisting minerals of regionally metamorphosed rocks. Ph. D. Thesis, California Institute of Technology, 1964.

— Oxygen isotope fractionation in igneous rocks. Earth Planet. Sci. Lett. **1** (1966), 361–368.

— und Dymond, J. R., Oxygen isotope exchange between volcanic materials and ocean water. Geol. Soc. Amer. Bull. **81** (1970), 2137–2142.

Gebhardt, O., und Hermichen, W.-D., Unveröffentlichtes Material zum Aufbau der Datei ISOXDAT, ZfI, Leipzig, 1980.

Geguzin, J. E., Grundzüge der Diffusion in Kristallen. VEB Deutscher Verlag für Grundstoffindustrie, Leipzig, 1977.

Golyschew, S. I., und Padalko, N. L., Theoretische Untersuchungen über die Verteilung der Schwefelisotope in sulfidischen Mineralen. Geochimija (1978), 11, 1727–1732 [russisch].

— — Theoretische Untersuchung über die Verteilung der Sauerstoffisotope in oxidischen Mineralen. Geochimija (1979) 8, 1251–1254 [russisch].

— — und Petschenkin, S. A., Fraktionierung der stabilen Isotope des Sauerstoffs und des Kohlenstoffs in carbonatischen Systemen. Geochimija (1981) 10, 1427–1441 [russisch].

Grant, F. S., The geological significance of variations in the abundances of the isotopes of silicon in rocks. Geochim. Cosmochim. Acta **5** (1954), 225–242.

Haberlandt, R., Radiochemische Methoden. Lehrmaterial zum Postgradualstudium Radiochemie, Technische Universität Dresden, 1980.

Hamlyn, P. R., und Bonatti, E., Petrology of mantle-derived ultramafics from the Owen fracture zone, Northwest Indian Ocean: Implications for the nature of the oceanic upper mantle. Earth Planet. Sci. Lett. 48 (1980), 65–79.

Hargraves, R. B., Precambrian geologic history. Science **193** (1976), 363–371.

Herzberg, G., Infrared and Raman Spectra of Polyatomic Molecules. D. van Nostrand Comp., Inc., Princeton N. J., New York, 1954.

Hoefs, J., Stable Isotope Geochemistry. Springer-Verlag, Berlin, Heidelberg, New York, 1980.

— und Binns, R. A., Oxygen-isotope compositions in Archean rocks from Western Australia, with special reference to komatiites. Short Papers of the Fourth Internat. Conf. Geochronology. Cosmochronology, Isotope Geology 1978, 180–182.

Humphris, S. E., und Thompson, G., Hydrothermal alteration of oceanic basalts by seawater. Geochim. Cosmochim Acta **42** (1978), 107–125.

Kawabe, I., Calculation of oxygen isotope fractionation in quartzwater system with special reference to the low temperature fractionation. Geochim. Cosmochim. Acta **42** (1978), 613–621.

Kyser, T. K., und O'Neil, J. R., Oxygen isotope relations among oceanic tholeiites, alkali basalts, and ultramafic nodules. Short Papers of the Fourth Internat. Conf. Geochronology, Cosmochronology, Isotope Geology 1978, 237–240.

— — und Carmichael, I. S. E., Oxygen isotope thermometry of basic lavas and mantle nodules. Contrib. Mineral. Petrol. **77** (1981), 11–23.

Kulla, J. B., und Anderson, T. F., Experimental oxygen isotope fractionation between kaolinite and water. Short Papers of the Fourth Internat. Conf. Geochronology, Cosmochronology, Isotope Geology 1978, 234–235.

Laidler, K. J., Chemical Kinetics, McGRAW Hill, London, 1965.

Landolt-Börnstein, Zahlenwerte und Funktionen, Atom- und Molekularphysik, 4. Teil, Kristalle. Springer-Verlag, Berlin, Göttingen, Heidelberg, 1955.

MacDonald, G. A., und Katsura, T., Chemical composition of Hawaiian lavas. J. Petrol. **5** (1964), 82–133.

Matsuhisa, Y., Goldsmith, J. R., und Clayton, R. B., Oxygen isotopic fractionation in the system quartz-albite-anorthite — water. Geochim. Cosmochim. Acta **43** (1979), 1131–1140.

Magaritz, M., und Taylor, Jr., H. P., Oxygen and hydrogen isotope studies of serpentinization in the Troodos ophiolite complex, Cyprus. Earth Planet. Sci. Lett. **23** (1974), 8–14.

Moorbath, S., The oldest rocks and the growth of continents. Scientific American **239** (1977) 3, 92–104.

Muehlenbachs, K., Anderson, Jr., A. T., und Sigvaldason, G. E., Low-^{18}O basalts from Iceland. Geochim. Cosmochim. Acta **38** (1974), 577–588.

— und Clayton, R. N., Oxygen isotope composition of the oceanic crust and its bearing on seawater. J. Geophys. Res. **81** (1976), 4365–4369.

Nestler, P., Sauerstoff-Isotopenuntersuchungen an Magmatiten unterschiedlicher geologischer Position. Freiberger Forschungsheft C 314, VEB Deutscher Verlag für Grundstoffindustrie, Leipzig, 1976.

O'Neil, J. R., Stable isotopes in mineralogy. Phys. Chem. Minerals **2** (1977), 105–123.

— und Kyser, T. K., A new high-temperature ^{18}O-thermometer. Vortrag auf der 2. Arbeitstagung „Isotope in der Natur", Leipzig, 5.–9. November 1979.

— und Taylor, Jr., H. P., The oxygen isotope and cation exchange chemistry of feldspars. Amer. Mineral. **52** (1967), 1414–1437.

O'Nions, R. K., Hamilton, P. J., und Evensen, N. M., The chemical evolution of the earth's mantle. Scientific American **242** (1980) 5, 91–101.

Pauling, L., Die Natur der chemischen Bindung. Verlag Chemie, Weinheim/Bergstraße, 1962.

Payne, B. R., Enviromental isotopes as a hydrogeological tool. ZfI-Mitteilungen Nr. 5 (1976), 177–199.

Petzold, A., und Hinz, W., Silicatchemie — Einführung in die Grundlagen. VEB Deutscher Verlag für Grundstoffindustrie, Leipzig, 1978.

PILOT, J., Isotopengeochemie. Situation, Konzeptionen, Entwicklung, Möglichkeiten. Freiberger Forschungsheft C 255, VEB Deutscher Verlag für Grundstoffindustrie, Leipzig, 1970.

PINEAU, F., JAVOY, M., HAWKINS, J. W., and CRAIG, H., Oxygen isotope variations in marginal basin and ocean-ridge basalts. Earth Planet. Sci. Lett. **28** (1976), 299—307.

RAST, H., Vulkane und Vulkanismus. BSB B. G. Teubner Verlagsgesellschaft, Leipzig, 1980.

ROGERS, J. J. W., Inferred composition of early Archean crust and variation in crustal composition through time. In: Developments in Precambrian Geology I, Archean Geochemistry, Elsevier. Sci. Publ. Comp. Amsterdam, Oxford, New York, 1978, S. 25—39.

RONOW, A. B., und JAROSCHEWSKI, A. A., Ein neues Modell der chemischen Struktur der Erdkruste. Geochimija (1976) 12, 1763—1795 [russisch].

RÖSLER, H. J. and LANGE, H., Geochemical Tables. Elsevier Publ. Comp. Amsterdam/London/ New York 1972.

SAKAI, H., Isotopic properties of sulfur compounds in hydrothermal processes. Geochem. J. 2 (1968), 29—49.

SCHÜTZE, H. (1980a), Der Isotopenindex — Eine Inkrementenmethode zur näherungsweisen Berechnung von Isotopenaustauschgleichgewichten zwischen kristallinen Substanzen. Chem. Erde **39** (1980), 321—334.

— (1980b), Zur Berechnung des $\delta^{18}O$-Wertes der primären Hydrosphäre der Erde. Fachbericht, ZfI, Leipzig, 10. 11. 1980.

— (1981a), Zum Silicium-Isotopieeffekt in Silicaten. Manuskript 1981.

— (1981b), Sauerstoffisotope und Magmatismus. Fachbericht, ZfI, Leipzig, 4. 11. 1981.

— und MOHNKE, M., Untersuchungen zur Diffusion isotopischer Methanspezies. Isotopenpraxis **17** (1981), 159—163.

— HÜBNER, H., MAY, F., MISSBACH, D. und WAND, U., Die Bedeutung prinzipiell möglicher Isotopieeffekte im sedimentären Bereich der Erdkruste für die Herausbildung der isotopischen Zusammensetzung des Kohlenstoffs von Methan in Erdgasen. ZfI-Mitteilungen Nr. 5 (1976), 247—260.

SCHWARZ, W. M., ANDERSON, R. N., und DELONG, S. E., A thermal model for subduction with dehydration in the downgoing slab. Vortrag auf dem Spring Meeting der AGU. 30. 5.—3. 6. 1977, Washington, D. C., Kurzfassung in: EOS, Transactions, American Geophysical Union **58** (1977) 6, 500.

SHIRO, Y., und SAKAI, H., Calculation of the reduced partition function ratios of α-, β-quartz and calcite. Bull. Chem. Soc. Japan **45** (1972), 2355—2359.

SMITHSON, S. B., JOHNSON, R. A., und WONG, Y. K., Mean crustal velocity: a critical parameter for interpreting crustal structure and curstal growth. Earth Planet. Sci. Lett. **53** (1981), 323—332.

TAYLOR, JR., H. P., The oxygen isotope geochemistry of igneous rocks. Contrib. Mineral. Petrol. **19** (1968), 1—71.

— The application of oxygen and hydrogen isotope studies to problems of hydrothermal alteration and ore deposition. Econ. Geol. **69** (1974), 843—883.

— The effect of assimilation of country rocks by magmas on $^{18}O/^{16}O$ and $^{87}Sr/^{86}Sr$ systematics in igneous rocks. Earth Planet. Sci. Lett. **47** (1980), 243—254.

— und EPSTEIN, S., (1962a), Relationships between $^{18}O/^{16}O$ ratios in coexisting minerals of igneous and metamorphic rocks. Part I. Principles and experimental results. Geol. Soc. Amer. Bull. **73** (1962), 461—480.

— — (1962b), Relationships between $^{18}O/^{16}O$ ratios in coexisting minerals of igneous and metamorphic rocks. Part II. Application to petrologic problems. Geol. Soc. Amer. Bull. **73** (1962), 675—694.

TILLES, D. (1961a), Natural variations in isotopic abundances of silicon. J. Geophys. Res. **66** (1961) 9, 3003—3013.

— (1961b), Variations of silicon isotope ratios in a zoned pegmatite. J. Geophys. Res. **66** (1961) 9, 3015—3020.

UREY, H. C., The thermodynamic properties of isotopic substances. J. Chem. Soc. (1947), 562—581.

VERHOOGEN, J., Possible temperatures in the oceanic upper mantle and the formation of magma. Geol. Soc. Amer. Bull. **84** (1971), 515—522.

Waldmann, L., Naturwissensch. **31** (1943), 205.

Walker, J. G., Implications for atmospheric evolution of the inhomogeneous accretion model of the origin of the earth. In: The Early History of the Earth, Wiley and Sons, Chichester, New York, Brisbane, Toronto, 1976, S. 537–546.

Warschawski, J. M. und Waisberg, S. E., Erfolge der Chemie **26** (1957), H. 12 [russisch].

Wedepohl, K. H., Tholeiitic basalts from spreading ocean ridges. The growth of the oceanic crust. Naturwissenschaften 68 (1981), 110–119.

Wetzel, K., Über die Isotopenzusammensetzung chemischer Elemente in ihren natürlichen Kreisläufen. Dissertation B, Akademie der Wissenschaften der DDR, Juli 1978.

— Über die Verbreitung stabiler Isotope in der Erdkruste. ZfI-Mitteilungen Nr. 29 (1980), 13–47.

— Missbach, D., und Mühle, K., Beziehungen zwischen $\delta^{18}O$-Werten und stofflich-strukturellen Parametern von Silicaten. ZfI-Mitteilungen Nr. 30 (1980), 168–180.

— und Schütze, H., Die Entwicklung der Erdkruste — Ein isotopengeochemisches Modell. Chem. Erde **40** (1981), 58–67.

— Christoph, G., und Schütze, H., Thermodynamic isotope effects in silicate systems. Chem. Erde **41** (1982), 183–191.

— und Rösler, H. J., Isotopengeochemische Kriterien der Spezialisierung von Magmatiten. Chem. Erde **41** (1982), 33–39.

— und Schütze, H., Zur isotopengeochemischen Charakterisierung granitischer Intrusiva. ZfI 17 Preprint, Juni 1982.

Wilson, E. B., Decius, J. C., und Cross, P. C., Molecular Vibrations, McGraw Hill, London, 1955.

Windley, B. F., The Evolving Continents. Wiley and Sons, Chichester, New York, Brisbane, Toronto, 1977.

Verwendete Literatur, die im Text nicht zitiert ist

Busenberg, E., The Products of the interaction of feldspar with aqueous solutions at 25 °C. Geochim. Cosmochim. Acta **42** (1978), 1679–1686.

Engel, A. E. J., Engel, C. G., und Havens, R. G., Chemical characteristics of ozeanic basalts and the upper mantle. Geol. Soc. Am. Bull. **76** (1965), 719–734.

Friedrichsen, H., und Hoernes, S., Stable isotope exchange between oceanic crust and ocean water. Short Papers of the Fourth Internat. Conf. Geochronology, Cosmochronology, Isotope Geology 1978, 123–126.

Gutsalo, L. K., und Wetschtein, W. E., Isotopes of hydrogen and oxygen as criteria of the origin of natural waters. Proceedings of the Internat. Symp. on Water-Rock Interaction, 323–330, publ. by the Geological Survey, Prague, 1976.

Kay, R. W., Volcanic arc magmas: Implications of a melting-mixing model for element recycling in the crust-upper mantle system. J. Geol. **88** (1980), 497–522.

Naqvi, S. M., Geochemistry of Archean metasediments; evidence for prominent anorthosite-norite-troctolite (ANT) in the Archean basaltic primordial crust. Aus: Developments in Precambrian Geology I, Archean Geochemistry, Elsevier Sci. Publ. Comp. Amsterdam, Oxford, New York, 1978, S. 343–359.

Nockolds, S. R., Average chemical compositions of some igneous rocks. Geol. Soc. Amer. Bull. **65** (1954), 1007–1032.

Savin, S. M., und Epstein, S., The oxygen isotopic compositions of coarse grained sedimentary rocks and minerals. Geochim. Cosmochim. Acta **34** (1970), 323–329.

Seyfried, Jr., W. E., und Bischoff, J. L., Low temperature basalt alteration by seawater: an experimental study at 70 °C and 150 °C. Geochim. Cosmochim. Acta **43** (1979), 1937–1947.

Yuan-Hui Li, Geochemical mass balance among lithosphere, hydrosphere, and atmosphere. Amer. J. Sci. **272** (1972), 119–137.

Geophys. u. Geol. Geophys. Veröff. d. KMU Leipzig Bd. III H. 1 S. 93–99 Berlin 1984

Geochemische Untersuchungen an Basalten

G. Just, G. Loos und M. Saupe

Zusammenfassung: Unter Verwendung der Meßmethodik der Gammaspektrometrie wurden verschiedene Basalte, darunter Proben der sowjetischen Luna-24-Mission und Proben aus dem Zentralgraben des Mittelatlantischen Riftsystems, auf ihre Gehalte an Uranium, Thorium und Seltenen Erden hin untersucht. Es zeigte sich, daß besonders bei Einsatz kleinster Probenmengen die Anwendung der Neutronenaktivierungsanalyse von Vorteil ist.

Hinsichtlich der Verteilung von Uranium und Thorium sowie der Seltenen Erden lassen sich bei wenigen mg Material, wie sie im vorliegenden Fall zur Verfügung standen, Gruppen ähnlicher Gesteine zusammenfassen und Zuordnungen treffen. Bei Vergleichen mit Gesteinen aus dem Erzgebirge zeigte sich ein Ansteigen der Gehalte an den genannten Elementen von Tholeiiten des Riftsystems über Alkali-Olivin-Basalte bis hin zu kontinentalen Basalten. Dabei ist auf dem Gebiet der DDR zwischen den devonischen Initialmagmatiten und den tertiären Basalten zu unterscheiden. Das Luna-24-Material ist einfachen tholeiitischen Magmen zuzuordnen.

In Vorbereitung der hier diskutierten analytischen Arbeiten wurden die tertiären basischen Vulkanite des Südteiles der DDR auf ihre Gehalte an natürlichen radioaktiven Elementen hin (Uranium, Thorium, Kalium) eingehend untersucht. Diese Arbeiten wurden vorläufig abgeschlossen, die Ergebnisse publiziert [1], [2]. Während zur Untersuchung der in der DDR vorkommenden und im Südteil an der Oberfläche anstehenden Basalte nahezu ausnahmslos die Bestimmung von Uranium, Thorium und Kalium über die Messung der natürlichen Radioaktivität erfolgte, erwies sich diese Methode bei der Bearbeitung lunarer Materialien und der aus dem ozeanischen Bereich zur Verfügung stehenden Basaltproben als nicht ausreichend.

Hier wurde die Instrumentelle Neutronenaktivierungsanalyse (INAA) eingesetzt, und es war möglich, neben den natürlichen radioaktiven Elementen auch noch bis zu 28 weitere Spurenelemente direkt zu bestimmen. Für die Untersuchungen mit Hilfe der INAA standen ca. 100 mg Luna-24-Material zur Verfügung. Davon wurden ca. 40 mg im Gesamtfluß des Kernreaktors im ZfK Rossendorf mit einer Dosis von ca. 10^{18} Neutronen pro cm^2 aktiviert, während die größere Restmenge hinter einem Kadmiumfilter mit einer Dosis von ca. 10^{17} Neutornen pro cm^2 bestrahlt wurde. In beiden Fällen wurde als Referenzmaterial zusätzlich eine vergleichbare Menge des geologischen Standardmaterials Basalt BM Mellenbach (ZGI) aktiviert. Die gammaspektrometrischen Messungen erfolgten unter Verwendung eines Ge-Röntgendetektors und eines koaxialen

[1] Anschriften der Verfasser:

Dipl.-Geophys. Günther Just, Karl-Marx-Universität Leipzig, Sektion Physik, Wissenschaftsbereich Geophysik, DDR-7010 Leipzig, Talstr. 35;

Dr. Gerhard Loos und M. Saupe, Akademie der Wissenschaften der DDR, Zentralinstitut für Kernforschung Rossendorf, DDR-8051 Dresden, PF 19.

Tabelle 1. Vergleich der ermittelten Elementgehalte für die Luna-24-Probe mit den Werten für den Basalt BM Mellenbach und den Ergebnissen von [5] für Luna 16

Element	Luna 16	Luna 24	Basalt BM	Element	Luna 16	Luna 24	Basalt BM
Ca	11,2%	7,0%	4,63%	Nd	2,1	5,4	15
Sc	55	44	34,2	Sm	8,4	1,4	3,8
Cr	1860	2744	113	Eu	2,0	0,6	1,21
Fe	12,7%	15,8%	6,78%	Tb	4,2	0,33	0,72
Co	27	58	45	Tm	0,5	0,2	0,36
Ni	88	100	49	Yb	6,0	2,1	2,5
Zn	74	56	113	Lu	0,42	0,28	0,42
As	1,0	0,1	13,7	Hf	4,7	1,2	3,0
Br	n. b.	0,5	0,55	Ta	0,8	0,13	0,22
Rb	8,6	0,6	11,4	W	12,2	0,3	0,7
Sr	286	68	219	Au	0,1	0,0023	0,0009
Ag	0,1	0,2	0,085	Th	1,3	0,3	2,3
Sn	0,3	1,5	2,5	U	n. b.	0,08	0,72
Sb	0,5	0,055	2,6	Pr*	12,7	1,5	3,6
Cs	0,4	0,045	2,0	Gd*	10,0	2,2	4,2
Ba	257	36	240	Dy	n. b.	2,5	4,42
La	14	2,5	8,4	Ho*	n. b.	0,66	1,13
Ce	54	6	19	Er*	3,3	1,8	2,94

* Gehalte an Pr, Gd, Ho, Er durch Interpolation gefunden. Konzentrationsangaben in ppm.

Ge(Li)-Halbleiterdetektors mit einem aktiven Volumen von 31 cm^3. Die Gesamtheit der bestimmten Elemente zeigt Tabelle 1 im Vergleich zu den Werten für den Standard und ähnlichen Untersuchungen an einer Probe der Luna-16-Mission.

Zur Charakterisierung der Ähnlichkeit zwischen der Basalt- und der Mondprobe (Luna 24) zeigt Abb. 1 je ein Spektrum der aktivierten Proben nach einer Abklingzeit von 6 Wochen. Das Basalt-Spektrum wurde wegen der besseren Übersichtlichkeit parallel verschoben. Entsprechend Tabelle 1 ist der Thorium- und Urangehalt der untersuchten Luna-24-Probe sehr gering (0,3 ppm Th und 0,08 ppm U) und läßt sich im Vergleich zu irdischen Materialien in die Gruppe der ultrabasischen Gesteine einordnen. Hier dürfte der Umstand eine Rolle spielen, daß es sich bei der Luna-24-Probe um einen Regolith handelt, der auch einen Anteil an meteoritischen Materialien aufweisen wird.

Zum Vergleich zeigen die Tabellen 2 und 3 die Verteilungen von Thorium und Uranium in magmatischen Gesteinen der Erdkruste und dabei die Sonderstellung des Südteiles der DDR.

Aus diesen Angaben läßt sich ableiten, daß mit zunehmender Differentiation der basischen Magmatite der Gehalt der Elemente Thorium und Uranium zunimmt. Die höchsten Gehalte zeigen als typische Vertreter eines kontinentalen Riftvulkanismus die tertiären Basalte der sächsischen Vulkanprovinz. Dabei erreichen die Vorkommen im westlichen Erzgebirge die höchsten Konzentrationen. Es ließ sich feststellen, daß maximale Thoriumkonzentrationen bei fehlenden Olivinanteilen auftreten und mit Zunahme des Anteiles an Olivin die natürliche Radioaktivität sinkt. Hieraus ergeben sich erste einfache Schlußfolgerungen für die genetische Stellung der Basalte, für die Reichweite von Tiefenbrüchen, die mit der Magmenförderung in Zusammenhang stehen, und für die zeitliche Abfolge von Extrusionen (siehe auch [8]).

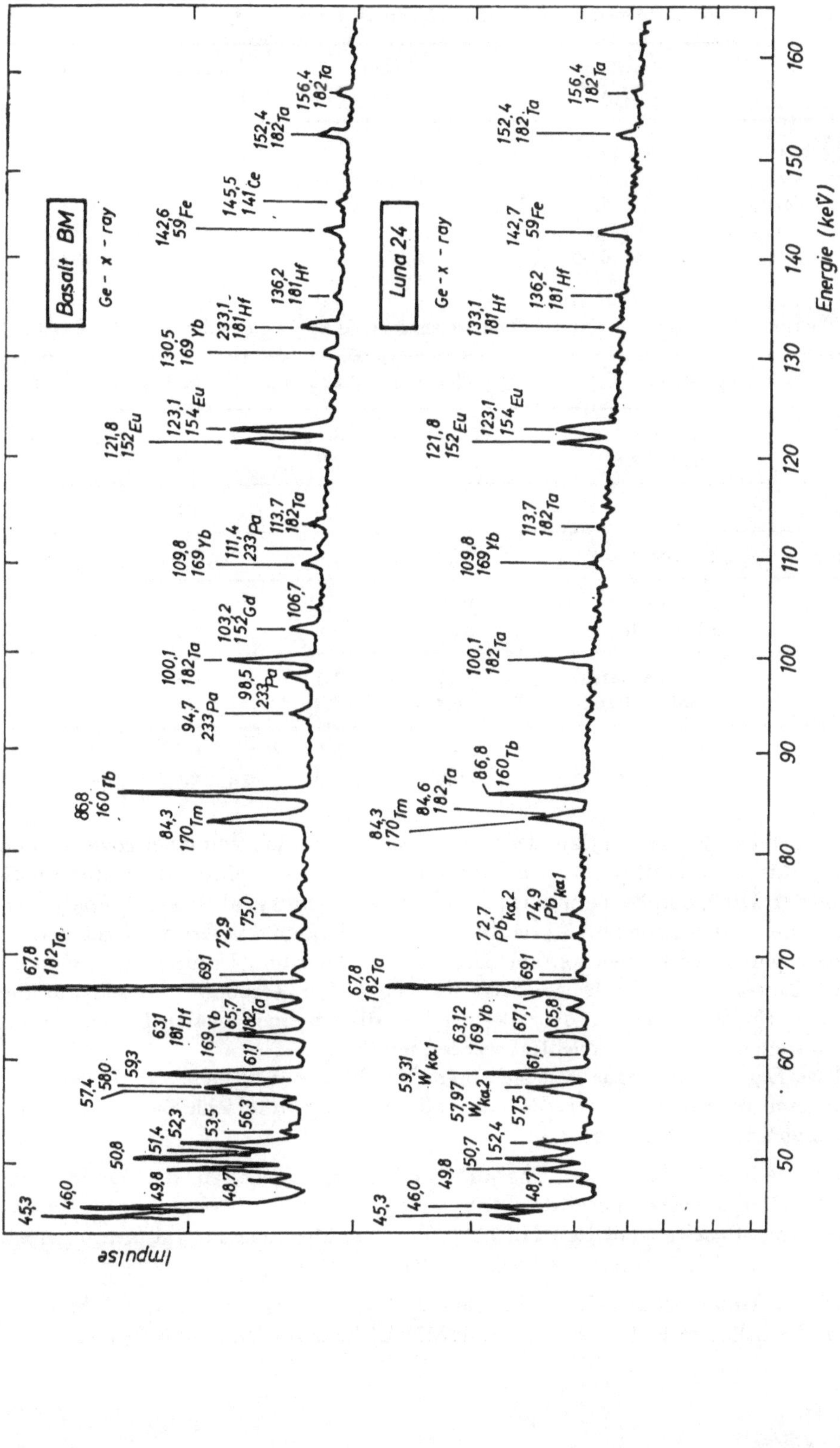

Abb. 1. Spektren der aktivierten Luna 24- und Referenzproben (Basalt BM) im Gammaenergiebereich von 45—160 KeV nach einer Abklingzeit von 6 Wochen, gemessen mit einem Germanium Röntgendetektor (Ge-x-ray)

Tabelle 2. Gehalte an Thorium, Uranium und Kalium in wichtigen Gesteinskomplexen nach verschiedenen Autoren und eigenen Untersuchungen

Gestein	Thorium (ppm)	Uranium (ppm)	Kalium (%)	Th/U
Granit, Rhyolith	16,2	3,8	3,6	4,1
Granodiorit, Dazit	9,0	2,3	2,6	3,9
Diorit, Quarzdiorit, Andesit	7,0	1,7	1,1	4,1
Gabbro, Basalt	1,6	0,5	0,4	3,2
Peridotit	0,06	0,20	0,006	3,0

Tabelle 3. Thorium, Uranium und Kalium in den basischen Vulkaniten des Südteiles der DDR [3]

Vorkommen	Gestein	Thorium	Uranium	Kalium	Th/U
Lausitz	Basalte	7,3	2,0	0,8	3,7
	Phonolithe	25,5	6,9	4,3	3,7
Elbtalzone	Basalte	6,3	2,0	1,2	3,2
Osterzgebirge	Basalte	6,6	2,0	0,9	3,3
Westerzgebirge	Basalte	10,2	3,4	1,1	3,0
	Phonolithe	22,5	5,2	3,2	4,2
Thüringen	Feldspatbasalte	4,7	1,1	0,9	4,3
	Nephelinbasalte	8,4	2,4	0,9	3,5
Harz	Diabase	2,1	0,7	0,6	3,6
	Keratophyre	6,6	1,9	2,0	3,7

Aus dem Bereich des mittelatlantischen Riftsystems wurden von einer sowjetischen Atlantikexpedition 13 Basaltproben zur Verfügung gestellt. Alle Materialien, einschließlich des in der Dredgeprobe befindlichen Sedimentes wurden aktivierungsanalytisch untersucht. Die Analysenergebnisse erlauben die Einteilung in drei Gruppen, die derzeit noch petrographisch bearbeitet werden. Die sich für Thorium, Uranium und Kalium ergebenden Einzel- und Mittelwerte zeigt Tabelle 4. Die Ergebnisse weisen auf die mögliche Variationsbreite ozeanischer Basalte hin, die bei einer lokalen Interpretation einzelner Gesteinsproben berücksichtigt werden muß.

Über diese Ergebnisse hinaus läßt sich beim Vergleich mit Tabelle 3 erkennen, daß wir es auf dem Territorium der DDR mit zwei eindeutig unterschiedlichen Abfolgen basischer Magmatite zu tun haben:

- den devonischen Diabasen mit Thorium- und Uraniumgehalten, die durchaus im Streubereich ozeanischer Basalte liegen;
- den tertiären Basalten mit den Mittelwerten weit über den Literaturangaben als Vertreter hochdifferenzierter kontinentaler Riftvulkanite.

Zur weiteren Untersuchung dieser Problematik betrachten wir nun die Gehalte an Elementen der Seltenen Erden. Aus der Literatur ist bekannt, daß diese Elemente sehr

Tabelle 4. Thorium und Uranium in den Basalten der sowjetischen Atlantikexpedition

Probe	Thorium (ppm)	Uranium (ppm)	Kalium (%)
1	0,02	0,02	0,1
2	0,63	0,21	1,4
3	0,49	0,23	n. b.
4	0,31	0,37	0,6
5	0,4	0,13	n. b.
6	0,34	0,17	0,6
7	0,54	0,28	0,4
Mittel	0,45	0,23	0,75
8	1,36	0,54	1,4
9	2,21	0,67	1,9
10	5,52	0,67	3,6
11	2,19	0,67	1,4
12	1,17	0,46	1,6
13	1,94	0,58	1,8
Mittel	2,39	0,60	1,95
Standard BM nach [6], [7]	2,3	0,72	0,6

empfindlich auf Differentiationsprozesse reagieren. Bei [4] werden die Analysenergebnisse verschiedener Tiefseebodenbasalte diskutiert. Es ist üblich, die Konzentrationen an Elementen der Seltenen-Erden-Reihe über dem Ionenradius oder der Ordnungszahl in der Reihenfolge La, Ce, Pr, Nd, Sm, Eu, Gd, Tb, Dy, Ho, Er, Tm, Yb, Lu graphisch darzustellen. Da die Konzentrationsunterschiede zwei Größenordnungen erreichen, ist zur Verbesserung der Übersicht die Normierung auf die Gehalte der Chondrite üblich. Für die bereits diskutierte Luna-24-Probe wurde diese Normierung in Abb. 2 dargestellt. Die neutronenaktivierungsanalytisch nicht direkt bestimmbaren

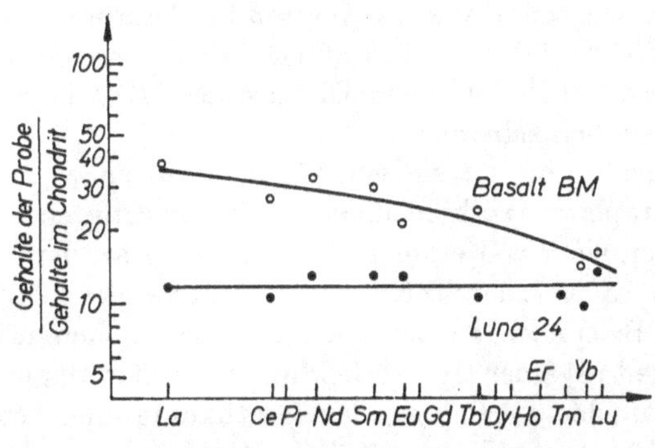

Abb. 2. Normierung der Gehalte an Seltenen Erden in dem untersuchten Luna-24-Material und der Referenzprobe auf Chondrite (Pr, Gd, Dy, Ho, Er wurden durch Interpolation bestimmt)

Elemente Pr, Gd, Dy, Ho, Er können dabei durch einfache Interpolation abgeschätzt werden, da für benachbarte Elemente der Reihe der Seltenen Erden ähnliche geochemische Gesetzmäßigkeiten vorliegen. Die Abb. 2 zeigt den geringen Konzentrationsgrad an Elementen Seltener Erden der Luna-24-Probe.

Die weitere Diskussion dieser Problematik erfolgt auf der Basis der Analysenergebnisse der bereits beschriebenen 13 Proben des Mittelatlantischen Riftsystems. Tabelle 5 zeigt die Gehalte an Seltenen Erden.

Tabelle 5. Seltene Erden in den untersuchten ozeanischen Basalten

Probe	Luna 24	BM	A_1	A_2	AO	T
Element						
La	2,5	8,4	5,2	16,3	40,2	1,9
Ce	6,0	19,0	10,4	28,7	78	6,8
Nd	5,4	15,0	11,6	19,7	33	5,2
Sm	1,4	3,8	2,5	3,8	6,4	1,9
Eu	0,6	1,21	1,03	1,4	2,1	0,74
Tb	0,33	0,85	0,57	0,62	2,1	0,53
Yb	2,1	3,5	2,31	2,11	2,7	2,27
Lu	0,28	0,42	0,38	0,38	0,3	0,41

Luna 24 — untersuchte Mondprobe
BM — Standard Basalt Mellenbach, ZGI nach [6], [7]
A_1 — Gruppe der untersuchten ozeanischen Basalte mit Gehalten an Thorium und Uranium von 0,45 bzw. 0,23 ppm
A_2 — Gruppe der untersuchten ozeanischen Basalte mit Gehalten an Thorium und Uranium von 2,39 bzw. 0,6 ppm
AO — Alkali-Olivinbasalte der Weihnachtsinsel nach [4]
T — Tholeiitische Basalte des Riftsystems nach [4]

Die auf die Gehalte der Chondrite (C-1) normierten Werte zeigt Abb. 3. Hier fällt sofort der geringe Differentiationsgrad der beschriebenen Tholeiite, vergleichbar mit dem Luna-24-Material, auf. Die schon aus den Werten für Thorium und Uranium abgeleitete Vermutung wird bestätigt, daß zwischen einigen Basalten des Mittelatlantischen Riftsystems und Vertretern der devonischen Diabase der DDR eine gewisse geochemische Verwandtschaft zu bestehen scheint.

Die Alkali-Olivinbasalte, soweit sie von [4] beschrieben wurden, sind als Vertreter eines ozeanischen Intraplattenvulkanismus weit höher differenziert als die Basalte der Riftsysteme und lassen sich, wie erste Untersuchungen an der Karl-Marx-Universität zeigen [6], mit einigen sächsischen Tertiärvulkaniten vergleichen.

An den gezeigten Beispielen ist zu erkennen, daß neben der bereits vor Jahren postulierten Möglichkeit [8] einer Unterscheidung basischer Magmen nach den Thorium- und Uranium-Gehalten der Verteilung der Lanthanide eine besondere Rolle zufällt. Mittels kernphysikalischer Analysenverfahren lassen sich beide Informationen mit genügender Genauigkeit gewinnen.

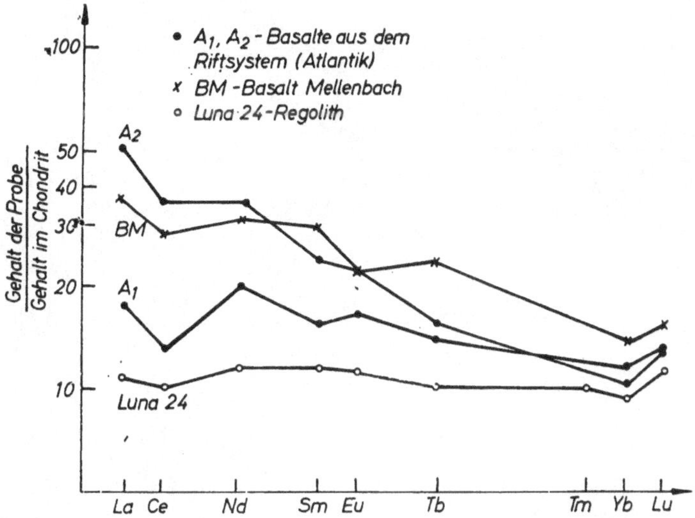

Abb. 3. Verteilung Seltener Erden in untersuchten Basalten verschiedener tektonischer Positionen (bei steigendem Differentiationsgrad sind besonders die leichten Elemente angereichert)

Literatur

[1] JUST, G., MICHALK, K., Geochemische Untersuchungen an Basalten mittels Gamma- und Mößbauerspektroskopie. Geophysik und Geologie, Geophys. Veröff. d. KMU, II, H. 3 (1981).

[2] JUST, G., MARLE, C., Zur radioaktivem Wärmeproduktion basischer Vulkanite im Südteil der DDR, Geophys. u. Geol., Geophys. Veröff. d. KMU, Leipzig, Bd. 1, H. 4 (1978).

[3] JUST, G., Dipl. Arb., KMU Leipzig, 1978.

[4] THOMPSON, G., u. a., Basalts and related rocks from deep sea drilling sites in the central and eastern Indian Ocean. Marine Geology **26** (1978).

[5] DIETZE, H. J., u. a., Bestimmung der Haupt- und Spurenelemente in Luna-16-Material. Gerlands Beitr. z. Geophys., Leipzig, 85, 1976.

[6] LOOS, G., SAUPE, M., Ergebnisse der Untersuchung geologischer Standards. J. Radioanal. Chem., **58** (1980).

[7] TGL 23955/03 — Gruppe 923020 (1975).

[8] LAUTERBACH, R., Hinweise zur Entwicklung von Erde und Mond aufgrund des Thoriumgehaltes von Mondgesteinen und irdischen Basalten. Wiss. Z. Karl-Marx-Univ. Leipzig, Math.-Naturwiss. R., **20** (1971) H. 4/5.

Geophys. u. Geol. Geophys. Veröff. d. KMU Leipzig Bd. III H. 1 S. 101–107 Berlin 1984

Zum Einfluß der Ladungstiefe auf den Frequenzinhalt seismischer Wellen

H. RISCHE[1]

Zusammenfassung: Bei Versuchen zur Erweiterung des Frequenzinhaltes seismischer Wellen mit Schußanregung wird bis jetzt die Ladungstiefe kaum beachtet. Anhand von Meßergebnissen wird gezeigt, daß eine Veränderung der Ladungstiefe wesentlich höhere Frequenzen und damit eine erhebliche Signalkomprimierung ergeben kann. Da dieser Effekt mit einer Reduzierung der Ladungstiefe erreicht wird, können für die Nahseismik mit P-Wellen günstige Anwendungsmöglichkeiten resultieren.

Höhere Frequenzen werden benötigt

Bei allen reflexionsseismischen Verfahrensvarianten zur Erkundung des Nahbereichs dominiert die Notwendigkeit der erhöhten Auflösung. Das betrifft die vertikale Auflösung, um geringmächtige Schichten, zum Beispiel Braunkohlenflöze, durch getrennte Ober- und Unterflächenreflexionen detailliert abzubilden, um Reliefundulationen sicher auszuweisen oder um Störungen mit geringem Versatz eindeutig zu erfassen. Das betrifft aber ebenso die horizontale Auflösung, um Horizontunterbrechungen, eng begrenzte Mächtigkeitsänderungen oder andere lokale Lagerungsanomalien abbilden und eindeutig interpretieren zu können. Die dazu notwendige Reduzierung der Wellenlänge erfordert entweder die Nutzung von Transversalwellen oder eine Signalkomprimierung durch Erhöhung des Frequenzinhaltes mit einer Verbreiterung des Frequenzbandes.

Sehr hohe Auflösungen bis zu 0,1 m konnten infolge der günstigen Anregungs-, Ausbreitungs- und Empfangsbedingungen in wasserbedeckten Gebieten erzielt werden. Doch auch bei landseismischen Arbeiten, so zur Lösung spezieller ingenieurgeologischer Aufgaben (FARR 1976) oder bei der Erkundung von Steinkohlenfeldern (ZIOLKOWSKI und LERWILL 1979), konnte eine wesentliche Frequenzerhöhung erreicht werden.

Empfangsparameter im Blickpunkt

Bei derartigen Arbeiten stand und steht auch jetzt noch der Empfang im Mittelpunkt der methodischen Bemühungen.

- Ein Sampling-Intervall von 1/4 oder 1/8 ms ergibt die Möglichkeit, Frequenzen bis nahezu 1000 bzw. 2000 Hz reproduzierbar aufzuzeichnen.
- Der Empfangspunktabstand wird zur Sicherung von Korrekturgenauigkeit und Korrelation entsprechend reduziert.

[1] Anschrift des Verfassers:
Prof. Dr. habil. HANS RISCHE, Sektion Physik, Wissenschaftsbereich Geophysik der Karl-Marx-Universität, DDR-7010 Leipzig, Talstraße 35.

— Die Geophonankopplung wird besonders beachtet, teilweise erfolgt sie sogar in Bohrungen unterhalb der Langsamschicht.
— Auf eine Gruppierung der Geophone wird meist verzichtet.

Die Anregung

Dazu liegen nur wenige Arbeiten vor, auch wird sie teilweise recht kurz abgetan. So schreibt Farr 1976 bei der Demonstration seiner instruktiven Beispiele mit hoher Auflösung:

„Die Feldarbeiten (zum Erreichen der dargestellten hohen Auflösung, d. Verf.) sind ähnlich denen der konventionellen Methodik, die in der Erdölerkundung angewandt wird, indem Schußbohrungen entlang eines Profils gebohrt werden, Sprengstoff in diesen Bohrungen gezündet wird und die seismischen Signale empfangen und registriert werden."

Alle anderen Ausführungen dieser Arbeit gelten dem Empfang!

Zur Erhöhung des Frequenzinhaltes wird oft der Schußanregung der Vorzug gegeben, da bei ihr ein sehr kurzer Impuls mit ausreichender Energie erzeugt werden kann, der die seismisch interessierenden Frequenzen enthält. So beschreibt Fowler 1977 Ergebnisse von Vergleichsmessungen zwischen Sparkerquelle und Sprengschnurdetonation, bei denen die Schußanregung die höheren Frequenzen ergab.

Als wesentlichster Parameter zur Variation der Anregungsbedingungen wird dabei stets die Ladungsmenge angesehen. Ziolkowski und Lerwill (1979) betonen, daß diese praktisch die einzige Möglichkeit darstellt, Einfluß auf die Signallänge zu nehmen.

Weshalb Ladungstiefe

Als optimale Ladungstiefe wird, von speziellen Arbeiten zur Gruppierung sehr flacher Schußbohrungen abgesehen, gewöhnlich 1/4 der vorherrschenden Wellenlänge λ unterhalb der Langsamschicht gewählt. Dieses $\lambda/4$-Kriterium zur konstruktiven Ghost-Interferenz wird vielfach so verallgemeinert, daß gar nicht mehr geprüft wird, ob Ghost-Wellen überhaupt merklich auftreten.

Ein weiterer Aspekt kommt hinzu. Bei nahseismischen Arbeiten ergeben sich meist aus dem Kostenproblem beträchtliche Aufwandsbeschränkungen. Dabei ist auch die Ladungstiefe von Interesse. Deshalb liegt der Gedanke nahe zu untersuchen, welchen Einfluß die Ladungstiefe auf das Frequenzspektrum der interessierenden Wellen ausübt und ob ein solcher Einfluß lohnt, näher untersucht zu werden. Hinweise dazu können bei Galfi und Stegena (1960) entnommen werden. Mit aus heutiger Sicht unzureichenden Analysemöglichkeiten fanden sie an zwei Versuchsstellen eine lineare Abnahme der Vorzugsfrequenz f_0 reflektierter Wellen mit zunehmender Ladungstiefe H_Q:

$$f_0 \approx a - b \cdot H_Q \text{ mit } b = 2\,\text{Hz/m}.$$

Obwohl diese Ergebnisse nicht verallgemeinert werden konnten und später keine weiteren Untersuchungen bekannt wurden, erschien ein Versuch sinnvoll. Eine Bestärkung erfuhren diese Überlegungen durch die Arbeiten von Černjavskij u. a. (1975), die bei der Untersuchung der Anregungsbedingungen im Zentralteil der Moskauer Syneklise zumindest qualitativ bei geringen Ladungstiefen höhere Frequenzanteile erkannten.

Versuchsergebnisse

Abb. 1 zeigt zunächst das Ergebnis eines ersten Tests. Dabei wurden die wesentlich erscheinenden Feldparameter Ladungsmenge, Ladungstiefe und Bündelbasis beachtet. Da der Einfluß der Ladungsmenge auf die Frequenz der angeregten Wellen in seiner Tendenz bekannt ist, erfolgte anfangs die Bestimmung der noch zulässigen Mindestladung (0,17 kg). Ebenfalls qualitativ bekannt war die Tiefpaßfilterwirkung der Geophonbündelung. Für einen ersten Test erschien eine plausible Reduzierung der Bündelbasis von 20 m auf 3 m ausreichend. Schließlich ergaben technologische Erwägungen, daß 5 m eine sehr zweckmäßige Ladungstiefe darstellen, da sie ohne Gestängewechsel abgebohrt werden konnten. In Abb. 1 ist deutlich zu erkennen, daß eine Verringerung

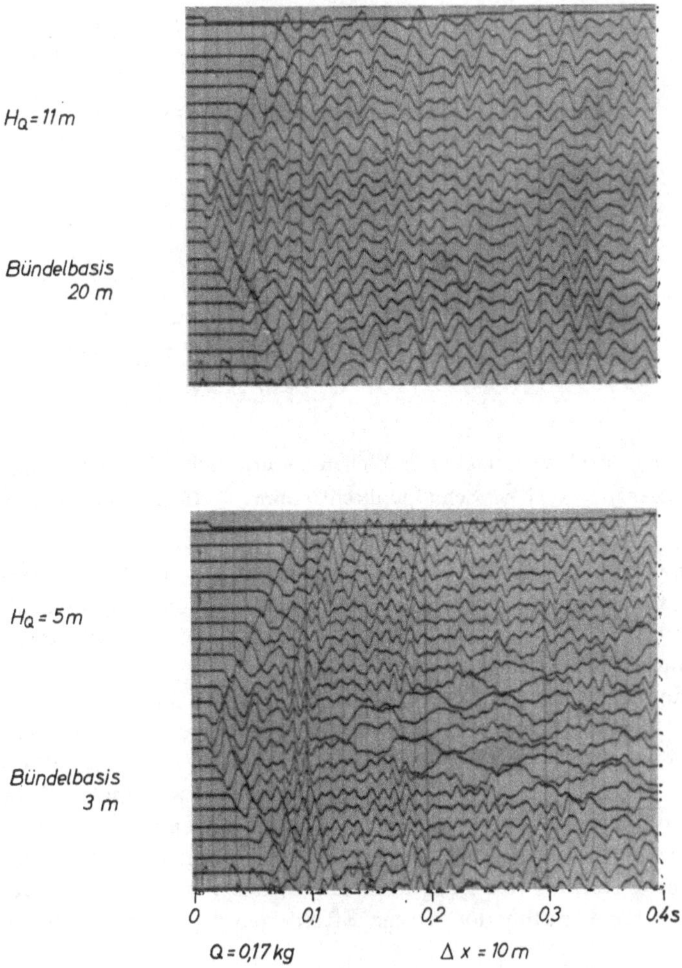

Abb. 1. Seismogrammvergleich mit konventionellen (oben) und modifizierten Meßparametern (unten)

H_Q = Ladungstiefe, Q = Ladungsmenge, Δx = Geophongruppenabstand, T_1 = Tertiärbasis

der Ladungstiefe im Laufzeitbereich bis etwa 0,3 s zu kürzeren Signalen mit höherer vertikaler Auflösung führt, wenn gleichzeitig die Filterwirkung der Geophonbündelung entsprechend reduziert wird. Dabei muß meist das Auftreten stärkerer Oberflächenwellen in Kauf genommen werden, die jedoch durch geeignete Wahl des Beobachtungssystems eleminiert werden können.

Zur weiteren Klärung der deutlichen Signalunterschiede erfolgten daraufhin Meßreihen mit systematischer Veränderung der Ladungstiefe, wobei die Empfangsparameter unverändert blieben. Abb. 2 enthält die Aufzeichnung einer Empfangsspur. Zwischen 0,16 und 0,28 s ist recht gut die Reduzierung der vorherrschenden Schwingungsdauer und damit verbunden eine höhere Detailliertheit in der Wellenaufzeichnung mit abnehmender Ladungstiefe zu erkennen. Daß diese Unterschiede ab 0,28 s visuell kaum

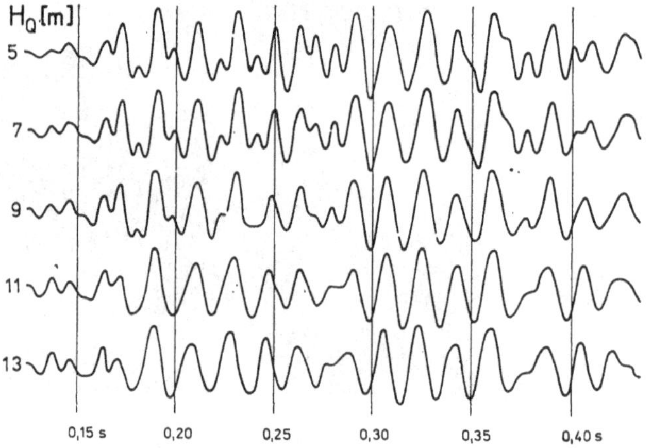

Abb. 2. Signalstruktur reflektierter Wellen bei unterschiedlicher Ladungstiefe H_Q
Ladungsmenge = 0,17 kg, Schußpunktentfernung = 165 m, Bündelbasis = 3 m

noch erkennbar sind, könnte durch die Schichtenfolge im Tertiär (Wechsellagerung dünner Schichten, besonders in den Flözbereichen) bedingt sein, die in Analogie zu den Untersuchungen von Rüter und Schepers (1978) als Tiefpaßfilter für die durchlaufenen Signale wirken kann.

Der Effekt der Signalkomprimierung kann im Amplitudenspektrum deutlich demonstriert werden (Abb. 3). Während bei $H_Q = 13$ m das Frequenzband weniger als 20 Hz umfaßt, verbreitert es sich bei abnehmender Ladungstiefe nach den höheren Frequenzen zu und erreicht bei $H_Q = 5$ m etwa 35 Hz. Gleichzeitig werden die Nebenmaxima bei 35 Hz und bei 100 Hz merklich angehoben. In der Flächendarstellung des Amplitudenspektrums als Funktion der Ladungstiefe (Abb. 4) kommt deutlich zum Ausdruck, daß die stärkste Verbreiterung des Frequenzbandes erst bei sehr geringen Ladungstiefen einsetzt, ein Umstand, durch den dieser Effekt gerade für die Nahseismik besonders interessant wird.

Erste Anwendungen

Abb. 5 zeigt ein Meßbeispiel der reflexionsseismischen Braunkohlenerkundung mit P-Wellen am Rande einer pleistozänen Auswaschung. Die Tertiärbasis T_1 sowie ein tiefliegendes Braunkohlenflöz werden gut abgebildet. Beide Reflexionshorizonte weisen

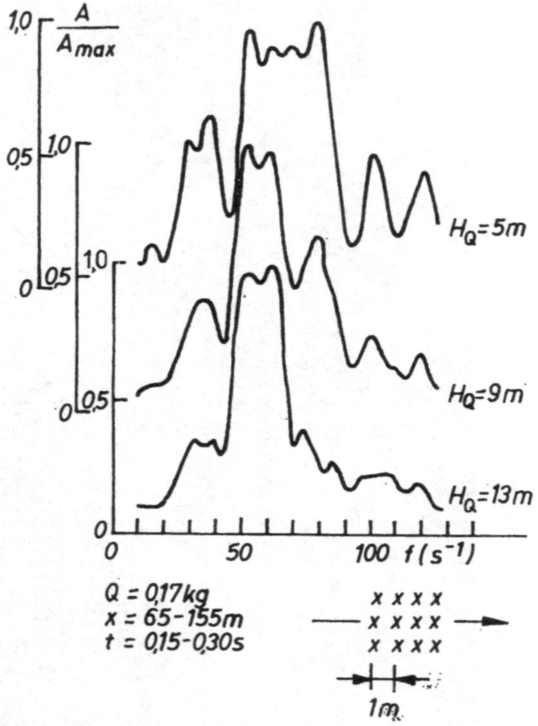

Abb. 3. Amplitudenspektrum reflektierter Wellen für drei Ladungstiefen H_Q

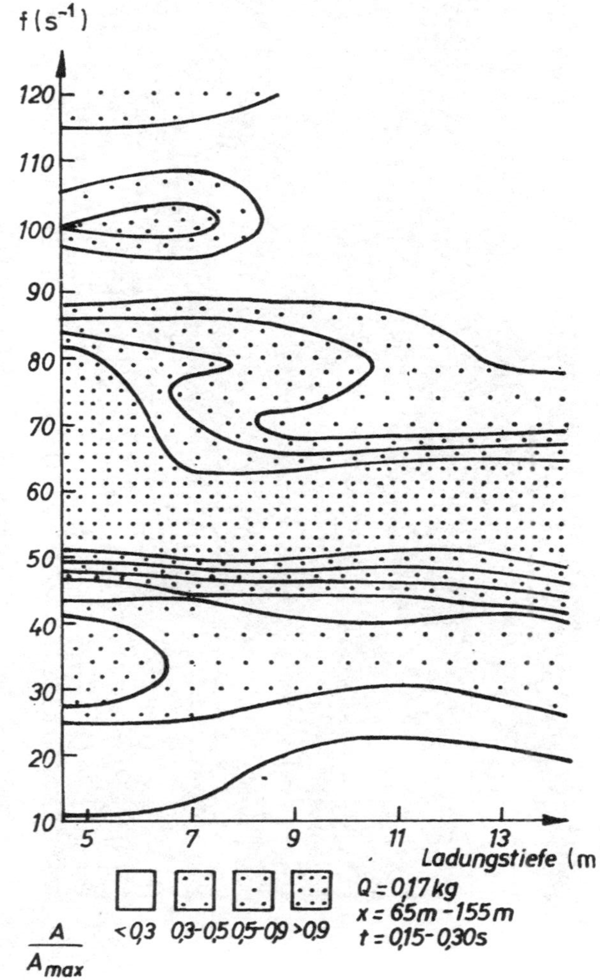

Abb. 4. Spektrale Amplitudenverteilung A/A_{max} in der Ladungstiefen-Frequenz-Ebene

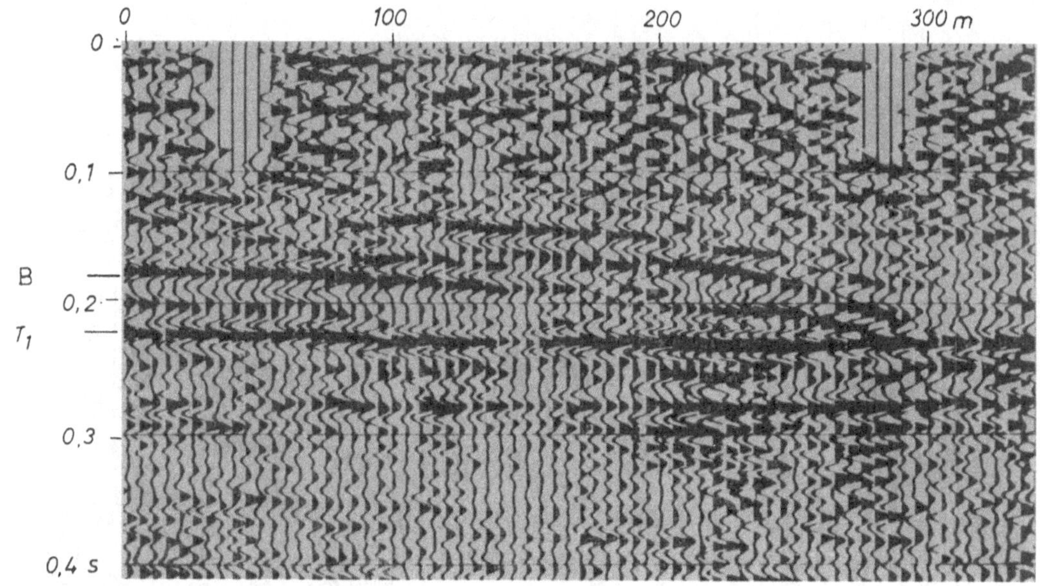

Abb. 5. Meßbeispiel mit konventionellen Meßparametern
Ladungstiefe = 11–14 m, Bündelbasis = 20 m

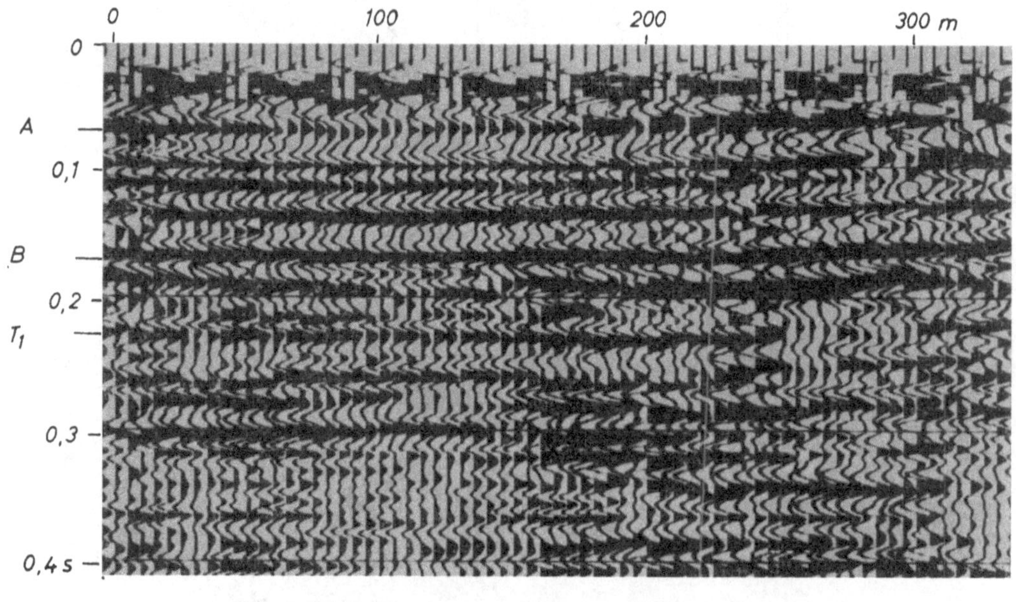

Abb. 6. Meßbeispiel mit modifizierten Meßparametern
Ladungstiefe = 5 m, Bündelbasis = 3 m, Offset = 60 m

auf allen Profilen des Untersuchungsgebietes eine widerspruchsfreie Korrelation auf. Im oberen Profilteil dagegen sind korrelierbare Wellen erst ab 0,14 s Laufzeit erkennbar und bilden damit das Deckgebirge nur ungenügend ab.

Ein Meßbeispiel mit an die Naherkundung besser angepaßten Meßparametern zeigt Abb. 6. Wiederum wird die Tertiärbasis T_1 gut, das tiefliegende Braunkohlenflöz sogar ausgezeichnet abgebildet. Zusätzlich treten jetzt mehrere Horizonte im Hangenden auf, die die Lagerung des Deckgebirges besser wiedergeben und teilweise sogar ein weiteres Flöz in etwa 70 m Tiefe abbilden. Mit diesem ersten Profil konnte der Beweis erbracht werden, daß mit veränderten Meßparametern Aussagen erzielbar sind, die den immer noch hohen Aufwand der Nahseismik rechtfertigen können.

Schlußfolgerungen

Der beobachtete Effekt der Frequenzabnahme mit der Ladungstiefe wurde inzwischen durch eine Arbeit von Szilágyi und Zsellér (1979) bestätigt. Obwohl sie mit weitaus größeren Ladungen arbeiteten (meist 6 kg) und Wellen bei wesentlich längeren Laufzeiten (0,5—2,5 s) sowie nur Frequenzen bis 50 Hz analysierten, fanden sie eine ähnliche Tendenz. Somit erscheint es sinnvoll, diesen Effekt systematisch bei den unterschiedlichsten seismogeologischen Verhältnissen der obersten Schichten unter besonderer Beachtung von Langsamschichtmächtigkeit und -aufbau zu untersuchen, um zu einer Verallgemeinerung gelangen zu können.

Trotz dieser noch ausstehenden Kenntnisse scheint es durchaus möglich und sinnvoll, die hier erprobte Verfahrensvariante bei Erkundungsarbeiten zu nutzen. Sie bietet sich vor allem dort an, wo die erprobten nahseismischen Verfahren mit Transversalwellen oder Vibrationsanregung infolge größerer Tiefen, ungünstiger Oberflächenverhältnisse oder komplizierten Baues der obersten Schichten keine ausreichenden Aussagen ergeben können.

Literatur

Černjavskij, V. E.; Šechtman, G. A.; Kolenkov, E. V.: Primenenie verchnečastotnoj selekcii dlja ulučšenija proslezivanija doevonskich otraženij v central'nych rajonach Moskovskoj sineklisy. Neftegazovaja geol. i geofiz. (1975) 10, S. 25—29.

Farr, J. B.: Very high resolution seismic profiling. Vortrag 38. EAEG-Tagung (1976), Preprint.

Fowler, J. C.: An ultra high frequency seismic system. Vortrag 47. SEG-Tagung (1977), Preprint.

Gálfi, J.; Stegena, L.: On the development of the seismic wave. Ann. Univ. Sci. Budapest, Sect. Geol. (1960) 4, S. 59—64.

Rüter, H.; Schepers, R.: Investigations of the seismic response of cyclically layered carboniferous rocks by means of synthetic seismograms. Geophys. Prospect. **26** (1978) 1, S. 29—47.

Szilgyi, L.; Zsellér, P.: Szeizmikus módszertani kisérletek az optimális töltetsúly és robbantási mélység meghatározásához. Magyar Geofiz. **20** (1979) 4, S. 132—141.

Ziolkowski, A.; Lerwill, W. E.: A simple approach to high resolution seismic profiling for coal. Geophys. Prospect. **27** (1979) 2, S. 360—393.

Geophys. u. Geol. Geophys. Veröff. d. KMU Leipzig Bd. III H. 1 S. 109–124 Berlin 1983

Vergleichende Berechnungen seismischer Modelle

E. Apitz[1]

Zusammenfassung: Die Meßdaten tiefenseismischer Untersuchungen können auf verschiedenen Wegen analysiert und ausgewertet werden. Dabei ist in den letzten Jahren die Invertierung des registrierten Wellenfeldes in eine Geschwindigkeits-Tiefen-Funktion in zunehmendem Maße durch die Lösung der direkten seismischen Aufgabe angestrebt worden, d. h. Berechnung des theoretischen Wellenfeldes unter Vorgabe eines seismogeologischen Modells und Vergleich desselben mit den gemessenen Daten.

Für die direkte seismische Aufgabe ist eine Vielzahl von Algorithmen denkbar wie z. B. die Lösung über die Strahlenoptik (DISA), über die Wellengleichung oder die verallgemeinerte Strahlentheorie, welche eine Zwischenstellung zwischen den beiden erstgenannten einnimmt. Frühere Arbeiten haben gezeigt, daß keine dieser Methoden als universell für alle Aufgabenstellungen einsetzbar gelten kann.

Es soll im vorliegenden Beitrag anhand zweier Modelle ein Vergleich zwischen der strahlengeometrischen Lösung und der verallgemeinerten Strahlentheorie vorgenommen werden. Anhand der theoretischen Seismogrammontagen wird untersucht, ob signifikante Unterschiede auftreten bzw. inwieweit man über beide Näherungsverfahren zu gleichen Ergebnissen kommt.

1. Seismogeologische Modelle

Die betrachteten Geschwindigkeitsfunktionen sowie die Ergebnisse der Modellierungen, die die Grundlage für die Vergleichsrechnung bilden, sind der Literatur entnommen [2]. Zuerst wird ein Krustenmodell C1, bestehend aus fünf planparallelen Schichten mit jeweils konstanter Schichtgeschwindigkeit, untersucht. Die Grenzflächen werden durch Diskontinuitäten 1. Ordnung, d. h. durch Geschwindigkeitssprünge dargestellt (siehe Abb. 1). Das zweite hier verwendete Modell C2 (Abb. 5a) setzt sich zusammen aus der oberen Erdkruste, die durch eine 16 km mächtige Schicht konstanter Geschwindigkeit gegeben wird, und dem Bereich der unteren Kruste, welcher durch eine lineare Geschwindigkeitszunahme mit der Tiefe zu charakterisieren ist. Die Beziehung zwischen Geschwindigkeit v und Eindringtiefe Δz in diese zweite Schicht ist gegeben durch

$$v = v_0 + \operatorname{grad} v \cdot \Delta z, \tag{1}$$

wobei v_0 = Anfangsgeschwindigkeit, $\operatorname{grad} v$ = konstanter Geschwindigkeitsgradient bedeuten.

[1] Anschrift der Verfasserin:
Dr. rer. nat. E. Apitz, Karl-Marx-Universität Leipzig, Sektion Physik, Wissenschaftsbereich Geophysik, DDR-7010 Leipzig, Talstr. 35.

Während bei den hier durchgeführten Modellierungen diese „Gradientschicht" wirklich als solche modelliert wurde, ist in der Literatur [2] eine Annäherung derselben durch eine Reihe dünner homogener Schichten vorgenommen worden (siehe dazu Abb. 5b).

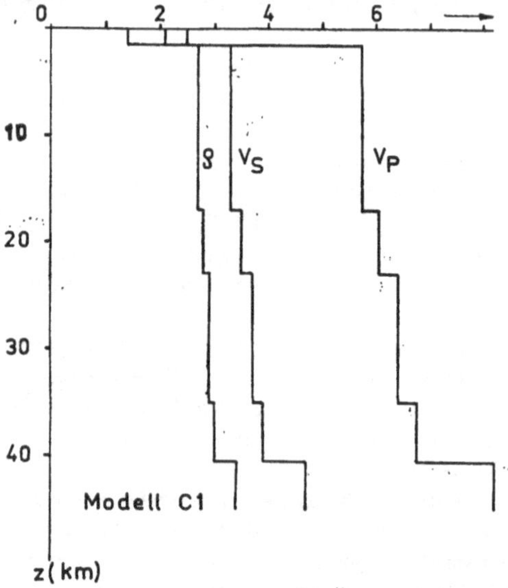

Abb. 1. Parameter für Modell C1 (bei ebener Schichtung)

2. *Programmkomplex DISA*

Der vorliegende Programmkomplex basiert auf der strahlenoptischen Näherung zur Berechnung der Ausbreitung seismischer Energie im Untergrund. Nach dem Fermatschen Prinzip und dem Brechungsgesetz von Snellius wird die Ausbreitung der „Wellenstrahlen" berechnet. Dies ist gleichbedeutend mit einer wellentheoretischen Betrachtungsweise für unendlich kleine Wellenlängen.

Vorteil des vorliegenden Algorithmus ist die exakte kinematische Aussage über Brechung, Reflexion und Strahlenkrümmung bis hin zur Tauchwellenberechnung, d. h. Modellierung von Refraktionswellen in Gradientschichten (grad v = const). Es können jedoch keine Eigenschaften, die sich aus der Wellentheorie ergeben, wie Beugung, Dispersion u. ä. berücksichtigt werden.

Auch ist bei einer solchen Betrachtungsweise die Bestimmung der dynamischen Größen, die im Aplitudenkoeffizienten zusammengefaßt werden, nicht direkt enthalten, sondern es werden ausgehend von der Kinematik, d. h. bei Kenntnis des Laufweges die Amplitudenkoeffizienten wie folgt berechnet:

$$\text{AMPK} = \text{ABS} \cdot \text{DIV} \cdot \text{TK} \cdot \text{RK}; \tag{2}$$

wobei AMPK = Amplitudenkoeffizient, ABS = Absorptionskoeffizient, DIV = sphärische Divergenz, TK = Transmissionseinfluß, RK = Reflexionskoeffizient bedeuten. Auf Einzelheiten soll hier nicht eingegangen werden (siehe dazu [4]).

Die Ergebnisse werden in Form von Laufzeitkurven (LZK) und Amplitudenentfernungskurven zusammengefaßt. Nach einer Interpolation auf äquidistante Spurabstände ist es möglich, die Impulsseismogramme auszugeben oder durch Faltung mit einem Signal zu synthetischen Seismogrammontagen zu kommen. Da die Berechnung der dynamischen Parameter nur für Tauchwellen und Reflexionswellen erfolgt, können Kopfwelleneinsätze in den Seismogrammspuren nicht berücksichtigt werden.

Anhand vorliegender synthetischer Seismogrammontagen kann ein Vergleich der strahlengeometrischen Lösung mit den Ergebnissen der verallgemeinerten Strahlentheorie erfolgen.

3. *Modellrechnungen und Ergebnisse*

3.1. *Einfaches Krustenmodell C1*

Für das Krustenmodell C1 (siehe Abb. 1) wurden die LZK, die Amplitudenentfernungskurven und die theoretischen Seismogramme berechnet und grafisch dargestellt. In den folgenden Abbildungen erfolgt eine Gegenüberstellung der hier mittels Strahlenoptik erhaltenen Ergebnisse und der über die verallgemeinerte Strahlentheorie berechneten Daten.

Der bisher bei tiefenseismischen Untersuchungen am häufigsten ausgewertete Parameter ist die Laufzeit. Abb. 2 enthält die theoretischen LZK für das Modell C1. Während in Abb. 2a die LZK berechnet über die Strahlengeometrie dargestellt sind, enthält Abb. 2b die LZK berechnet nach [2] über die verallgemeinerte Strahlentheorie. Gewählt wurde die reduzierte Darstellung, wobei mit einer Reduktionsgeschwindigkeit von 5,6 km/s gearbeitet wurde.

Die durchgezogenen Kurven sind die Laufzeitäste für die Reflexionswellen (Rx), und die gestrichelten Linien geben die Einsatzzeiten der Refraktionswellen (Ra) wieder.

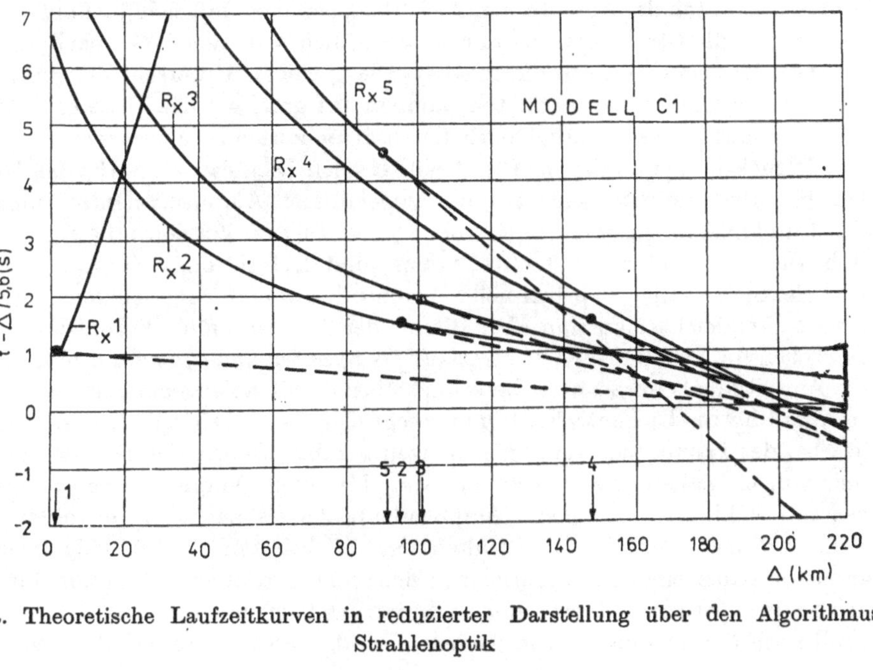

Abb. 2a. Theoretische Laufzeitkurven in reduzierter Darstellung über den Algorithmus der Strahlenoptik

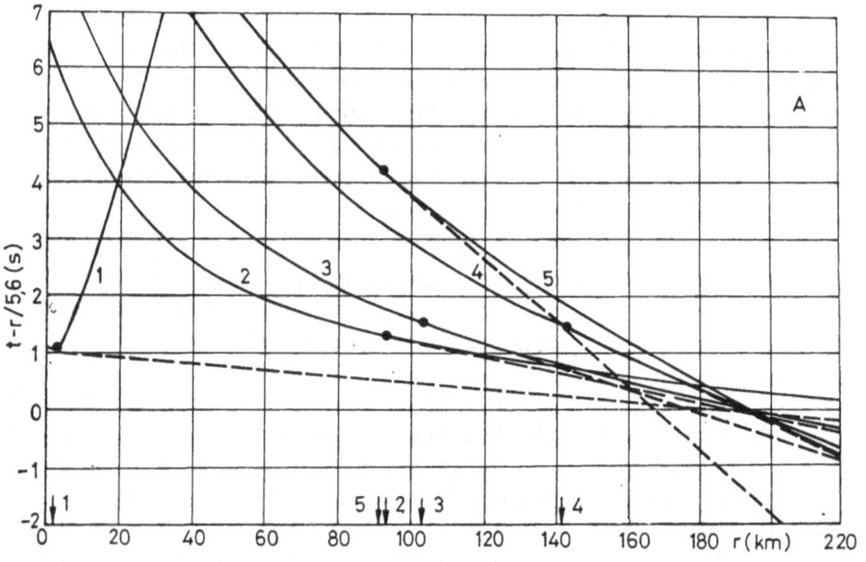

Abb. 2b. Theoretische Laufzeitkurven in reduzierter Darstellung, ermittelt über die verallgemeinerte Strahlentheorie

Die Reflexionshorizonte wurden von oben nach unten numeriert (Rx_i, $i = 1-5$). Diese Symbole sind in Abb. 2a verwendet worden, um die einzelnen Laufzeitäste identifizieren zu können. Durch Pfeile wurden die entsprechenden kritischen Entfernungen markiert, wo es zur Ablösung der Kopfwelle von der reflektierten Welle kommt.

Bei einem Vergleich der Abb. 2a und 2b ist festzustellen, daß sich die Laufzeitkurven, berechnet über die Strahlenoptik, nur unwesentlich von den LZK nach der verallgemeinerten Strahlentheorie unterscheiden. Die geringen Unterschiede, die bezüglich der kritischen Entfernungen auftreten, können auf ganz geringe Unterschiede in den jeweils verwendeten Geschwindigkeitstiefenansätzen zurückzuführen sein.

Unter Berücksichtigung des in Abb. 1 enthaltenen Dichteansatzes für das Modell C1 wurden für alle Reflexionseinsätze die zugehörigen Amplitudenentfernungskurven berechnet und in Abb. 3a dargestellt. Abb. 3b enthält zum Vergleich die Ergebnisse aus [2], d. h. die Amplituden für die Reflexions- und Refraktionswelle von der MOHO. Es wird deutlich, daß der prinzipielle Amplitudenverlauf nach beiden Algorithmen ähnlich ist. Vergleicht man nun aber die an der Mohorovičić-Diskontinuität reflektierten Wellen (in Abb. 3a — Kurvenverlauf Rx 5) miteinander, so kann man erkennen, daß die Amplitudenkoeffizienten, berechnet über die Strahlengeometrie, einen weniger steilen Abfall für die Epizentralentfernungen größer als die kritische Entfernung haben, als dies bei der Lösung der verallgemeinerten Strahlentheorie der Fall ist. Praktische Untersuchungen haben jedoch ergeben, daß für einen Vergleich von theoretischen Kurven mit Felddaten sich steile Amplitudenpeaks als nachteilig erweisen, weil sie nicht das wirkliche Amplitudenverhalten der reflektierten Wellen widerspiegeln [7]. Inwieweit nun aber einer der Algorithmen den Vorzug verdient, kann nur durch einen Vergleich mit experimentell gewonnenen Daten ermittelt werden.

Es soll noch darauf hingewiesen werden, daß die etwas andere Ordinateneinteilung

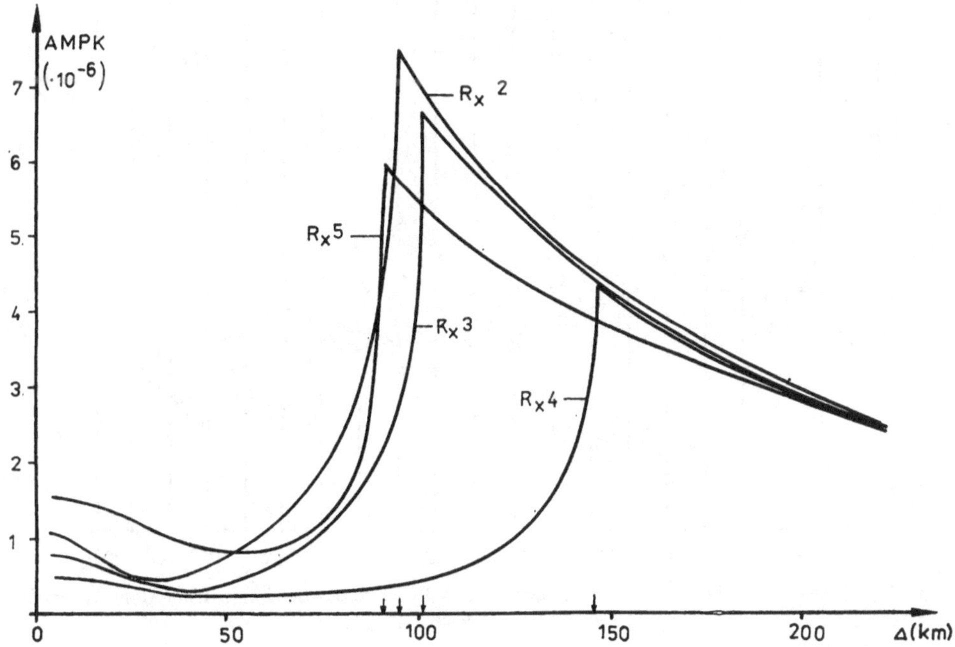

Abb. 3a. Amplitudenentfernungskurven für alle Reflexionseinsätze über die Strahlengeometrie

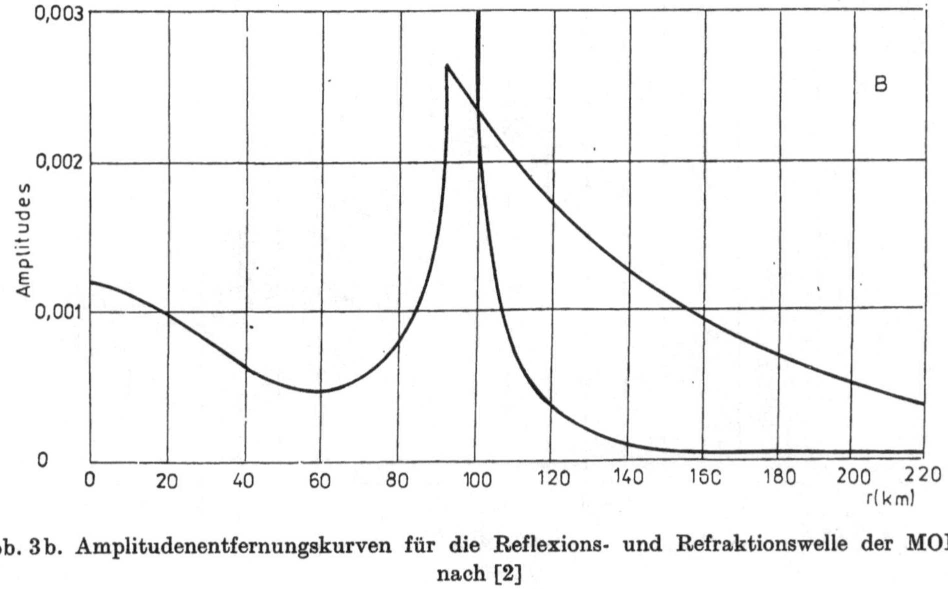

Abb. 3b. Amplitudenentfernungskurven für die Reflexions- und Refraktionswelle der MOHO nach [2]

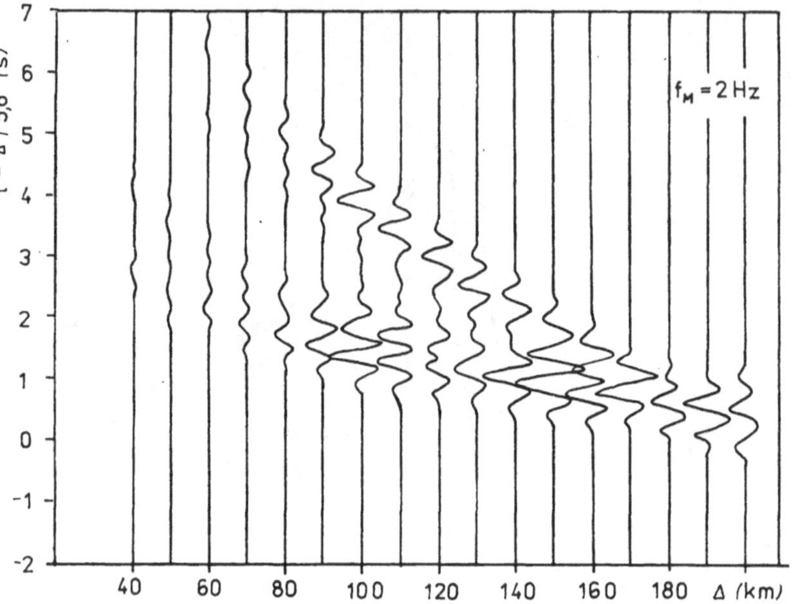

Abb. 4a/1. Theoretische Seismogrammontagen für alle Primärreflexionen über den Algorithmus der Strahlenoptik ($f_M = 2$ Hz)

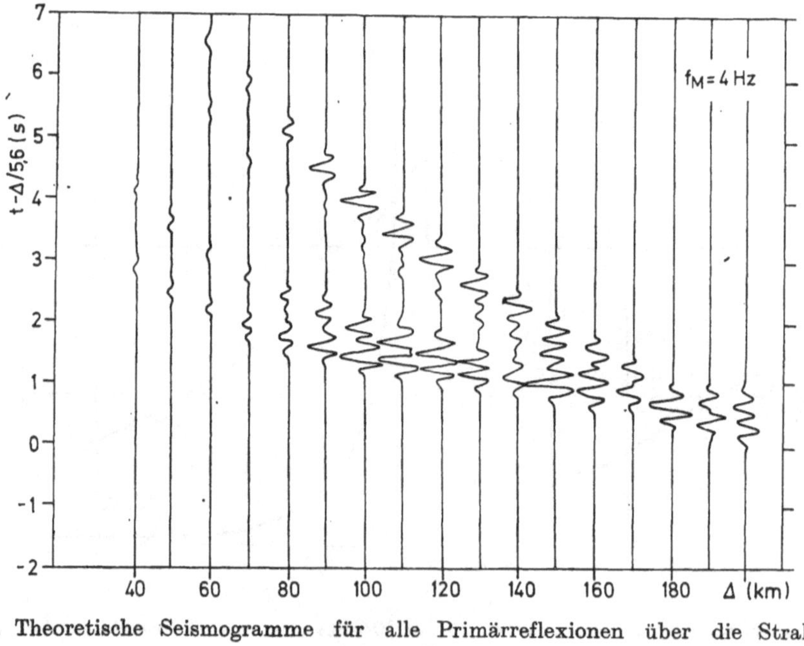

Abb. 4a/2. Theoretische Seismogramme für alle Primärreflexionen über die Strahlenoptik ($f_M = 4$ Hz)

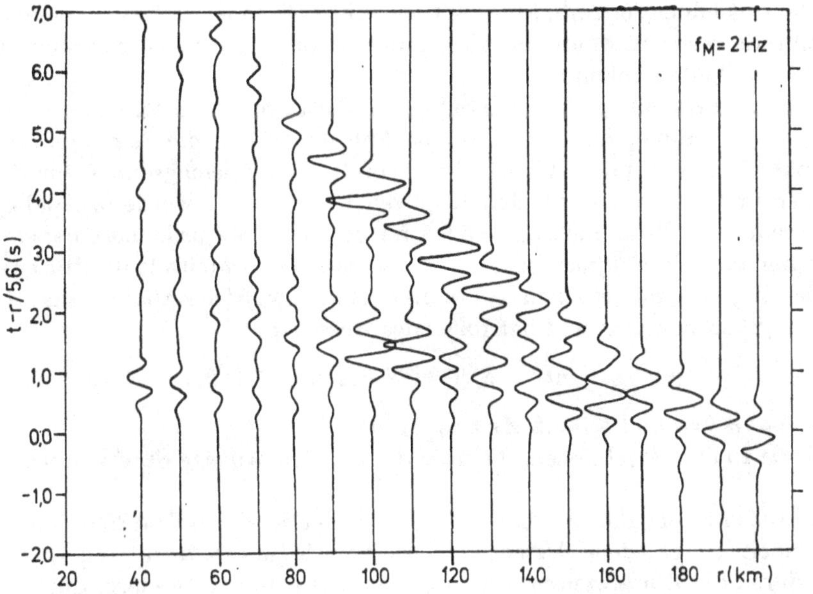

Abb. 4b/1. Theoretische Seismogrammontagen für die Primärreflexionen und die entsprechenden Refraktionswellen über die verallgemeinerte Strahlentheorie ($f_M = 2$ Hz)

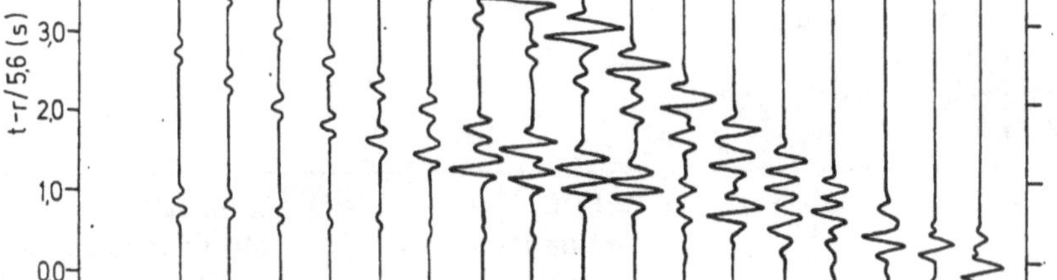

Abb. 4b/2. Theoretische Seismogramme für die Primärreflexionen und die entsprechenden Refraktionswellen nach [2] ($f_M = 4$ Hz)

in Abb. 3a gegenüber der Abb. 3b damit zu rechtfertigen ist, daß es bei einem Vergleich der Amplitudenwerte nicht auf die Absolutwerte, sondern auf das entfernungsabhängige Amplitudenverhalten ankommt.

Eine Gegenüberstellung der Ergebnisse in Form von theoretischen Seismogrammmontagen ist in Abb. 4 zusammengestellt. Abb. 4a enthält die Seismogramme nur für die Primärreflexionen und Abb. 4b die theoretischen Seismogramme für die Primärreflexionen und die entsprechenden Kopfwellen. Auch hier wurde in Analogie zu den LZK die reduzierte Form mit $v_{\text{red}} = 5{,}6$ km/s gewählt. Es wurde mit einer einheitlichen Normierung für alle Gruppen gearbeitet, so daß die Amplitudenkoeffizienten in der Größe der Impulse, mit welchen das Signal gefaltet wurde, enthalten sind. Das Signal wurde aus [2] entnommen und hat folgendes Aussehen:

$$f(t) = e^{-(2\pi f_M/\gamma^2)t^2} \cos(2\pi f_M t + \vartheta), \tag{3}$$

wobei $\gamma = 4$, $\vartheta = 0$ und $f_M = 2$ Hz bzw. $f_M = 4$ Hz
(in Analogie zu den Ergebnissen, die über die verallgemeinerte Strahlentheorie erhalten wurden).

Die Abweichungen, die bei einem Vergleich der theoretischen Seismogramme auffallen, haben verschiedene Ursachen. Das Schwingungsbild entlang einer Spur ist geprägt durch die Einsatzzeiten, durch die Amplituden der Impulse, durch das Signal

Tabelle 1. Zusammenstellung der Abbildungen für das einfache Krustenmodell C1

	Ergebnisse über den Algorithmus der Strahlenoptik	Ergebnisse nach [2] ermittelt über die verallgemeinerte Strahlentheorie
Parameter für Modell C1 (bei ebener Schichtung) ϱ = Dichte v_s = Transversalwellengeschwindigkeit v_p = Geschwindigkeit für Longitudinalwellen	Abb. 1	Abb. 1
Theoretische Laufzeitkurven in reduzierter Darstellung (Reduktionsgeschwindigkeit $v_{\text{red}} = 5{,}6$ km/s)	Abb. 2a	Abb. 2b
Amplitudenentfernungskurven	Abb. 3a für alle Reflexionseinsätze	Abb. 3b für die Reflexions- und Refraktionswelle der MOHO
Theoretische Seismogrammontagen	Abb. 4a für alle Primärreflexionen	Abb. 4b für die Primärreflexionen und die entsprechenden Refraktionswellen

und aus diesen Größen resultierend durch Interferenzerscheinungen von Wellen, die von verschiedenen Grenzen reflektiert bzw. bei Abb. 4b auch refraktiert wurden. Treten für alle Einflußfaktoren geringe Unterschiede auf, so kann dies zu einer sichtbaren Änderung des Wellenbildes führen. Es wird hieraus deutlich, daß es sich als günstiger erweist, einen Vergleich der Algorithmen über die Auswertung der einzelnen Parameter, wie es in den Abb. 2 und 3 erfolgt ist, vorzunehmen als über die theoretischen Seismogramme. Gleiches gilt auch für eine Gegenüberstellung von theoretischen und Felddaten bei tiefenseismischen Untersuchungen.

3.2. *Theoretisches Krustenmodell C2*

Mit Hilfe des vorliegenden DISA-Programmkomplexes ist es möglich, die Strahlenwegdiagramme zu berechnen und damit eine Vorstellung über den Wellenweg im Untergrund zu erhalten. Dies ist besonders bei einem komplizierten Strukturbau interessant. Zur Vervollständigung der Ergebnisse und zur Demonstration der Möglichkeiten

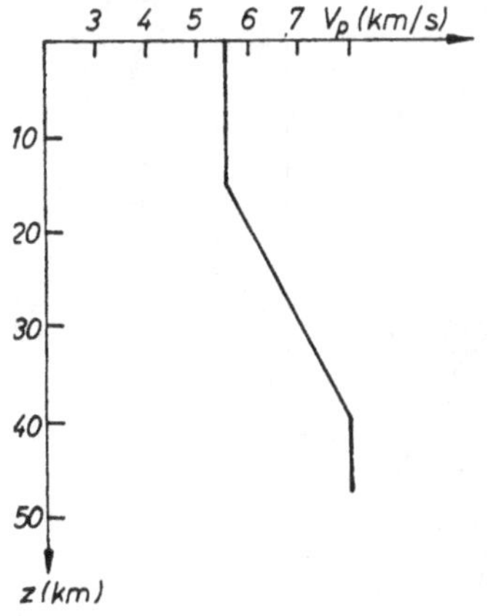

Abb. 5a. Transversalwellengeschwindigkeiten für Modell C2 (bei ebener Schichtung) — Ausgangspunkt für Strahlenoptik

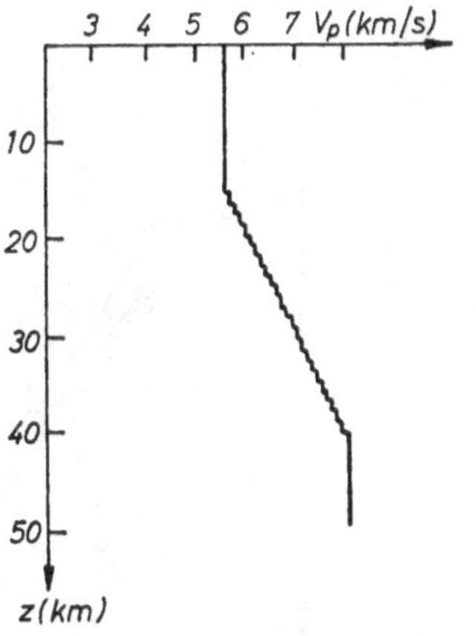

Abb. 5b. Transversalwellengeschwindigkeiten für Modell C2 (ebene Schichtung) — Modell für Rechnungen über verallgemeinerte Strahlentheorie

des DISA-Komplexes wurden in Abb. 6 ausgewählte Strahlenwege für das Modell C2 dargestellt. Ausgewählt wurden die Tauchwellen, die in die untere Schicht eintauchen und die infolge einer stetigen Brechung an der Erdoberfläche registriert werden, noch bevor sie den unteren Reflektor erreicht haben. Auch hier sind in Abb. 6b zum Vergleich die Ergebnisse der verallgemeinerten Strahlentheorie von Červený u. a. dargestellt.

Es wird jeweils deutlich, daß die LZK für die aufgezeigten Strahlenwege zwei Äste haben muß. Betrachtet man die Entfernung Registrierpunkt — Quellpunkt (Δ) in Abhängigkeit vom Inzidenzwinkel, so ist festzustellen, daß nach anfänglicher Abnahme der Epizentralentfernung bei kleiner werdendem Inzidenzwinkel für $\Delta = 120$ km die Tendenz sich umkehrt und es zu einer Entfernungszunahme bei weiterer Verringerung des Inzidenzwinkels kommt. Es entsteht eine Kaustik.

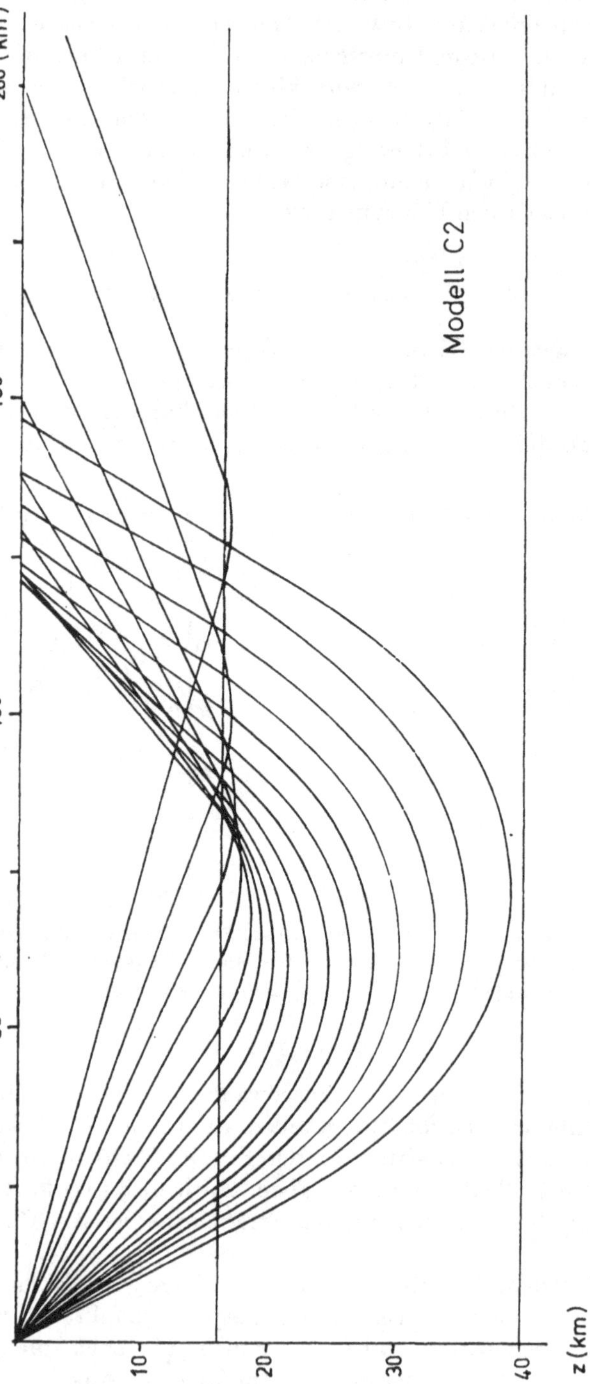

Abb. 6a. Strahlenwegdiagramme für Refraktionswellen aus der unteren Kruste (Tauchwellen) über strahlenoptische Lösung

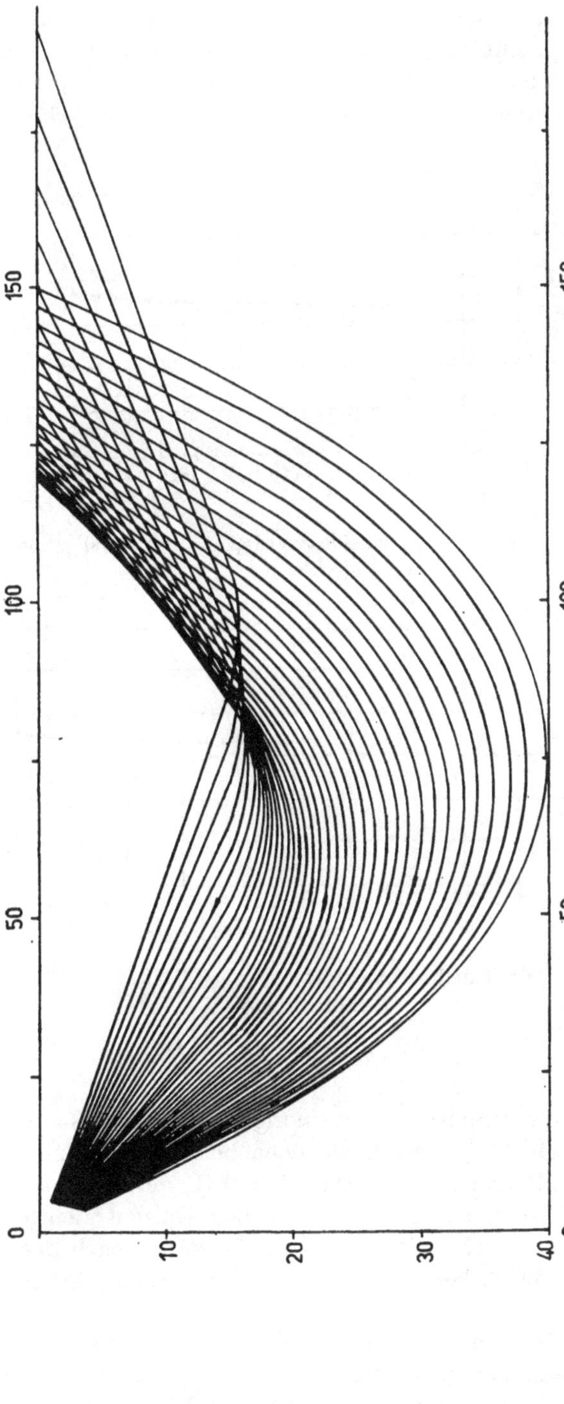

Abb. 6b. Strahlenwegdiagramme für Refraktionswellen aus der unteren Kruste nach der verallgemeinerten Strahlentheorie

Abb. 7 enthält die zugehörigen Laufzeitäste für die Tauchwellen. Auch hier erfolgt wieder eine Gegenüberstellung der Ergebnisse, die über den Algorithmus der Strahlenoptik erhalten wurden, mit denen nach der verallgemeinerten Strahlentheorie. Bei einem Vergleich beider Kurvenbilder miteinander wird deutlich, daß die beiden angewandten Lösungsverfahren bezüglich der kinematischen Größen hinreichend genau übereinstimmen.

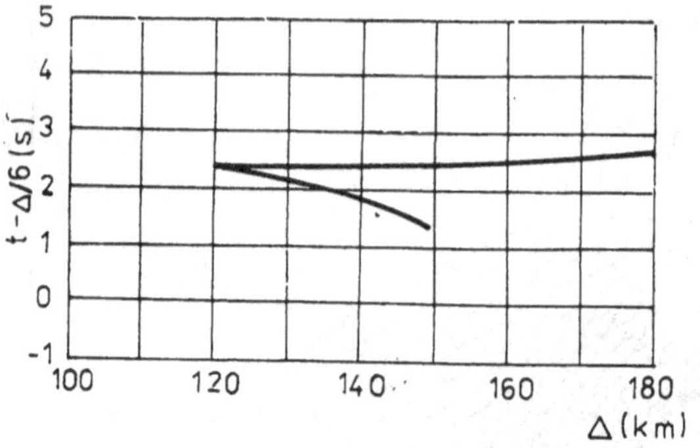

Abb. 7a. Laufzeitkurven für Tauchwelleneinsätze ($v_{\mathrm{red}} = 6{,}0$ km/s) nach der Strahlenoptik

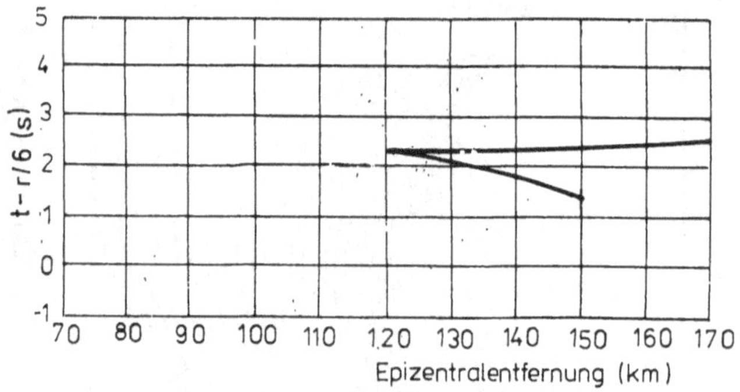

Abb. 7b. Laufzeitkurven für Tauchwelleneinsätze ($v_{\mathrm{red}} = 6{,}0$ km/s) über die verallgemeinerte Strahlentheorie

Vergleicht man nun die Amplitudenentfernungskurven (Abb. 8a und 8b) miteinander, so ist festzustellen, daß die Unterschiede doch beträchtlicher sind, als dies bei den Amplituden der Reflexionseinsätze für das Modell C1 der Fall war. Es gilt aber auch hier wieder, daß der Abfall mit größer werdenden Epizentralentfernungen nach der strahlengeometrischen Lösung nicht so stark auftritt wie nach der verallgemeinerten Strahlentheorie. Dies gilt insbesondere für die unmittelbare Umgebung der Kaustik ($\Delta = 120$ km).

Betrachten wir abschließend die synthetischen Seismogramme (Abb. 9). Hier treten im wesentlichen zwei algorithmusbedingte Abweichungen zwischen den Abb. 9a und 9b auf. Während nach der verallgemeinerten Strahlentheorie bereits in den Spuren für Epizentralentfernungen kleiner als 120 km Welleneinsätze sichtbar werden, ist dies

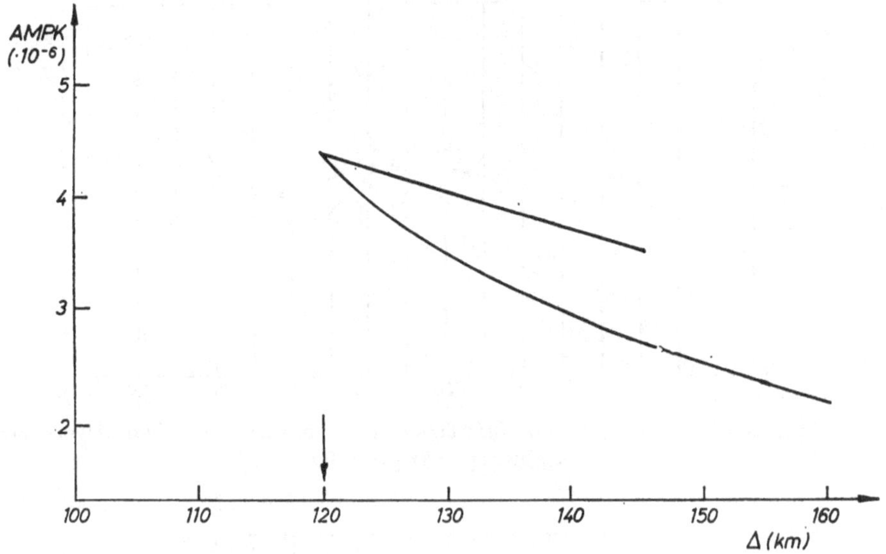

Abb. 8a. Amplitudenentfernungskurven für refraktierte Wellen über eine strahlenoptische Lösungsvariante

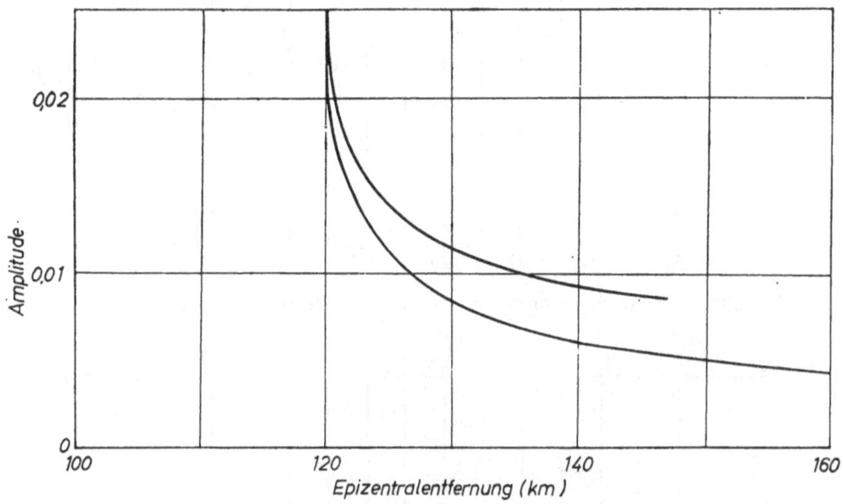

Abb. 8b. Amplitudenentfernungskurven für Refraktionswellen nach [2]

über die Lösung der Strahlengeometrie unverständlich. Gleiches trifft für die Fortsetzung des 1. Laufzeitastes über Entfernungen größer als 150 km zu. Sowohl über die Strahlenoptik als auch über die verallgemeinerte Strahlentheorie sind die Laufzeiten und die Amplitudenwerte dieses Laufzeitastes für $\Delta > 150$ km nicht zu berechnen. Betrachtet man dazu auch die Strahlenwege (Abb. 6), so bleibt unklar, welche Strahlen zu den Welleneinsätzen in den synthetischen Seismogrammen für $\Delta > 150$ km in Abb. 9b führen sollen.

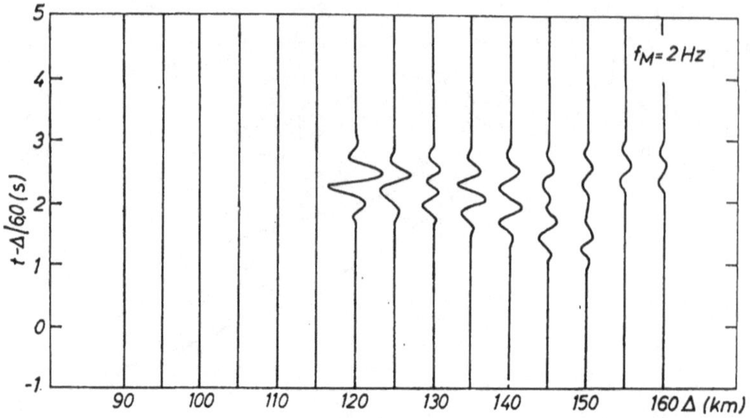

Abb. 9a/1. Theoretische Seismogramme für Tauchwelleneinsätze nach dem Algorithmus der Strahlenoptik ($f_M = 2$ Hz)

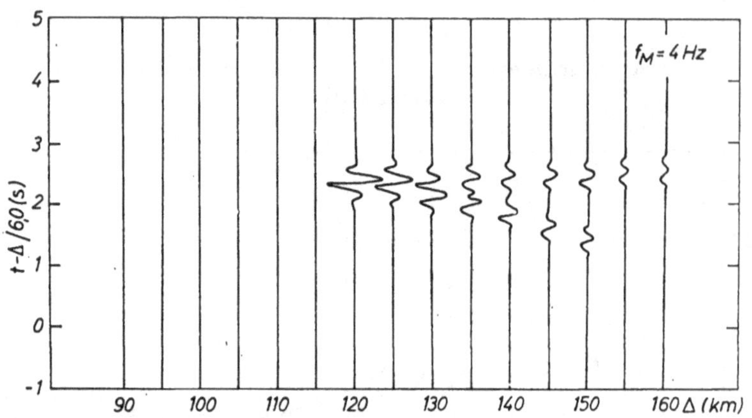

Abb. 9a/2. Theoretische Seismogrammontagen über Strahlenoptik ($f_M = 4$ Hz)

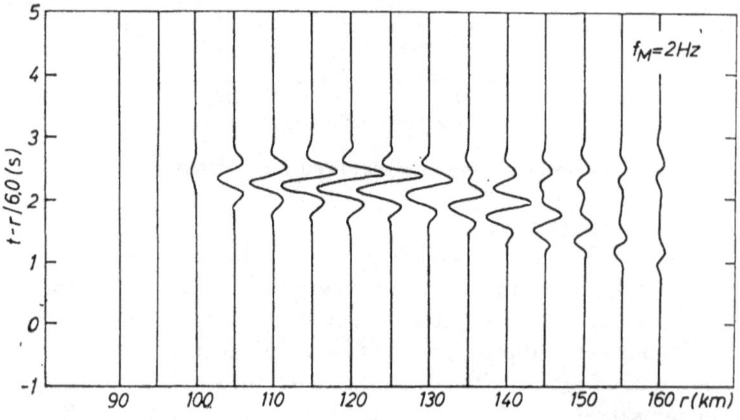

Abb. 9b/1. Theoretische Seismogramme über die verallgemeinerte Strahlentheorie ($f_M = 2$ Hz)

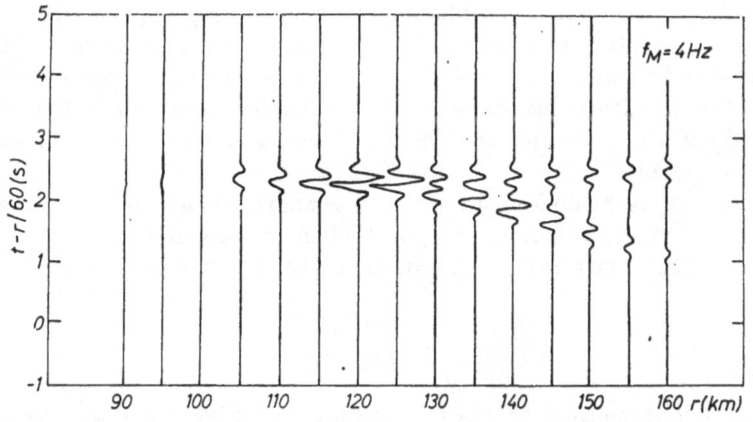

Abb. 9b/2. Theoretische Seismogrammontagen ($f_M = 4$ Hz) nach der verallgemeinerten Strahlentheorie

Tabelle 2. Zusammenstellung der Abbildungen für das theoretische Krustenmodell C2

	Ergebnisse über strahlenoptische Lösungsvariante	Ergebnisse nach [2] über die verallgemeinerte Strahlentheorie
Transversalwellengeschwindigkeiten für Modell C2 (ebene Schichtung)	Abb. 5a Ausgangspunkt für Strahlenoptik	Abb. 5b
Strahlenwegdiagramme für Refraktionswellen aus unterer Kruste (Tauchwellen)	Abb. 6a	Abb. 6b
Laufzeitkurven für Tauchwelleneinsätze ($v_{red} = 6{,}0$ km/s)	Abb. 7a	Abb. 7b
Amplitudenentfernungskurven für refraktierte Wellen	Abb. 8a	Abb. 8b
Theoretische Seismogramme	Abb. 9a/1 Abb. 9a/2	Abb. 9b/1 Abb. 9b/2

4. *Ergebnisse*

Sowohl die verallgemeinerte Strahlentheorie als auch der Algorithmus der Strahlenoptik gestatten die Berechnung der seismischen Wellenausbreitung im Untergrund. Das Endergebnis kann in beiden Fällen die Darstellung synthetischer Seismogramme sein. Bezüglich der kinematischen Größen — Strahlenwegdiagramme und Laufzeitkurven — treten keine algorithmusbedingten Unterschiede in den Ergebnissen auf.

Werden die Amplitudenwerte in Abhängigkeit von der Epizentralentfernung betrachtet, so ist für die verallgemeinerte Strahlentheorie eine stärkere Änderung festzustellen als nach der strahlengeometrischen Lösung. Dies gilt sowohl für den Abfall der Amplitudenwerte für überkritische Reflexionen als auch insbesondere für Tauchwelleneinsätze. Jedoch stimmen die nach beiden Verfahren berechneten Werte bezüglich ihrer Tendenz überein.

Die größten Unterschiede können in den Seismogrammen auftreten. So werden über die verallgemeinerte Strahlentheorie z. T. Welleneinsätze in einzelnen Spuren erfaßt, deren Existenz über eine strahlenoptische Betrachtung nicht erklärbar ist.

5. *Literatur*

[1] Apitz, E., Untersuchungen zur Ausbreitung elastischer Wellen in geschichteten Medien mit zweidimensionalen Geschwindigkeitsverteilungen unter besonderer Berücksichtigung des Aufbaus der Erdkruste im Südteil der DDR. Unveröff. Diplomarbeit, KMU Leipzig, Sektion Physik, 1979.

[2] Červený, V., Molotkov, I. A., Pšenčik, I., Ray method in seismology. Univerzita Karlova Praha 1977.

[3] Fuchs, K., Müller, G., Computation of synthetic seismograms with the reflectivity method and comparison with observations. Geophys. J. **23** (1971), 417—433.

[4] Jacobs, F., Zur Lösung der direkten Aufgabe bei der Ausbreitung seismischer Wellen in inhomogenen Medien unter besonderer Berücksichtigung von erkundungsseismischen Problemstellungen auf dem Gebiet der DDR. Unveröff. Diss. B, KMU Leipzig, 1977.

[5] Jacobs, F., B. Leissring, Amplitudenkoeffizienten in der numerischen Modellseismik. Geophysik und Geologie **2** (1975) 2, 61—69.

[6] Pšenčik, I., Program RATLIM — rays, amplitudes and travel times in lateral inhomogenous media. Geophys. Institut der tschechischen Akademie der Wissenschaften, Prag, unveröff.

[7] Vetter, U., Meissner, R., Some Notes on Theoretical Travel Time and Amplitude Curves. In: Explosion seismology in Central Europe, Hrsg. P. Giese, C. Prodehl, A. Stein Springer-Verlag Berlin/Heidelberg 1976.

[8] Issledovanie litosfery i astenosfery na dlinnych profiljach GSZ. Akademija Nauk SSSR, institut fiziki zemli im. O. Ju. Smidta, Moskva 1980.

Geophys. u. Geol. Geophys. Veröff. d. KMU Leipzig Bd. III H. 1 S. 125–134 Berlin 1984

Funkgesteuerte automatische Digitaluhr hoher Betriebssicherheit für den Observatoriumseinsatz

D. KÜRSCHNER[1]

Zusammenfassung: Es wird eine am Geophysikalischen Observatorium Collm entwickelte und mit dem Zeitsignal- und Normalfrequenzsender DCF 77 arbeitende funkgesteuerte automatische Digitaluhr hoher Betriebssicherheit vorgestellt.

1. *Einführung*

Für den Zeitdienst eines Geophysikalischen Observatoriums wurde eine funkgesteuerte Digitaluhr hoher Betriebssicherheit und Genauigkeit entwickelt. Die Zeitbasis dieser Uhrenanlage ist ein 100-kHz-Signal, das durch Frequenzumsetzung aus einem vom Zeitsignal- und Normalfrequenzsender DCF 77 (betrieben von der Physikalisch-Technischen Bundesanstalt der Bundesrepublik Deutschland, Standort Mainflingen bei Darmstadt, Koordinaten 50°01′ N, 09°00′ E [1, 2]) mit extrem hoher Frequenzkonstanz abgestrahlten 77,5-kHz-Träger abgeleitet wird. Diese Zeitbasis stützt ein lokales 100-kHz-Präzisionsquarznormal. Eine Synchronteilerkette untersetzt die Zeitbasis in Minutenimpulse. Die zeitliche Lage jedes so erzeugten Minutensignales wird einer Koinzidenzprüfung mit Referenzminuten unterzogen, die ein hochwertiger Decoder aus der Negativtastung des 77,5-kHz-Trägers ableitet. Bei unzureichender Koinzidenz erfolgt eine automatische Resynchronisation des Synchronteilers (100 kHz / 1/60 Hz) mit nachfolgender Synchronitätsprüfung. Die Fehlergrenze, bei der Resynchronisation eingeleitet wird, ist im Bereich von 0,5 ··· 10 ms vorgebbar. Der Decoder liest neben dem Minutenimpuls auch die seriell in Negativtastung übertragene aktuelle Minuten- und Stundeninformation. Die Serie-Parallel-Konvertierung dieser Information erfolgt mit einem Schieberegister, aus dem sie bedingungsabhängig mit dem Minutenimpuls des Synchronteilers bitparallel in das Minuten- und Stundenregister der Digitaluhr übernommen wird. Bedingung für diese Übernahme ist das Nichtansprechen einer Reihe von Fehlerdetektoren. Bei Fehlererkennung erfolgt die Weiterschaltung des Minuten- und Stundenregisters im Zählbetrieb durch den Minutenimpuls vom Ausgang des Synchronteilers.

Die Uhr hat Ausgänge für die im BCD-Code verschlüsselte Zeitinformation (1/100 s bis h), für Sekunden-, Minuten- und Stundenimpulse und für alle aus 100 kHz durch dekadische Teilung ableitbaren Frequenzen bis 1 Hz und für 50 Hz. Eine automatische Betriebsartsteuerung garantiert sowohl bei Übertragungsstörungen als auch bei Ausfall des DCF-Signales eine vollständige und lückenlose Zeitinformation. Der aktuelle

[1] Anschrift des Verfassers:

Dr. rer. nat. D. KÜRSCHNER, Geophysikalisches Observatorium Collm, Sektion Physik, WB Geophysik, Karl-Marx-Universität, DDR-7261 Collm.

Betriebszustand der Uhr wird durch Impulsdauermodulation des ausgegebenen Minutenimpulses dem Zeitempfänger mitgeteilt. Der zwischen Minute 00, Sekunde 20···40 liegende, 20 s andauernde Stundenkennimpuls erscheint nicht zur Stunde 00.00 UTC (Markierung des 0 °L-Datumswechsels). Diese Ausblendung kann manuell von der MEZ-Zeitskala auf die MESZ-Skala umgestellt werden.

2. *Konzeption der Digitaluhr und Senderwahl*

Das Ziel der Entwicklungsarbeiten bestand in dem Aufbau eines universell einsetzbaren Zeitgebersystems, das die vorteilhaften Eigenschaften rein funkgesteuerter Uhren (große Langzeitkonstanz der erzeugten Zeitintervalle und genauer Zeitbezug zur amtlichen Zeitskala) mit denen quarzgesteuerter Digitaluhren (hohe Betriebssicherheit, gute Kurzzeitkonstanz, geringes Phasenrauschen) miteinander vereint. Zusätzlich mußten spezifische Forderungen an den Zeitdienst eines geophysikalischen Observatoriums — auch die in überschaubarer Zukunft absehbaren — berücksichtigt werden:

- maximal zulässige absolute Abweichung zur amtlichen Zeitskala von $\leqq$ 1ms;
- mittlerer relativer Fehler der erzeugten Zeitintervalle in einem Zeitraum von 24 Stunden $\leqq 5 \cdot 10^{-9}$ und mittlere Änderung dieses Fehlers in diesem Zeitraum von $\leqq 1 \cdot 10^{-9}$ (diese Werte sind obere Grenzwerte, die nur dann erreicht werden können, wenn die Uhr über Tage ausschließlich von dem lokalen Frequenznormal gesteuert wird);
- Zeitinformation von 1/100 s···h bitparallel im BCD-Code;
- Zeitinformation durch Zeitimpulse (Sekunde, Minute, Stunde, Tag);
- Codierung der Länge der Minutenimpulse entsprechend des Betriebszustandes der Uhr (Kontrollmöglichkeit) und
- automatische Uhrensynchronisation und Betriebsartwahl bei wechselnden Betriebsbedingungen.

Die Genauigkeit, mit der die von der Uhr erzeugte Zeitskala und die amtliche Zeitskala in Übereinstimmung zu bringen sind, wird primär bereits durch die Breite des vom Zeitzeichensender genutzten Modulationsbandes zur Übertragung der Zeitsignale und sekundär durch die Bandbreite des Empfangskanales bestimmt. Zusätzlich sind Verformungen der Impulsflanken besonders in den Nachtstunden durch Überlagerung von Raum- und Bodenwelle am Empfangsort und nicht exakt bestimmbare Laufzeiteffekte zu berücksichtigen. Konstanz und Genauigkeit der absoluten Größe der erzeugten Zeitintervalle hängen dagegen ausschließlich von den Eigenschaften der verwendeten Uhrensteuerfrequenz ab. Bei Nutzung einer funkübertragenen Normalfrequenz können in den Nachtstunden durch variablen Raumwelleneinfluß langsame Phasenzeitschwankungen mit Maximalbeträgen in der Größenordnung mehrerer Mikrosekunden auftreten (nach Messungen am Observatorium Collm mit dem Sender DCF 77). Entsprechend dem Periodenbereich dieser Schwankungen simulieren sie bei Beobachtungszeiten $< 1^h$ relative Frequenzfehler bis zu $1 \cdot 10^{-8}$ und begrenzen damit bedeutend die Kurzzeitstabilität. Derartige Instabilitäten lassen sich eliminieren, wenn die Ausgangsfrequenz des lokalen Normales, das eine gute Kurzzeitstabilität aufweist, mit einem Regler hinreichend großer Zeitkonstante der funkübertragenen Normalfrequenz nachgeführt und dann zur Uhrensteuerung verwendet wird. In der ersten Ausbaustufe der entwickelten Uhrenanlage wurde diese Möglichkeit noch nicht genutzt. Die Uhrensteuerung erfolgt hier direkt durch eine funkübertragene Normalfrequenz, und das lokale Normal übernimmt die Uhrensteuerung erst dann, wenn mehr als eine Schwingungsperiode des Funksignales gefehlt hat.

In der Uhr werden aus dem gepufferten 100-kHz-Frequenznormal mit Kettenschaltungen von Synchronteilern phasenstarr zunächst alle zwischen 100 μs und 1 min liegenden Zeitintervalle erzeugt. Zur Synchronisation mit der amtlichen Zeitskala eignen sich die aus der Normalfrequenz-Trägermodulation ableitbaren Minutensignale. Mit ihnen kann die absolute Lage der lokal erzeugten Zeitskala (bis zur Minute) durch Koinzidenzprüfung kontrolliert und mit definierter Stellung der Synchronteilerkette exakt zur Sekunde 00 korrigiert werden. Die Stellung berücksichtigt die Signallaufzeit vom Sender zum Empfänger und die mittleren systematischen Fehler bei der Bewertung des Zeitimpulsbeginns. Für die Führung des Minuten- und Stundenregisters bestehen zwei Möglichkeiten, die eine Anpassung an verschiedene Betriebsbedingungen ermöglichen: eine Taktung mit den durch Frequenzteilung erzeugten Minutenimpulsen (Zählbetrieb) oder eine statische Weiterschaltung über die Dateneingänge der Synchronteiler mit einer bitparallel vorliegenden Minuten- und Stundeninformation, gesteuert durch den lokal erzeugten Minutenimpuls (Speicherbetrieb). Die dazu notwendige Zeitinformation läßt sich durch Decodierung und Serie-Parallel-Konvertierung aus der Trägermodulation oder Trägertastung der meisten Zeitdienststationen (z. B. DCF, HBG, MSF, OMA, DIZ) gewinnen.

Die Steuerung des Minuten- und Stundenregisters kann dann so erfolgen, daß bei ungestörten Empfangsbedingungen und störungsfreier Decodierung automatisch der Speicherbetrieb, bei Senderausfall, Übertragungsstörungen oder Lesefehlern der Zählbetrieb gewählt wird. Bei Ausfall des Normalfrequenzsenders läuft dann die Uhr als unsynchronisierte Quarzuhr. Eine Reihe weiterer Betriebszustände sind möglich (Abschnitt 3.3).

Wichtigste Voraussetzung für eine große Betriebssicherheit der Uhr ist eine sorgfältige Konzeption des Decoders und der nachgeschalteten Fehlerdetektoren, um Fehlsynchronisationen und Fehlstellungen mit Sicherheit auszuschließen. Diese Sicherheitsforderungen betreffen sowohl die vom Decoder bereitgestellten Referenzminuten als auch die zur Führung des Minuten- und Stundenregisters abgeleiteten Binärinformationen. Bei der Entscheidung, welcher der zur Verfügung stehenden mitteleuropäischen Zeitzeichensender unter gegebenen Empfangsbedingungen am besten zur Uhrensteuerung geeignet ist, war zu berücksichtigen, daß die Kurzwellenstationen über keine Trägerstabilisierung verfügen (z. B. DIZ Nauen, DDR) und zudem besonders nachts mit sehr ungünstigen Empfangsverhältnissen gerechnet werden muß. Im Langwellenbereich sind die Empfangsverhältnisse weitaus stabiler. Empfangsversuche ergaben, daß der Sender DCF 77 von allen zur Auswahl stehenden Langwellenstationen am besten zu empfangen ist. Für die Wahl dieses Senders sprachen außerdem die hohe Frequenzgenauigkeit des abgestrahlten Trägers ($\Delta f/f \approx 1 \cdot 10^{-13}$ im Mittel über 100 Tage, $1 \cdot 10^{-12}$ im Mittel über 1 Tag), die relativ große Modulationsbandbreite (große Steilheit der Tastflanken) und die vorteilhafte Art und der Code der Trägertastung (Negativ-Impulsdauertastung). Eine industriell gefertigte Empfangsanlage für 77,5 kHz stand am Observatorium Collm zur Verfügung.

3. Aufbau, Funktionsweise und Zusammenwirken der einzelnen Funktionseinheiten

3.1. Normalfrequenzempfänger

Der Empfänger (Typ 5011, VEB Funkwerk Erfurt) wurde gegenüber dem Serienmodell mit einer Eingangsstufe zum Anschluß einer abgestimmten Ferritantenne ausgerüstet, durch Austausch aktiver Schaltungselemente in seiner Empfindlichkeit erhöht und mit einem Demodulator zur Bereitstellung des Tastsignales ergänzt. Der Empfänger arbeitet mit einer Doppelmischung, wobei der zweite Mischer durch Rückmischen der Zwischenfrequenz Einflüsse des Empfängeroszillators auf das Ausgangssignal eliminiert. Ein- und Ausgangssignal sind dadurch exakt frequenzgleich. An die Eingangsstufe schließt sich ein dreistufiger Bandpaß an (3-dB-Bandbreite 4,5 kHz), der eine Flankensteilheit des Tastsignales im Bereich der schnellsten zeitlichen Änderung (etwa bei 80% der ungetasteten Amplitude) von 1%/10 μs bei einem Gesamthub von 75% der ungetasteten Trägeramplitude garantiert. Der Ausgang des Bandpasses ist sowohl mit dem Tastdemodulator als auch über eine Begrenzerstufe mit dem Eingang des 1. Mischers verbunden, der die 77,5 kHz mit einem Quarzoszillator von 97,5 kHz auf eine ZF von 20 kHz umsetzt. Die ZF-Selektion bestimmt ein Quarzfilter, das eine Bandbreite von 30 Hz gewährleistet. Der 2. Mischer setzt die ZF wieder auf 77,5 kHz um. Ein nachgeschalteter Impulsformer treibt den Eingang des Frequenzumsetzers 77,5 kHz/100 kHz. Das 100-kHz-Signal wird dem Eingang der Stufe „Zeitbasisauswahl" der Digitaluhr zugeführt (Blockschaltbild, Abb. 1). Für ein sicheres Arbeiten des Frequenzumsetzers ist am Antenneneingang des Empfängers ein HF-Pegel von $\geqq 1\,\mu$V nötig.

3.2. Zeitbasisaufbereitung, Synchronteiler und Synchronisationsimpulsgeber

Bei Fehlen der funkübermittelten Normalfrequenz übernimmt, gesteuert durch die Zeitbasisauswahl, ein lokaler Präzisionsoszillator die Zeitbewahrung. Er ist mit einem 100-kHz-Präzisionsquarz bestückt, der in π-Glied-Reihenresonanzschaltung bei minimaler und elektronisch konstant gehaltener Belastung ($i_q \approx 25\,\mu$A) betrieben wird. Mit Feldeffekttransistoren erfolgt eine wirksame Entkoppelung des Oszillatorkreises. Der Thermostat, in dem der Oszillator betrieben wird, arbeitet mit einem punktförmigen Heizer und Fühler und wird von einem PID-Regler auf der Temperatur des Frequenzumkehrpunktes des Quarzes gehalten. Die Abgleichgenauigkeit des Oszillators ist besser als $1 \cdot 10^{-9}$; die Drift lag nach zwei Monaten Einlaufzeit bei $1{,}1 \cdot 10^{-9}$/Tag und wird sich nach längerer Betriebszeit noch deutlich reduzieren. An die Zeitbasisauswahl schließt sich eine Synchronteilerkette, bestehend aus 6 Dezimalteilern (100 kHz/0,1 Hz) und drei modulo-6 arbeitenden Teilern (0,1 Hz/1/60 Hz) an.

In der Synchronisationslogik erfolgt eine Koinzidenzprüfung der durch Frequenzteilung erzeugten Minute mit der vom Decoder abgeleiteten Referenzminute (Abschnitt 3.3). Bei mindestens viermal nacheinander festgestellter unzureichender Synchronität (Glaubwürdigkeitsprüfung) gibt die Synchronlogik zeitgleich mit der Vorderflanke der Decoderminute einen Steuerimpuls an die Stufe „Rückstellimpulsgeber", die unter Berücksichtigung der Schaltzustände jeder Synchronteilerstufe zeitdefiniert nach Abklingen der Rückflanken aller Vorwärtsüberträge und des 100-kHz-Taktimpulses eine Stellung aller Synchronteiler auslöst.

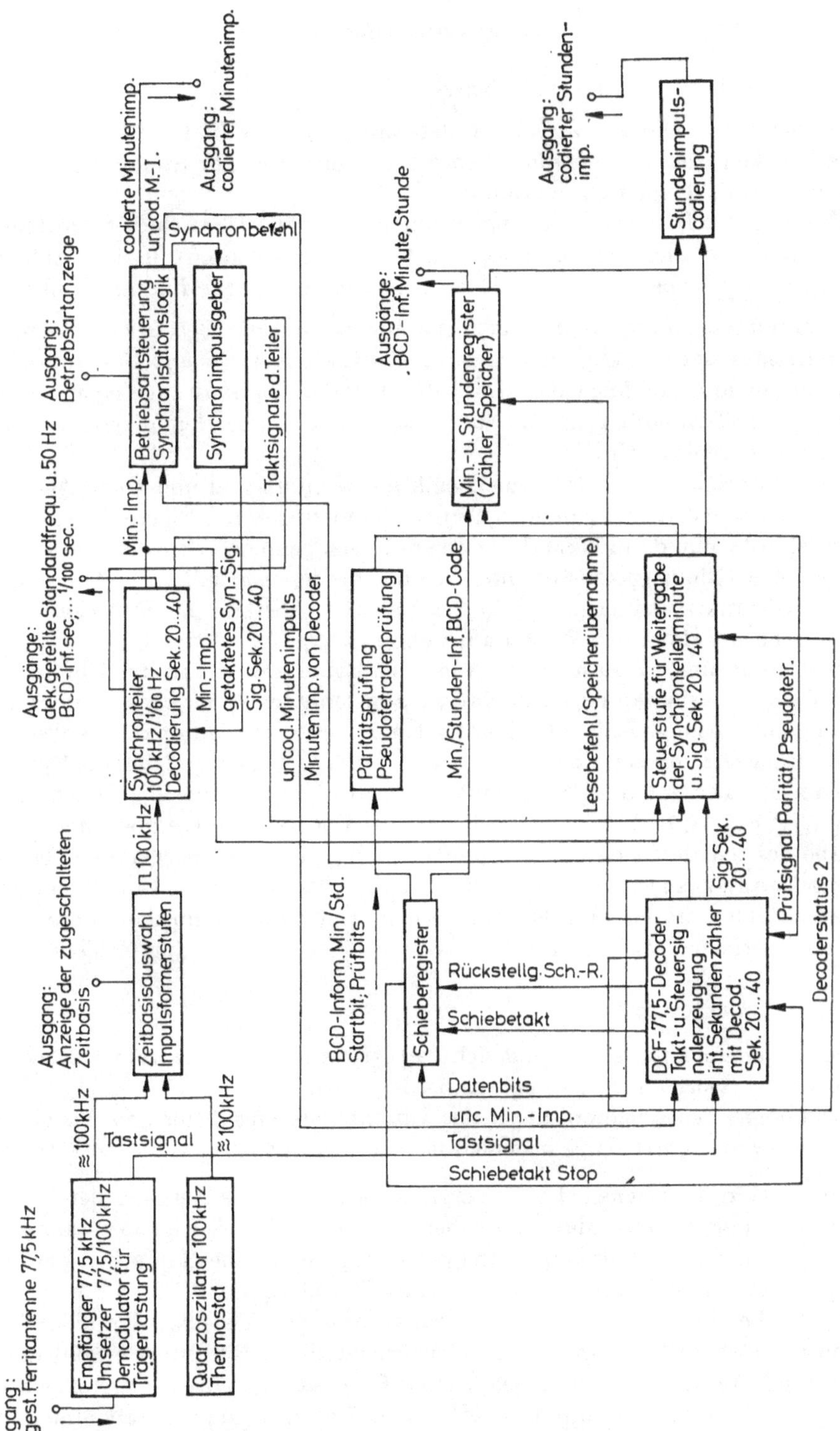

Abb. 1. Blockschaltbild der automatischen Uhrenanlage, Observatorium Collm.
Horizontale Pfeile: Informationssignale, vertikale Pfeile: Steuersignale

3.3. *Synchronlogik*

Die Synchronlogik erfüllt zwei Aufgaben:

— Prüfung der Synchronität zwischen Teiler- und Decoderminute mit vorgegebenen Fehlerschranken und Bereitstellung eines Steuerimpulses zur Stellung des Uhrenteilers bei unzureichender Synchronität,
— Signalisierung der Betriebsbedingungen, unter denen die Uhr arbeitet (Vorhandensein von Decoder- und Teilerminute, Synchronisationszustand), und in Abhängigkeit davon Ausgabe eines impulsbreitenmodulierten externen Minutenimpulses.

Zur Synchronitätsprüfung werden die Teilerminute und die Decoderminute in zwei gleichlange Impulse der Breite t_N umgesetzt. t_N ist zwischen 500 μs und 10 ms einstellbar und bestimmt bei dem nachfolgenden Koinzidenztest den maximal zulässigen absoluten Zeitfehler t_F der Teilerminute gegenüber der Decoderminute, bei dem gerade noch keine Synchronisation ausgelöst wird.

Aus beiden Normimpulsen bildet eine Logik die Konjunktion und Disjunktion. Die Disjunktionsfunktion hat unter den gegebenen Bedingungen die Eigenschaft, im Zeitraum einer Minute nur dann *einmal* den Wert 1 anzunehmen, wenn der gegenseitige Abstand t_F beider Eingangskonstituenten kleiner als $|t_N|$ ist; gilt $t_F > |t_N|$, zeigt der Verlauf der Disjunktionsfunktion zwei 1-Signale im Abstand t_F. Die Konjunktion nimmt dann und nur dann den Wert 1 an, wenn $t_F < |t_N|$ ist.

Zur Auswertung dieser Informationen über den Synchronzustand der Uhr wird mit einem aus der Vorderflanke der Disjunktion abgeleiteten, 40 ns breiten Impuls der Takteingang, mit einem gleichlangen, aus der Rückflanke der Konjunktion abgeleiteten Impuls der Rücksetzeingang eines modulo-4 zählenden, geeignet codierten Synchronzählers gesteuert. Verletzt die Teilerminute viermal hintereinander die Synchronitätsbedingung $t_F < |t_N|$, läuft der Zähler in eine stabile Endstellung, die über Steuerglieder zur Ausgabe des nachfolgenden (und gegebenenfalls jedes zweiten weiteren) Decoderminutenimpulses als Steuersignal für den Rückstellimpulsgeber führt. Eine Rückführung des modulo-4-Zählers in die Grundstellung erfolgt erst dann, wenn die Konjunktionsfunktion nach erfolgter Synchronisation wieder einen Beitrag zur Zählersteuerung liefert.

Damit wird erreicht, daß

a) eine Synchronisation nur bei absolut sicherer Verletzung der Synchronitätsbedingung ausgelöst wird (viermalige Prüfung). Außerdem wird
b) eine beständige Fehlsynchronisation des Uhrenteilers ausgeschlossen, da der Synchronisationsprozeß erst dann beendet ist, wenn tatsächlich Synchronität vorliegt.

Unabhängig vom Vorzeichen der Fehlergröße t_F erfolgt die Ausgabe der Minutenimpulse am Ausgang der Digitaluhr, auch bei Ausfall des Decodersignales während der Stellphase, stets lückenlos. Die Synchronlogik verfügt über eine Reihe weiterer Funktionsgruppen zur Identifizierung von „Ausfall Decoderminute“ oder „Ausfall der Teilerminute“ (bei Teilausfall der Uhr durch technischen Defekt). Charakteristische Binärpotentiale dieser Stufen werden in einem vierstelligen Binärwort erfaßt, das den Betriebszustand der Uhr eindeutig beschreibt. Es wird von einem vierstelligen Synchronteiler mit dem Minutenimpuls über dessen Dateneingänge übernommen. Eine über den Takteingang zugeführte definierte Anzahl von Impulsen füllt den Teiler bis

zum Erscheinen des Vorwärtsübertrages auf. Die dafür nötige Zeit ist dann ein Indikator für den Betriebszustand der Uhr und damit direkt zur Impulsbreitencodierung der von der Uhr abzugebenden externen Minutenmarke geeignet.
Folgende Codierungen sind vorgesehen:

Minutenimpulsdauer	Betriebszustand
2,0 s	synchronisierter Uhrenbetrieb, Referenzinformation vorhanden, $t_F < \|t_N\|$
2,5 s	Ablauf der Synchronisationsphase
3,0 s	Referenzinformation fehlt, unsynchronisierter Betrieb
1,0 s	reiner Decoderbetrieb (Teilausfall der Uhr wegen fehlender Zeitbasis oder defektem Synchronteiler)

Zwischen diesen Betriebsarten sind eine Reihe automatisch ablaufender Übergänge möglich, die eine stets lückenlose Zeitinformation sicherstellen.

3.4. *Decoder, Schieberegister und Fehlerindikatoren*

Der Decoder liest die seriell-binär in Negativtastung übertragene Zeitinformation (Minute, Stunde), erkennt Störfälle während und Lesefehler nach erfolgter Informationsaufnahme, erzeugt einen Schiebetakt für die Übertragung der seriell anfallenden Datenbits in das Schieberegister und stellt das Referenzsignal zur Uhrenkontrolle – die Decoderminute – bereit.

Grundzüge der Decoderkonzeption ergaben sich aus den Besonderheiten des Tast- und Codierungsschemas des Senders DCF 77. Mit Beginn jeder Sekunde (außer zur Sekunde 59) wird die Trägeramplitude des Senders für 100 ms (Kennung für Binärwert 0) oder 200 ms (Binärwert 1) auf 25% abgesenkt (Negativtastung). Die Übermittlung der Minuten- und Stundeninformation (einschließlich eines Startbits und zweier Paritätsbits) erfolgt zwischen den Sekunden 20 ··· 35 in folgender Weise:

Sekunde 20	Startbit, stets Binärwert 1
21 ··· 27	Binärstellen des Minuteneiners und Minutenzehners
28	Paritätsbit Minute
29 ··· 34	Binärstellen des Stundeneiners und Stundenzehners
35	Paritätsbit Stunde

Der Decoder verfügt über fünf Verzögerungseinheiten (Zeitkreise), die in Verbindung mit bistabilen Elementen, logischen Gattern und einem decoderinternen Sekundenzähler eine Bewertung des Tastsignales, die Taktung des Schieberegisters und die Erzeugung von zwei, den Betriebszustand des Decoders kennzeichnenden Statussignalen gewährleisten. Die Zeitkreise haben Verzögerungszeiten von 125, 225, 250, 950 und 1000 ms.

Die Eingangsstufe des Decoders setzt das Tastsignal auf TTL-Pegel um. Der Triggerpunkt liegt im Bereich der größten Steilheit des Tastsignales bei etwa 80% der ungetasteten Trägeramplitude. Durch Pegelintegration wird der Triggerpunkt bei variablen Feldstärkeverhältnissen mitgeführt. Die Standardabweichung der aufgenommenen Minutenimpulse liegt am Tag unter 50 μs. Eine erste integrale Bewertung der Tastimpulsbreite erfolgt mit dem 225-ms-Zeitkreis zur sicheren Erkennung von Unterbrechungen oder großen Störanteilen des Trägers. Indizierte Tastanteile von mehr als 225 ms pro Sekunde führen zu einer Sperrung der Informationsausgabe des Decoders. Eine Reaktivierung erfolgt frühestens mit der übernächsten vom Decoder erfaßten Minutenmarke.

Aus den Vorderflanken der Tastimpulse leitet ein mit dem 950-ms-Zeitkreis gekoppelter Flip-Flop einen Sekundentakt (50-ns-Impulse) ab, der den decoderinternen Sekundenzähler steuert. Durch den Zeitkreis wird die Aufnahmebereitschaft nach Erkennung der Tastimpuls-Vorderflanke zur Erhöhung der Störsicherheit bis 50 ms vor der nachfolgenden Tastimpulsflanke gesperrt.

Ein weiterer Flip-Flop, dessen Ausgang mit dem 1000-ms-Zeitkreis verbunden ist, wird 950 ms nach Sekundenbeginn gesetzt und mit der Vorderflanke der nachfolgenden Sekunde rückgesetzt. Da zwischen Sekunde 59 und 00 keine Tastung erfolgt (Minutenvorbereitung), gibt der 1000-ms-Zeitkreis genau einmal in der Minute (zur Sekunde 59,95) ein Steuersignal ab, das zur Ausgabe des nachfolgenden Sekundenimpulses 00 als decoderinterne Minutenmarke führt. Sie wird nur dann als externe Minute von dem Decoder weitergegeben, wenn sie mit der Zählstellung 58 des decoderinternen Sekundenzählers koinzidiert. Zur Vermeidung kritischer Wettläufe muß die Rückstellung des Sekundenzählers etwas verzögert zur Sekunde 00 erfolgen. Fällt in den Zeitraum zwischen Sekunde 58,00 und 59,95 ein den Träger negativ tastender Störimpuls, zählt der Sekundenzähler über den Zählstand 58 hinaus. Dieser Vorgang löst eine Sperrung der Informationsausgabe aus.

Im Zeitraum von Sekundenbeginn bis 250 ms danach findet, gesteuert durch den 250-ms-Zeitkreis, die Bewertung der Tastimpulsbreiten durch den 125-ms-Zeitkreis und damit die Unterscheidung der übertragenen Binärwerte statt. Die gelesenen Datenbits werden, gesteuert durch den zwischen den Sekunden 20 und 35 erzeugten Schiebetakt, in das Schieberegister übertragen. Von 250 ms nach Sekundenbeginn bis zur nachfolgenden Sekunde ist die Aufnahmebereitschaft der Datenbiterkennung zur Erhöhung der Störsicherheit gesperrt.

Der Impulsbreitenanalysator arbeitet mit integraler Charakteristik. Während des Aufnahmezeitraumes eines 1-Signales (200 ms) muß dadurch lediglich zu etwa 60% dieser Zeit der Tastimpuls tatsächlich erkennbar gewesen sein. Das garantiert eine sichere Informationsaufnahme auch unter sehr stark gestörten Empfangsbedingungen (z. B. durch Sferics).

Der Schiebetakt wird bedingungsabhängig aus den Ausgangssignalen des 250-ms- und 950-ms-Zeitkreises abgeleitet. Bedingung für den Beginn der Schiebetakterzeugung ist die Koinzidenz von Zählstellung 20 des decoderinternen Sekundenzählers und Datenbit 1 (Startbit). Nach 16 Taktimpulsen erscheint dieses Startbit am Schieberegisterausgang und stoppt die Ausgabe des Schiebetaktes. Die Rückstellung des Schieberegisters erfolgt zu Beginn der Sekunde 20.

Eine einfache Paritätskontrolle ist durch modulo-2-Zählung der zwischen Sekunde 21 und 35 gelesenen 1-Signale (Datenbits und Paritätsbits) möglich. Liegt ein Paritätsfehler vor, führt der Zähler am Ausgang nach Sekunde 35 ein 0-Signal, das mit dem Ausgangssignal einer Logik zur Überprüfung auf besetzte Pseudotetraden und nicht zum Uhrzeit-Wertebereich gehörender Ziffernkombinationen in einem Kennsignal „Status 2“ konjunktiv zusammengefaßt wird. „Status 2“ legt damit bereits kurz vor Sekunde 36 fest, ob das Minuten- und Stundenregister zur nachfolgenden Minute im

Zählbetrieb geführt werden soll. Ist das nicht der Fall, löst der Minutenimpuls der Synchronlogik den Datentransport Schieberegister/Minuten- und Stundenregister aus. Im Falle des Zählbetriebes wird die Führung durch Weitergabe des Vorwärtsübertrages aus dem Sekundenteiler der Uhr auf den Takteingang des Registers gewährleistet.

Ein weiteres, mit „Status 1“ bezeichnetes Kennsignal signalisiert die Betriebsbereitschaft des Decoders und damit auch die erfolgte Synchronisation des decoderinternen Sekundenzählers. Bei Störfällen löst es die Blockierung der Informationsausgabe und die Löschung des Schieberegisterinhaltes aus.

3.5. Minuten- und Stundenregister

Das Minuten- und Stundenregister besteht aus vier in Reihe geschalteten Synchronteilern. Die Vorwärtsüberträge der Einerstellen steuern jeweils die Takteingänge der Zehnerstellen. Die Zählstellung „5“ des Teilers Minute 10^1 wird mit dem invertierten Signal „Zählen vorwärts“ des Minutenregisters verknüpft. Das entstehende Taktsignal gelangt zum Eingang „Zählen vorwärts“ des Stundenregisters. Der Steuertakt für das Minutenregister entsteht aus der konjunktiven Verknüpfung von „Status 2“ des Decoders und „Vorwärtsübertrag“ der Synchronteilerkette 100 kHz / 1/60 Hz. Damit ist sichergestellt, daß bei fehlender Decoderinformation das Register im Zählbetrieb geführt wird. Bei ungestörter Informationsaufnahme durch den Decoder erfolgt die Führung im Speicherbetrieb. Der vom Decoder erzeugte Lesebefehl steuert über die parallel geschalteten Ladeeingänge der vier Synchronteiler die Übernahme der Schieberegisterinformation an den Dateneingängen.

Zur Kennzeichnung der Minuten 00 (Stundenwechsel), außer 00^h00^m UTC (Datumswechsel), soll auf den am Observatorium betriebenen Registrierungen und zu Synchronisationszwecken ein Stundenkennimpuls zwischen 00^m20^s und 00^m40^s erscheinen. Zu dessen Erzeugung decodiert eine Logik die Stellung 00 des Minutenregisters und verbindet sie, abhängig vom Betriebszustand der Uhr, mit der decodierten Stellung Sekunde 20 ··· 40 des Sekundenzählers der Uhr oder des decoderinternen Sekundenzählers. Die Ausgabe des Stundenkennimpulses wird (manuell umschaltbar) zur Zeit 01^h MEZ oder 02^h MESZ gesperrt (UTC- bezogener Datumswechsel).

Zur optischen Anzeige der aktuellen Zeit ist die Uhr mit einer im Zeitmultiplex gesteuerten LED-Anzeigeeinheit ausgestattet.

3.6. Stromversorgung, mechanischer Aufbau, Informationsausgänge

Die Stromversorgung der Digitaluhr sichern drei elektronisch stabilisierte Netzteile (5V-Modul für die Digitalelektronik, ± 12V-Module für den Präzisionsoszillator, den Thermostat und den Normalfrequenzempfänger). Alle Module werden elektronisch von der am Observatorium vorhandenen stationären Batterieanlage gepuffert, die bei Netzausfällen einen lückenlosen Betrieb sicherstellt.

Die gesamte Digitalelektronik, bestehend aus 100-TTL-Schaltkreisen (SSI- und MSI-Typen der Baureihe 74) ist auf 6 Zweiebenen-Leiterplatten (135 mm × 170 mm) untergebracht. Dazu kommt eine Leiterplatte mit der Regelelektronik für den Thermostat.

Die Leiterplatten und der von einem 35 mm starken Schaumpolystyrolmantel umgebene Thermostat mit dem Präzisionsoszillator sind in einen Normeinschub des EGS-Systems eingebaut.

An der Einschub-Rückseite können die im BCD-Code verschlüsselten Zeitinformationen (1/100 s$\cdots$h), alle durch dekadische Teilung aus 100 kHz ableitbaren Frequenzen bis 1 Hz und 50 Hz, Zeitimpulse für Sekunde (Breite 100 ms), Minute (1,0$\cdots$3,0 s) und Stunde (20 s), sowie ein Impuls zur Kennzeichnung des UTC- bezogenen Datumswechsels als elektrische Impulse oder Schaltgrößen entnommen werden. Zusätzlich sind Ausgänge für alle wichtigen Status- und Steuersignale und für den auf TTL-Pegel umgesetzten Tastimpuls vorhanden. Die Uhr ist mit einer Anzeigeeinheit ausgerüstet, die aktuell die Erkennung aller Details des Betriebszustandes ermöglicht.

Abschließend sei erwähnt, daß auch die Industrie funkgesteuerte Präzisionsuhren (HOPF, GHIELMETTI u. a., [3]) anbietet.

(Eingereicht im November 1980)

4. *Literatur*

[1] BECKER, G., Informationen über den Deutschen Zeitsignal- und Normalfrequenzsender DCF 77. Beilage zu Neue Uhrmacher-Zeitung **4** (1977), 3—8.

[2] HETZEL, P., Der Zeitsignal- und Normalfrequenzsender DCF 77 (Stand 1979). PTB-Bericht Me-23, Vorträge auf dem 12. und 17. PTB-Seminar, Band 1, 185—198, 1979.

[3] FRIEDBERG, H., KRAL, W. A., Funkzeit und Funkuhren. Zeitsignalempfang für Industrie- und Privatbereich. nachrichten elektronik **32** (1978), 257—259.

Geophys. u. Geol. Geophys. Veröff. d. KMU Leipzig Bd. III H. 1 S. 135–151 Berlin 1984

Erdbeben mit großen Magnituden im Zeitraum 1960–1979

S. WENDT und B. TITTEL[1]

Jährlich ereignen sich auf der Erde etwa 20 sehr starke Erdbeben.[2] Anliegen dieser Arbeit soll es sein, einen möglichst vollständigen Katalog der Großbeben für die Jahre 1960–1979 zusammenzustellen. Die Liste ist als Fortsetzung und als Vergleich zu ähnlichen Katalogen anderer Autoren gedacht.

Als Kriterium für die Aufnahme der Beben dient ihre Magnitude; als Untergrenze wurde für Flachbeben ($h \leqq 70$ km) der Wert 7,0 gewählt, während für intermediäre (70 km $< h \leqq 300$ km) und tiefe Beben ($h > 300$ km) die Magnitude 6,5 erreicht oder überschritten sein muß. Die Magnitudenangaben der seismischen Stationen Collm (CLL) bzw. Pruhonice (PRU) wurden dazu den entsprechenden Bulletins (Geophysikalische Meßreihen des Geophysikalischen Observatoriums Collm bzw. Bulletin of the Czechoslovak Seismological Stations) entnommen und in die Liste eingetragen (Magnitudenspalte 2); bei Beben ohne Angabe der Magnitude aus Oberflächenwellen (MLH) erscheint eine gekennzeichnete Raumwellenmagnitude. Die Magnitudenspalte 1 enthält die von DUDA (1965) sowie BATH und DUDA (1979) veröffentlichten Magnitudenwerte aus Oberflächenwellen, die überwiegend auf den Angaben schwedischer Stationen basieren und ab 1965 auch mit einer Tiefenkorrektur (BATH und DUDA, 1979) versehen sind. Für die Jahre 1978 und 1979 wurden in dieser Spalte die Werte aus dem Monatsbulletin des schwedischen Stationsnetzes (Seismological Bulletin of the Swedish Stations) übernommen.

Bei der Auswertung der Datenzusammenstellung sollten folgende Einschränkungen berücksichtigt werden:

— Auch für große Erdbeben ergibt die Magnitudenbestimmung an einzelnen Stationen bzw. Datenzentren oftmals keinen einheitlichen Wert, so daß ein Mittelwert aus den verfügbaren Angaben über die Aufnahme des Bebens in die Liste entscheiden mußte. Ab 1965 weisen die Magnitudenwerte eine Genauigkeit von $\pm 0{,}2$ Magnitudeneinheiten auf. In den Jahren davor waren die Abweichungen zum Teil noch größer. Durch diese Unsicherheit kommen für die ersten Jahre größere Abweichungen gegenüber DUDA (1965) und BATH und DUDA (1979) zustande; manche der von uns aufgenom-

[1] Anschrift der Verfasser:
Dr. rer. nat. S. WENDT und Dr. rer. nat. B. TITTEL, Geophysikalisches Observatorium Collm der KMU Leipzig, DDR-7261 Collm.

[2] Jedoch nur ein Viertel davon richten auch schwere Zerstörungen an, während andererseits bei nergetisch schwächeren Beben ebenfalls häufig Schäden auftreten. NELSON und GANSE (1980) führen im betrachteten Zeitraum 282 Schadenbeben auf. Davon sind nur 94 in unserer Liste enthalten. Die anderen Beben verursachten teilweise beträchtliche Schäden, ohne zu den energiereichsten zu gehören.

menen Beben sind dort nicht enthalten, während auch der umgekehrte Fall vorkommt. Gelegentlich erscheinen Beben, zu denen in beiden Magnitudenspalten keine Angaben zu finden sind. Diese Beben wurden unter Verwendung der Magnituden in den „Seismological Notes" (Bulletin of the Seismological Society of America) berücksichtigt.

– Die Herdtiefen, in der Liste in Kilometern angegeben, basieren auf den Werten in Duda (1965) und Bath und Duda (1979) und sind durch Angaben des amerikanischen Datenzentrums NEIS (Preliminary Determination of Epicenters) bzw. seiner Vorgänger vervollständigt. In den ersten Jahren treten so viele intermediäre Beben auf, daß auch einzelne Herdtiefenangaben bezweifelt werden müssen. Ein „S" in der Herdtiefenspalte steht für Flachbeben ohne genaue Tiefenangabe.

Tabelle 1

Datum	Herdgebiet	Herdzeit		Breite	Länge	Tiefe	Magnitude 1	Magnitude 2	
1960									
13. 01.	Peru	15 h	40 min	16 S	72 W	200	8,0	7,9	PRU
15. 01.	Peru	09 h	30 min	15 S	75 W	150	7,0	7,1	PRU
08. 03.	Neue Hebriden	16 h	33 min	17 S	169 E	250	7,2		
20. 03.	Japan	17 h	07 min	40 N	144 E	60	7,0	8,2	
23. 03.	Japan	00 h	23 min	40 N	143 E			7,4	
24. 04.	Java-See	03 h	22 min	6 S	114 E	600			
21. 05.	Chile	10 h	02 min	38 S	74 W	S	7,25	$(8^{1}/_{2})$	
22. 05.	Chile	10 h	32 min	38 S	73 W	S	7,2	7,1	
22. 05.	Chile	18 h	55 min	38 S	74 W				
22. 05.	Chile	19 h	10 min	38 S	74 W				
22. 05.	Chile	19 h	11 min	38 S	74 W	S	8,3	8,7	
06. 06.	Chile	05 h	55 min	46 S	74 W			$7^{1}/_{4}$	
20. 06.	Chile	02 h	01 min	38 S	74 W	S	7,0	7,4	PRU
25. 07.	Kamtschatka	11 h	12 min	54 N	159 E	100	7,0	7,1	PRU
29. 07.	Japan	17 h	31 min	40 N	142 E	50		7,5	PRU
31. 07.	Neu-Britannien	02 h	55 min	6 S	150 E	25		7	
22. 10.	Salomonen	08 h	22 min	10 S	161 E	93		6,8	PRU
28. 10.	Kamtschatka	13 h	18 min	52 N	157 E	96	7,0	6,4	PRU
01. 11.	Chile	08 h	46 min	39 S	75 W	55	7,2	6,9	
02. 11.	Santa Cruz-Inseln	17 h	14 min	11 S	165 E	80		6,8	PRU
13. 11.	Aleuten	09 h	20 min	51 N	169 W	32	7,0	7	
20. 11.	Peru	22 h	01 min	7 S	81 W	55		7	
24. 11.	Tonga-Inseln	06 h	52 min	24 S	176 W	23	7,0	7,3	PRU
02. 12.	Chile	09 h	10 min	25 S	70 W	19		7,4	PRU
03. 12.	Mongolei	04 h	24 min	43 N	104 E	60	7,0	7	
13. 12.	Macquarie-Insel	07 h	36 min	53 S	159 E	25	7,25	$7^{1}/_{4}$	
1961									
05. 01.	Neu-Guinea	15 h	53 min	4 S	143 E	108			
05. 01.	Loyalty-Inseln	17 h	57 min	21 S	169 E	123		6,9	PRU
05. 01.	Loyalty-Inseln	18 h	14 min	21 S	169 E	124		7,1	PRU
16. 01.	Japan	07 h	20 min	36 N	141 E	131		$7^{1}/_{4}$	PRU

Tabelle 1 (Fortsetzung)

Datum	Herdgebiet	Herdzeit		Breite	Länge	Tiefe	Magnitude			
							1		2	
1961										
16. 01.	Japan	12 h	12 min	36 N	142 E	105			7,5	PRU
16. 01.	Japan	15 h	41 min	36 N	141 E	147			7,0	PRU
12. 02.	Kurilen	21 h	53 min	44 N	148 E	45			7,3	
26. 02.	Japan	18 h	10 min	31 N	131 E	54	7,2		$8^1/_4$	
07. 03.	Kermadec-Inseln	10 h	10 min	28 S	176 W	43	7,4		6,9	
28. 03.	Celebes	09 h	35 min	0	124 E	83			6,7	
18. 07.	Riu-Kiu-Inseln	14 h	03 min	29 N	132 E	21			7,5	
23. 07.	Neue Hebriden	21 h	51 min	18 S	168 E	44	7,2		7,5	
11. 08.	Japan	15 h	51 min	43 N	145 E	50	7,0		7,3	
19. 08.	Peru-Brasilien	05 h	09 min	11 S	71 W	649	7,0			
19. 08.	Japan	05 h	33 min	36 N	137 E	17	7,25		$7^1/_4$	
31. 08.	Peru-Brasilien	01 h	48 min	11 S	71 W	626	7,2			
31. 08.	Peru-Brasilien	01 h	57 min	10 S	71 W	629	7,5			
01. 09.	S-Sandwich-Inseln	00 h	09 min	59 S	27 W	131	7,5		6,7	PRU
08. 09.	S-Sandwich-Inseln	11 h	26 min	56 S	27 W	125	7,7		7,4	PRU
1962										
14. 02.	Chile	06 h	36 min	38 S	73 W	45	7,25		7,3	
07. 03.	Marianen	11 h	01 min	19 N	145 E	685	7,0			
12. 04.	Japan	00 h	52 min	38 N	142 E	48	7,2		7,5	
23. 04.	Japan	05 h	58 min	43 N	143 E	25	7,2		6,9	
11. 05.	Mexiko	14 h	11 min	17 N	100 W	40	7,0		7,0	
15. 05.	Banda-See	05 h	23 min	7 S	128 E	34	7,2		7,3	PRU
19. 05.	Mexiko	14 h	58 min	17 N	100 W	33	7,2		6,9	
21. 05.	China	12 h	02 min	37 N	96 E	25	7,2		7,2	
21. 05.	Fidschi-Inseln	21 h	15 min	20 S	178 W	379				
22. 05.	Santa Cruz-Inseln	08 h	06 min	12 S	167 E	151			6,6	PRU
06. 07.	Hindukusch	23 h	05 min	37 N	70 E	203			6,9	PRU
26. 07.	Panama	08 h	14 min	8 N	83 W	21			7,4	
03. 08.	Chile-Argentinien	08 h	56 min	23 S	68 W	71	7,1			
28. 08.	Griechenland	10 h	59 min	38 N	23 E	120			6,9	
01. 09.	Iran	19 h	20 min	36 N	50 E	21	7,25		7,1	
18. 09.	Panama	00 h	29 min	8 N	82 W	33	7,0		7,1	PRU
07. 12.	Bonin-Inseln	14 h	03 min	29 N	139 E	411		MSH	6,5	PRU
08. 12.	Argentinien	21 h	27 min	26 S	63 W	620		MSH	6,7	PRU
1963										
13. 02.	Taiwan	08 h	50 min	25 N	122 E	33	7,25	MSH	7,2	PRU
26. 02.	Neu-Guinea	20 h	14 min	8 S	146 E	171	7,25		7,2	PRU
16. 03.	Kurilen	08 h	44 min	47 N	155 E	26	7,0		7,6	
26. 03.	Kermadec-Inseln	09 h	48 min	30 S	178 W	45	7,0		6,9	
28. 03.	Island	00 h	15 min	66 N	20 W	15	7,0		7,1	
13. 04.	Peru	02 h	20 min	6 S	77 W	125		MPV	6,8	PRU
16. 04.	Halmahera	01 h	29 min	1 S	128 E	33	7,0		7,2	

Tabelle 1 (Fortsetzung)

Datum	Herdgebiet	Herdzeit	Breite	Länge	Tiefe	Magnitude 1		Magnitude 2	
1963									
16. 04.	Halmahera	01 h 55 min	1 S	128 E	32			7,4	PRU
19. 04.	China	07 h 35 min	36 N	97 E	33	7,0		7,0	PRU
01. 05.	Neue Hebriden	10 h 03 min	19 S	169 E	140	7,0		6,6	PRU
28. 06.	Kurilen	21 h 55 min	47 N	153 E	33			7,2	PRU
04. 07.	Tonga-Inseln	10 h 58 min	26 S	178 W	158			6,5	PRU
15. 08.	Peru-Bolivien	17 h 25 min	14 S	69 W	543	7,75			
15. 09.	Santa Cruz-Inseln	00 h 46 min	10 S	166 E	43	7,25		7,2	
17. 09.	Santa Cruz-Inseln	19 h 20 min	10 S	165 E	17	7,25		7,3	
24. 09.	Peru	16 h 30 min	11 S	78 W	80	7,0		6,5	PRU
12. 10.	Kurilen	11 h 26 min	45 N	149 E	40	7,0		7,0	
13. 10.	Kurilen	05 h 17 min	45 N	150 E	60	8,25		8,5	
20. 10.	Kurilen	00 h 53 min	45 N	151 E	25	7,0		7,7	
04. 11.	Banda-See	01 h 17 min	7 S	130 E	80			7,9	
09. 11.	Brasilien	21 h 15 min	9 S	72 W	600	7,0			
15. 12.	Java-See	19 h 34 min	5 S	108 E	650	7,1			
18. 12.	Tonga-Inseln	00 h 30 min	25 S	177 W	46			7,6	
1964									
28. 01.	Hindukusch	14 h 09 min	37 N	71 E	207		MPV	6,5	PRU
06. 02.	Alaska	13 h 07 min	56 N	156 W	33	7,1		7,3	PRU
28. 03.	Alaska	03 h 36 min	61 N	148 W	20	8,5		8,7	
24. 04.	Neu-Guinea	05 h 56 min	5 S	144 E	106			7	PRU
07. 05.	Japan	07 h 58 min	40 N	139 E	33	7,0		7,2	
26. 05.	S-Sandwich-Inseln	10 h 59 min	56 S	28 W	130	7,3			
16. 06.	Japan	04 h 01 min	38 N	139 E	57	7,4		7.9	
23. 06.	Kurilen	01 h 26 min	43 N	146 E	77	7,6		6,8	
06. 07.	Mexiko	07 h 22 min	18 N	100 W	100	7,4		7,1	
08. 07.	Banda-See	11 h 55 min	6 S	130 E	165			6,9	PRU
09. 07.	Neue Hebriden	16 h 39 min	16 S	168 E	121	7,2		7,0	
24. 07.	Kurilen	08 h 12 min	47 N	154 E	33	7,0		7,2	PRU
05. 08.	Kermadec-Inseln	11 h 06 min	32 S	180	235				
12. 09.	Neuseeland	22 h 07 min	49 S	164 E	33	7,3		6,7	
15. 09.	Nikobaren	15 h 29 min	9 N	93 E	37		MPH	6,9	PRU
1965									
24. 01.	Seram-See	00 h 11 min	2 S	126 E	6	7,6		7,7	PRU
04. 02.	Aleuten	05 h 01 min	51 N	179 E	40	8,1		$7^3/_4$	PRU
04. 02.	Aleuten	08 h 40 min	51 N	180	40	7,3		7,3	
14. 03.	Hindukusch	15 h 53 min	36 N	71 E	219	(7,7)			
28. 03.	Chile	16 h 33 min	32 S	71 W	61	(7,3)		7,2	
30. 03.	Aleuten	02 h 27 min	51 N	178 E	51	7,5		7,4	
31. 03.	Griechenland	09 h 47 min	39 N	22 E	78	(7,0)		6,6	PRU
20. 05.	Neue Hebriden	00 h 40 min	15 S	167 E	16	7,3		6,8	
11. 06.	Kurilen	03 h 33 min	45 N	149 E	47	7,2		7,2	
02. 07.	Aleuten	20 h 58 min	53 N	168 W	60			7,0	

Tabelle 1 (Fortsetzung)

Datum	Herdgebiet	Herdzeit	Breite	Länge	Tiefe	Magnitude 1		Magnitude 2	
1965									
29. 07.	Aleuten	08 h 29 min	51 N	171 W	22			7,0	PRU
02. 08.	Macquarie-Insel	13 h 19 min	56 S	158 E	33	7,0		6,8	
11. 08.	Neue Hebriden	03 h 40 min	16 S	167 E	26	7,2		6,7	
11. 08.	Neue Hebriden	22 h 31 min	16 S	167 E	33	7,4		7,1	
13. 08.	Neue Hebriden	12 h 40 min	16 S	167 E	33	7,3		7,1	
23. 08.	Mexiko	19 h 46 min	16 N	96 W	28	7,8		7,9	
17. 09.	Japan	16 h 21 min	36 N	141 E	(45)	7,1		7,0	
25. 10.	Japan	22 h 34 min	44 N	145 E	181		MSH	6,8	
1966									
07. 03.	China	21 h 29 min	37 N	115 E	33	7,4		7,4	PRU
12. 03.	Taiwan	16 h 31 min	24 N	123 E	(35)	8,0		8,1	
20. 03.	Uganda	01 h 42 min	1 N	30 E	(40)	7,2		6,7	
22. 03.	China	08 h 19 min	38 N	115 E	(30)	7,6		7,6	
06. 06.	Hindukusch	07 h 46 min	36 N	71 E	(220)	(7,1)			
07. 06.	Karolinen	13 h 59 min	11 N	139 E	50	7,1		7,3	PRU
13. 06.	Santa Cruz-Inseln	18 h 08 min	12 S	167 E	228				
15. 06.	Salomonen	00 h 59 min	10 S	161 E	31	7,8		7,9	PRU
15. 06.	Salomonen	01 h 32 min	10 S	161 E	23			7,3	PRU
08. 09.	Halmahera	21 h 15 min	2 N	128 E	96	(7,3)	MPV	7,2	
07. 10.	Loyalty-Inseln	15 h 55 min	22 S	171 E	160		MPPH	6,6	
17. 10.	Peru	21 h 41 min	11 S	79 W	38	8,0		8,2	
28. 12.	Chile	08 h 18 min	26 S	71 W	47	8,0		7,9	
31. 12.	Santa Cruz-Inseln	18 h 23 min	12 S	166 E	33	8,2		8,3	
31. 12.	Santa Cruz-Inseln	22 h 15 min	12 S	166 E	33	7,3		7,0	
1967									
05. 01.	Mongolei	00 h 14 min	48 N	103 E	33	7,6		8,3	
18. 01.	östliche UdSSR	05 h 34 min	57 N	121 E	9			7,0	
19. 01.	Fidschi-Inseln	12 h 40 min	15 S	179 W	18	7,0		7,1	
20. 01.	Mongolei	01 h 57 min	48 N	103 E	33	7,0		7,2	
09. 02.	Kolumbien	15 h 24 min	3 N	75 W	(60)	(7,5)		7,3	
13. 02.	N-Atlantik	23 h 14 min	53 N	34 W	33			7,0	
15. 02.	Peru-Brasilien	16 h 11 min	9 S	71 W	595		MSH	6,7	
19. 03.	Kurilen	04 h 01 min	46 N	151 E	33	7,0		7,2	
24. 03.	Java-See	11 h 46 min	6 S	112 E	603				
21. 05.	Sumatra	18 h 45 min	1 S	102 E	173		MSH	7,0	
22. 07.	Türkei	16 h 56 min	41 N	31 E	4	7,3		7,2	
04. 10.	Neu-Irland	17 h 21 min	6 S	154 E	52			7,1	
09. 10.	Fidschi-Inseln	17 h 21 min	21 S	179 W	654	(7,0)	MPPV	7,4	
15. 10.	Nikaragua	08 h 00 min	12 N	86 W	162			7,1	PRU
25. 10.	Taiwan	00 h 59 min	25 N	122 E	65	(7,2)		7,1	
21. 12.	Chile	02 h 25 min	22 S	70 W	33	7,5		7,7	
25. 12.	Neu-Irland	01 h 23 min	5 S	154 E	64	(7,3)		7,4	

Tabelle 1 (Fortsetzung)

Datum	Herdgebiet	Herdzeit	Breite	Länge	Tiefe	Magnitude 1	Magnitude 2
1968							
14. 01.	Banda-See	12 h 25 min	8 S	128 E	115		6,6
29. 01.	Kurilen	10 h 19 min	43 N	147 E	40	7,3	7,5
12. 02.	Neu-Irland	05 h 44 min	6 S	153 E	74	(7,6)	7,7
19. 02.	Ägäisches Meer	22 h 45 min	39 N	25 E	7	7,3	7,2
26. 02.	Taiwan	10 h 50 min	23 N	122 E	24	7,2	7,3
01. 04.	Japan	00 h 42 min	33 N	132 E	33	8,0	8,2
09. 04.	Kalifornien	02 h 28 min	33 N	116 W	20	7,1	7,5
16. 05.	Japan	00 h 48 min	41 N	143 E	7	8,6	8,6
16. 05.	Japan	10 h 39 min	42 N	143 E	33	8,0	8,1
16. 05.	Japan	23 h 04 min	40 N	143 E	37	7,2	7,4
20. 05.	Kermadec-Inseln	20 h 05 min	31 S	178 W	46	7,2	7,0
20. 05.	Kurilen	21 h 09 min	45 N	150 E	(40)	7,0	7,1
23. 05.	Neuseeland	17 h 24 min	42 S	172 E	21	7,5	7,5
28. 05.	Neu-Guinea	13 h 27 min	3 S	139 E	65	(7,8)	7,8
07. 06.	Celebes	11 h 57 min	2 S	120 E	20	7,0	7,1
12. 06.	Japan	13 h 41 min	40 N	143 E	(30)	7,8	7,7
17. 06.	Japan	11 h 53 min	41 N	143 E	(50)	7,0	7,1
19. 06.	Peru	08 h 13 min	6 S	77 W	(20)	7,0	7,3
25. 07.	Kermadec-Inseln	07 h 23 min	31 S	178 W	60	(7,5)	7,2
01. 08.	Philippinen	20 h 19 min	17 N	122 E	37	7,7	7,6
02. 08.	Mexiko	14 h 06 min	17 N	98 W	40	7,5	7,5
03. 08.	Riu-Kiu-Inseln	04 h 54 min	26 N	129 E	(50)	7,3	7,7
10. 08.	Molukken-Straße	02 h 07 min	1 N	126 E	33	7,9	7,9
14. 08.	Celebes	22 h 14 min	0	120 E	23	7,5	7,6
18. 08.	Salomonen	18 h 38 min	10 S	160 E	538	(7,2)	
31. 08.	Iran	10 h 47 min	34 N	59 E	13	7,4	7,4
16. 09.	Neu-Britannien	13 h 55 min	6 S	149 E	59	(7,1)	7,2
20. 09.	Venezuela	06 h 00 min	11 N	63 W	107		MPV 7,0
21. 09.	Japan	13 h 05 min	42 N	143 E	(70)	(7,0)	7,0
25. 09.	Mexiko-Guatemala	10 h 38 min	16 N	93 W	138		MSH 6,8
26. 09.	Kermadec-Inseln	18 h 02 min	31 S	178 W	33	7,2	7,1
07. 10.	Bonin-Isneln	19 h 20 min	26 N	141 E	(520)	(7,5)	MPPV 7,4
23. 10.	Neu-Guinea	21 h 04 min	3 S	143 E	12	7,5	7,5
1969							
05. 01.	Salomonen	13 h 26 min	8 S	159 E	(60)	(7,5)	7,3
06. 01.	Santa Cruz-Inseln	15 h 39 min	11 S	165 E	32	7,1	7,1
19. 01.	Japan	07 h 02 min	45 N	143 E	(220)	(7,2)	MSH 7,9
19. 01.	Neue Hebriden	18 h 50 min	15 S	167 E	112		MPPV 7,0
30. 01.	Talaud-Inseln	10 h 29 min	5 N	127 E	(50)	7,9	7,8
23. 02.	Celebes	00 h 36 min	3 S	119 E	13	7,4	7,3
28. 02.	N-Atlantik	02 h 40 min	36 N	11 W	22	7,9	MPH 7,7
21. 04.	Japan	07 h 19 min	32 N	132 E	41	7,0	7,4
14. 05.	Aleuten	19 h 32 min	51 N	180	21		7,0
18. 07.	China	05 h 24 min	38 N	119 E	33	7,8	8,4

Tabelle 1 (Fortsetzung)

Datum	Herdgebiet	Herdzeit		Breite	Länge	Tiefe	Magnitude			
							1		2	
1969										
05. 08.	Molukken-Straße	02 h	13 min	1 N	126 E	34	7,0		7,1	
11. 08.	Kurilen	21 h	27 min	44 N	148 E	28	8,1		8,3	
14. 08.	Kurilen	14 h	19 min	43 N	148 E	33			7,3	
17. 08.	Kalifornien	20 h	14 min	25 N	110 W	33	7,2		7,3	
17. 09.	Japan	18 h	40 min	31 N	131 E	8			7,1	
01. 11.	Kalifornien	11 h	08 min	23 N	108 W	33	7,1		7,1	
21. 11.	Sumatra	02 h	05 min	2 N	95 E	20	7,8		7,6	
22. 11.	Kamtschatka	23 h	09 min	58 N	164 E	33	7,6		7,6	
25. 12.	Leeward-Inseln	21 h	32 min	16 N	60 W	7	7,1		7,3	
31. 12.	Riu-Kiu-Inseln	19 h	01 min	29 N	129 E	44	7,0		7,4	
1970										
04. 01.	China	17 h	00 min	24 N	103 E	31	7,6		7,5	
10. 01.	Philippinen	12 h	07 min	7 N	127 E	73	(7,8)		7,7	
20. 01.	Fidschi-Inseln	07 h	19 min	26 S	177 W	80	(7,1)			
05. 02.	Philippinen	22 h	05 min	13 N	122 E	11	7,1		7,0	
28. 02.	Aleuten	10 h	52 min	53 N	175 W	162		MSH	7,1	
28. 03.	Türkei	21 h	02 min	39 N	30 E	20	7,4		6,9	PRU
30. 03.	Philippinen	16 h	46 min	7 N	127 E	(55)	(7,0)		6,9	
07. 04.	Philippinen	05 h	34 min	16 N	122 E	37	7,7		7,6	
12. 04.	Philippinen	04 h	01 min	15 N	122 E	24	7,2		7,4	
29. 04.	Mexiko	14 h	01 min	15 N	93 W	33	7,4		7,2	
15. 05.	UdSSR-Mongolei	17 h	13 min	50 N	91 E	33	7,2		7,2	
27. 05.	Bonin-Inseln	12 h	05 min	27 N	140 E	(400)	(7,2)	MPV	6,8	
31. 05.	Peru	20 h	23 min	9 S	79 W	43	7,7		7,8	
11. 06.	Macquarie-Insel	16 h	46 min	59 S	158 E	33	7,6		7,4	
15. 06.	Falkland-Inseln	11 h	14 min	54 S	64 W	33	7,2		7,2	
24. 06.	Kgn.-Charlotte-In.	13 h	09 min	52 N	131 W	12	7,5		7,3	
25. 07.	Japan	22 h	41 min	32 N	132 E	34	7,4		7,7	
31. 07.	Kolumbien	17 h	08 min	2 S	73 W	651	(7,4)	MPV	7,0	PRU
11. 08.	Neue Hebriden	10 h	22 min	14 S	167 E	33	7,2		7,0	
31. 10.	Neu-Guinea	17 h	53 min	5 S	146 E	42	7,3		7,5	
08. 11.	Neu-Guinea	22 h	35 min	3 S	136 E	33	7,0		7,1	
02. 12.	Salomonen	15 h	54 min	11 S	163 E	33			6,9	
10. 12.	Peru-Ecuador	04 h	34 min	4 S	81 W	25	7,6		7,7	
29. 12.	Salomonen	02 h	26 min	11 S	161 E	72	(7,0)		6,9	
1971										
10. 01.	Neu-Guinea	07 h	17 min	3 S	140 E	33	8,2		8,2	
29. 01.	Ochotskisches Meer	21 h	58 min	52 N	151 E	544		MSH	6,9	
04. 02.	Sumatra	15 h	33 min	1 N	99 E	33	7,3		7,1	
08. 02.	S-Shetland-Inseln	21 h	04 min	64 S	61 W	(35)	7,1		6,8	
21. 02.	Chile-Argentinien	10 h	35 min	24 S	67 W	169			6,8	PRU
02. 05.	Aleuten	06 h	08 min	51 N	177 W	43			7,0	
22. 05.	Türkei	16 h	43 min	39 N	41 E	3	7,0		7,0	

Tabelle 1 (Fortsetzung)

Datum	Herdgebiet	Herdzeit		Breite	Länge	Tiefe	Magnitude			
							1		2	
1971										
17. 06.	Chile	21 h	00 min	26 S	69 W	93	(7,7)		7,2	
09. 07.	Chile	03 h	03 min	33 S	71 W	58	(8,0)		7,9	
14. 07.	Neu-Irland	06 h	11 min	6 S	154 E	47	8,1		8,1	
26. 07.	Neu-Irland	01 h	23 min	5 S	153 E	48	8,0		8,2	
27. 07.	Peru-Ecuador	02 h	02 min	3 S	77 W	135	(7,2)		7,1	
02. 08.	Japan	07 h	24 min	41 N	144 E	51	7,4		7,6	
05. 08.	Mittel-Atlantik	05 h	01 min	1 S	22 W	33			7,0	
05. 09.	Sachalin	18 h	35 min	47 N	141 E	9	7,7		8,0	
08. 09.	Sachalin	11 h	48 min	46 N	141 E	6			7,1	
04. 10.	Salomonen	01 h	30 min	6 S	154 E	74	(7,1)		6,9	
27. 10.	Neue Hebriden	17 h	58 min	16 S	167 E	40	7,4		7,2	
28. 10.	Neu-Irland	15 h	13 min	6 S	154 E	(140)	(7,0)		6,9	
21. 11.	Santa Cruz-Inseln	05 h	57 min	12 S	167 E	(120)	(7,7)		6,9	
24. 11.	Kamtschatka	19 h	35 min	53 N	159 E	106	(7,8)		7,3	
04. 12.	Salomonen	02 h	25 min	6 S	155 E	78			6,6	
15. 12.	Kamtschatka	08 h	29 min	56 N	163 E	(40)	7,8		7,9	
1972										
04. 01.	Taiwan	03 h	16 min	23 N	122 E	(60)	(7,7)		7,5	
08. 01.	Philippinen	05 h	27 min	21 N	120 E	33	7,2		7,2	
23. 01.	Neue Hebriden	21 h	17 min	13 S	166 E	33	7,3		7,1	
25. 01.	Taiwan	02 h	06 min	23 N	122 E	33	8,5		8,2	
25. 01.	Taiwan	03 h	41 min	23 N	122 E	33	7,7		7,6	
14. 02.	Santa Cruz-Inseln	23 h	29 min	11 S	166 E	102	(7,5)		7,3	
29. 02.	Japan	09 h	22 min	33 N	141 E	56	(7,8)		7,4	
22. 03.	Kurilen	10 h	27 min	49 N	154 E	134			6,6	
24. 04.	Taiwan	09 h	57 min	24 N	122 E	(25)	7,7		7,8	
25. 04.	Philippinen	19 h	30 min	13 N	120 E	50	8,0		7,8	
28. 04.	Salomonen	23 h	32 min	5 S	154 E	409	(7,0)	MPPV	6,8	
22. 05.	Philippinen	06 h	04 min	17 N	122 E	34	7,4		7,2	
22. 05.	Tonga-Inseln	20 h	45 min	18 S	175 W	(230)	(7,2)	MPPV	6,8	
11. 06.	Celebes	16 h	41 min	4 N	124 E	(320)	(8,1)		7,5	
30. 07.	Alaska	21 h	45 min	57 N	136 W	25	7,9		8,0	
17. 08.	Neu-Britannien	23 h	44 min	6 S	153 E	10	7,0		6,9	
02. 11.	Loyalty-Inseln	19 h	55 min	20 S	169 E	32	7,5		7,3	
02. 12.	Philippinen	00 h	19 min	7 N	127 E	33	8,0		8,2	
04. 12.	Japan	10 h	16 min	33 N	141 E	66	(7,9)		7,8	PRU
1973										
30. 01.	Mexiko	21 h	01 min	19 N	103 W	(45)	7,8		7,8	
06. 02.	China	06 h	10 min	31 N	101 E	(40)	7,8		8,3	
28. 02.	Kurilen	06 h	37 min	51 N	157 E	(30)	7,8		7,7	
17. 03.	Philippinen	08 h	30 min	13 N	123 E	(50)	7,8		7,7	
17. 06.	Japan	03 h	55 min	43 N	146 E	(55)	(8,1)		8,1	
24. 06.	Kurilen	02 h	43 min	43 N	146 E	50	7,8		7,8	

Tabelle 1 (Fortsetzung)

Datum	Herdgebiet	Herdzeit		Breite	Länge	Tiefe	Magnitude 1		Magnitude 2
1973									
26. 06.	Kurilen	22 h	32 min	43 N	147 E	(30)	7,0		7,1
14. 07.	Tibet	04 h	51 min	35 N	87 E	33	7,5		7,3
01. 08.	Neue Hebriden	01 h	31 min	14 S	167 E	200	(7,1)		6,7
28. 08.	Mexiko	09 h	50 min	18 N	97 W	80	(7,1)		6,7
28. 08.	Mittel-Atlantik	15 h	01 min	0	18 W	33	7,1		7,0
29. 09.	Korea	00 h	44 min	42 N	131 E	(580)	(7,4)		7,2
06. 10.	S-Sandwich-Inseln	15 h	07 min	61 S	22 W	(45)	7,0		6,9
28. 12.	Neue Hebriden	13 h	41 min	15 S	167 E	26	7,7		7,7
29. 12.	Neue Hebriden	00 h	19 min	15 S	167 E	47	7,4		7,3
1974									
02. 01.	Chile	10 h	42 min	23 S	68 W	105	(7,6)		7,1
10. 01.	Neue Herbiden	08 h	51 min	14 S	167 E	34	7,3		7,4
31. 01.	Salomonen	23 h	30 min	8 S	156 E	34	7,2		7,3
01. 02.	Salomonen	03 h	12 min	7 S	156 E	40	7,4		7,5
08. 05.	Japan	23 h	33 min	35 N	139 E	2	7,2		7,3
10. 05.	China	19 h	25 min	28 N	104 E	11	7,0		7,2
02. 07.	Kermadec-Inseln	23 h	26 min	29 S	176 W	33	7,4		7,3
04. 07.	Mongolei	19 h	30 min	45 N	94 E	(25)	7,5		7,4
13. 07.	Panama-Kolumbien	01 h	18 min	8 N	78 W	12	7,2		7,2
30. 07.	Hindukusch	05 h	12 min	36 N	71 E	(250)	(7,4)	MSH	7,0
11. 08.	UdSSR-China	01 h	14 min	40 N	74 E	9	7,4		7,7
18. 08.	Chile	10 h	44 min	39 S	73 W	36	7,4		7,3
27. 09.	Kurilen	05 h	47 min	43 N	147 E	(45)	7,2		7,3
03. 10.	Peru	14 h	21 min	12 S	78 W	13	7,8		7,8
08. 10.	Leeward-Inseln	09 h	50 min	17 N	62 W	47			7,1
16. 10.	N-Atlantik	05 h	45 min	53 N	32 W	33			7,1
23. 10.	Dentrecasteaux-In.	06 h	14 min	8 S	154 E	48	7,4		7,7
29. 10.	Banda-See	03 h	14 min	7 S	130 E	117			6,7
09. 11.	Peru	12 h	59 min	13 S	78 W	6	7,2		7,3
20. 11.	Neue Hebriden	04 h	14 min	15 S	167 E	(60)	(7,4)		7,1
29. 11.	Japan	22 h	05 min	31 N	138 E	(450)	(7,3)		6,9
1975									
19. 01.	Kaschmir-Tibet	08 h	02 min	33 N	78 E	33	7,1		7,0
02. 02.	Aleuten	08 h	43 min	53 N	174 E	10	7,1		7,3
04. 02.	China	11 h	36 min	41 N	123 E	33	7,6		8,0
13. 03.	Loyalty-Inseln	18 h	45 min	22 S	171 E	85	(7,4)		7,1
23. 03.	Taiwan	07 h	32 min	23 N	123 E	(20)	7,0		7,3
10. 05.	Chile	14 h	27 min	38 S	73 W	6	7,7		7,8
26. 05.	N-Atlantik	09 h	11 min	36 N	18 W	33	7,8		
10. 06.	Kurilen	13 h	47 min	43 N	148 E	(25)	7,2		7,4
13. 06.	Kurilen	18 h	08 min	44 N	148 E	19	7,0		7,3
29. 06.	Japanisches Meer	10 h	37 min	39 N	130 E	(580)	(7,3)	MSH	7,3
08. 07.	Burma	12 h	04 min	22 N	95 E	157	(7,2)		6,8

Tabelle 1 (Fortsetzung)

Datum	Herdgebiet	Herdzeit		Breite	Länge	Tiefe	Magnitude	
							1	2
1975								
10. 07.	Philippinen	18 h	29 min	7 N	127 E	86	(7,5)	7,0
20. 07.	Salomonen	14 h	37 min	7 S	155 E	49	7,5	7,6
20. 07.	Salomonen	19 h	54 min	7 S	155 E	44	7,4	7,3
21. 07.	Salomonen	02 h	39 min	7 S	155 E	95	(7,2)	6,9
01. 10.	Sumatra	03 h	29 min	5 S	102 E	(35)	7,1	7,0
06. 10.	Santa Cruz-Inseln	22 h	24 min	13 S	167 E	(60)	(7,4)	7,3
11. 10.	Tonga-Inseln	14 h	35 min	25 S	175 W	(10)	7,8	7,7
31. 10.	Philippinen	08 h	28 min	13 N	126 E	50	7,8	7,9
01. 11.	Marianen	01 h	17 min	14 N	145 E	113		6,8
29. 11.	Hawaii	14 h	47 min	19 N	155 W	5		7,2
25. 12.	Neu-Guinea	23 h	22 min	4 S	142 E	(130)	(7,2)	6,9
26. 12.	Samoa	15 h	56 min	16 S	173 W	33	7,6	7,9
1976								
01. 01.	Kermadec-Inseln	01 h	29 min	29 S	178 W	59	(7,4)	7,2
14. 01.	Kermadec-Inseln	15 h	56 min	29 S	178 W	69	(8,2)	7,9
14. 01.	Kermadec-Inseln	16 h	47 min	28 S	178 W	33	7,8	8,0
21. 01.	Kurilen	10 h	05 min	45 N	149 E	41	7,1	7,3
04. 02.	Guatemala	09 h	01 min	15 N	89 W	5	7,4	7,6
24. 03.	Kermadec-Inseln	04 h	46 min	30 S	178 W	33	7,3	7,2
08. 04.	Usbekische SSR	02 h	40 min	40 N	64 E	33	7,2	7,2
05. 05.	Kermadec-Inseln	04 h	52 min	30 S	178 W	35	7,2	7,0
17. 05.	Usbekische SSR	02 h	58 min	40 N	64 E	10	7,2	7,1
29. 05.	Burma-China	12 h	23 min	25 N	99 E	(10)	7,5	7,4
29. 05.	Burma-China	14 h	00 min	25 N	99 E	10	7,3	7,3
03. 06.	Neu-Irland	16 h	44 min	5 S	153 E	88	(7,3)	6,9
20. 06.	Sumatra	20 h	53 min	3 N	96 E	33	7,2	6,8
25. 06.	W-Irian	19 h	18 min	5 S	140 E	33	7,3	7,7
27. 07.	China	19 h	42 min	40 N	118 E	23	8,1	8,1
28. 07.	China	10 h	45 min	40 N	118 E	26	7,6	8,0
16. 08.	China	14 h	06 min	33 N	104 E	16	7,0	7,3
16. 08.	Philippinen	16 h	11 min	6 N	124 E	33	8,0	8,0
17. 08.	Philippinen	04 h	19 min	7 N	123 E	(25)	7,2	7,3
29. 10.	W-Irian	02 h	51 min	5 S	140 E	33	7,1	7,3
15. 11.	China	13 h	53 min	39 N	118 E	15		7,6
24. 11.	Türkei	12 h	22 min	39 N	44 E	36	7,2	7,2
30. 11.	Chile-Bolivien	00 h	40 min	21 S	69 W	82	(7,5)	7,3
14. 12.	Riu-Kiu-Inseln	16 h	06 min	28 N	131 E	41		7,2
1977								
06. 01.	Neu-Guinea	06 h	11 min	4 S	144 E	33	7,1	7,4
04. 03.	Rumänien	19 h	21 min	46 N	27 E	94	(7,3)	7,1
09. 03.	Korea	14 h	27 min	42 N	131 E	528		6,5
18. 03.	Philippinen	21 h	43 min	17 N	122 E	37	7,5	7,7
21. 03.	Iran	21 h	18 min	28 N	56 E	29	7,0	7,0

Tabelle 1 (Fortsetzung)

Datum	Herdgebiet	Herdzeit	Breite	Länge	Tiefe	Magnitude 1	Magnitude 2	
1977								
02. 04.	Samoa	07 h 15 min	17 S	172 W	33	7,6	7,6	
20. 04.	Salomonen	23 h 13 min	10 S	160 E	33		7,0	
20. 04.	Salomonen	23 h 42 min	10 S	160 E	19	7,5	7,6	
20. 04.	Salomonen	23 h 49 min	10 S	161 E	33	7,4	7,3	
21. 04.	Salomonen	04 h 24 min	10 S	161 E	33	7,3	7,5	
22. 06.	Tonga-Inseln	12 h 08 min	23 S	176 W	65	7,9	7,9	
21. 07.	Philippinen	13 h 45 min	17 N	122 E	33	7,3	7,3	
29. 07.	Salomonen	11 h 15 min	8 S	156 E	33	7,4	7,4	
19. 08.	Sumbawa	06 h 08 min	11 S	119 E	33	8,3	8,3	
26. 08.	SW-Atlantik	19 h 50 min	59 S	21 W	33	7,1	7,0	
04. 09.	Aleuten	17 h 24 min	51 N	178 E	8		7,0	
10. 10.	Tonga-Inseln	11 h 53 min	26 S	175 W	33	7,2	7,4	
23. 11.	Argentinien	09 h 26 min	31 S	68 W	13	7,6	7,8	
1978								
14. 01.	Japan	03 h 24 min	35 N	139 E	14		7,4	
09. 02.	Kermadec-Inseln	21 h 35 min	31 S	177 W	33	7,4	7,2	
07. 03.	Japan	02 h 48 min	32 N	138 E	439	7,0	6,7	
15. 03.	Bonin-Inseln	22 h 04 min	26 N	141 E	263		> 6,5	
22. 03.	Kurilen	00 h 50 min	44 N	149 E	33	7,1	7,3	
22. 03.	Kurilen	21 h 34 min	44 N	149 E	33	6,9	7,0	
23. 03.	Kurilen	00 h 31 min	44 N	149 E	46	7,6	7,7	
23. 03.	Kurilen	03 h 15 min	45 N	148 E	33	7,8	7,8	
23. 03.	Kurilen	19 h 12 min	44 N	150 E	33	7,0	7,1	
24. 03.	Kurilen	19 h 47 min	44 N	149 E	33		8,0	
24. 03.	Kasachische SSR	21 h 05 min	43 N	79 E	33		7,2	
13. 05.	Neue Hebriden	07 h 08 min	15 S	167 E	160	6,7	6,9	PRU
12. 06.	Japan	08 h 14 min	38 N	142 E	44	8,0	8,0	
14. 06.	Philippinen	12 h 32 min	8 N	122 E	24	7,1	7,2	
17. 06.	Tonga-Inseln	15 h 11 min	17 S	172 W	33	6,8	7,0	
23. 07.	Taiwan	14 h 42 min	22 N	122 E	17	7,7	8,0	
23. 08.	Kostarika	00 h 38 min	10 N	85 W	56	7,1	7,0	
16. 09.	Iran	15 h 35 min	33 N	57 E	33	7,5	7,5	
01. 11.	Kirgisische SSR	19 h 48 min	39 N	73 E	40	7,2	7,3	
04. 11.	Salomonen	22 h 29 min	11 S	162 E	33	7,0	7,1	
05. 11.	Salomonen	22 h 02 min	11 S	162 E	33	7,1	7,2	
29. 11.	Mexiko	19 h 52 min	16 N	97 W	18	7,7	7,8	
06. 12.	Kurilen	14 h 02 min	45 N	147 E	91	8,3	7,8	
12. 12.	Philippinen	11 h 44 min	7 N	124 E	33	7,2	7,2	
23. 12.	Taiwan	11 h 23 min	23 N	122 E	33	7,8	7,8	
1979								
16. 01.	Iran	09 h 50 min	34 N	60 E	33	7,0	7,0	
16. 02.	Peru	10 h 08 min	16 S	73 W	53	7,2	7,3	
20. 02.	Japan	06 h 32 min	40 N	144 E	10	7,0	7,3	

Tabelle 1 (Fortsetzung)

Datum	Herdgebiet	Herdzeit		Breite	Länge	Tiefe	Magnitude	
							1	2
1979								
28. 02.	Alaska	21 h	27 min	61 N	142 W	15	6,9	7,2
14. 03.	Mexiko	11 h	07 min	18 N	101 W	49	7,6	7,6
10. 04.	Talaud-Inseln	01 h	42 min	3 N	127 E	37	7,0	7,1
01. 05.	Loyalty-Inseln	13 h	03 min	21 S	170 E	79	7,4	6,8
24. 07.	Java	19 h	31 min	11 S	108 E	31	7,2	7,0
26. 08.	Philippinen	14 h	31 min	19 N	122 E	15	7,4	7,5
12. 09.	W-Irian	05 h	17 min	2 S	136 E	5	7,8	7,7
12. 10.	Neuseeland	10 h	25 min	47 S	166 E	33	7,4	7,3
15. 10.	Kalifornien-Mexiko	23 h	16 min	33 N	115 W	20	6,9	7,0
23. 10.	Salomonen	09 h	51 min	11 S	161 E	22	7,2	7,3
16. 11.	Fidschi-Inseln	15 h	21 min	17 S	180	33	6,9	7,0
23. 11.	Kolumbien	23 h	40 min	5 N	76 W	108	7,0	6,4
27. 11.	Iran	17 h	10 min	34 N	60 E	10	7,3	7,4
11. 12.	Bonin-Inseln	17 h	26 min	29 N	141 E	110	6,8	> 6,5
12. 12.	Ecuador	07 h	59 min	2 N	79 W	24	8,0	8,1

Ordnet man die 414 in Tab. 1 enthaltenen Beben den einzelnen Tiefenbereichen bzw. den drei großen seismischen Regionen der Erde zu, dann ergibt sich die in Tab. 2 enthaltene Verteilung.

Tabelle 2

	flach	intermediär	tief	Summe
ZPG	243	68	23	334
MTG	47	14	3	64
MOR	13	3	0	16
Summe	303	85	26	414

Mehr als 80% der aufgeführten Beben sind dem zirkumpazifischen Gürtel (ZPG) zuzuordnen, während der mediterran-transasiatische Gürtel (MTG) sowie die mittelozeanischen Rücken und die ostafrikanischen Grabensysteme (MOR) wesentlich weniger Großbeben aufweisen. Eine ähnliche Mehrheit bilden die Flachbeben (fast 75%) gegenüber intermediären und tiefen Erdbeben.

Abb. 1 zeigt eine Registrierung der Großbebenserie, die sich im März 1978 im Gebiet der Kurilen ereignete.

Die Häufigkeitsverteilung der Bebenmagnituden (Abb. 2) stellt die Werte der Magnitudenspalte 2 dar, die gegebenenfalls mit der Spalte 1 vervollständigt werden. In einzelnen Fällen fehlt auch diese Angabe; dann wurde den Flachbeben die Magnitude 7,0 und allen tieferen Beben der Wert 6,5 zugeordnet. Das Maximum der Verteilung liegt bei der Magnitude 7,3. Die geringe Anzahl von Beben mit kleineren Magnituden dürfte durch

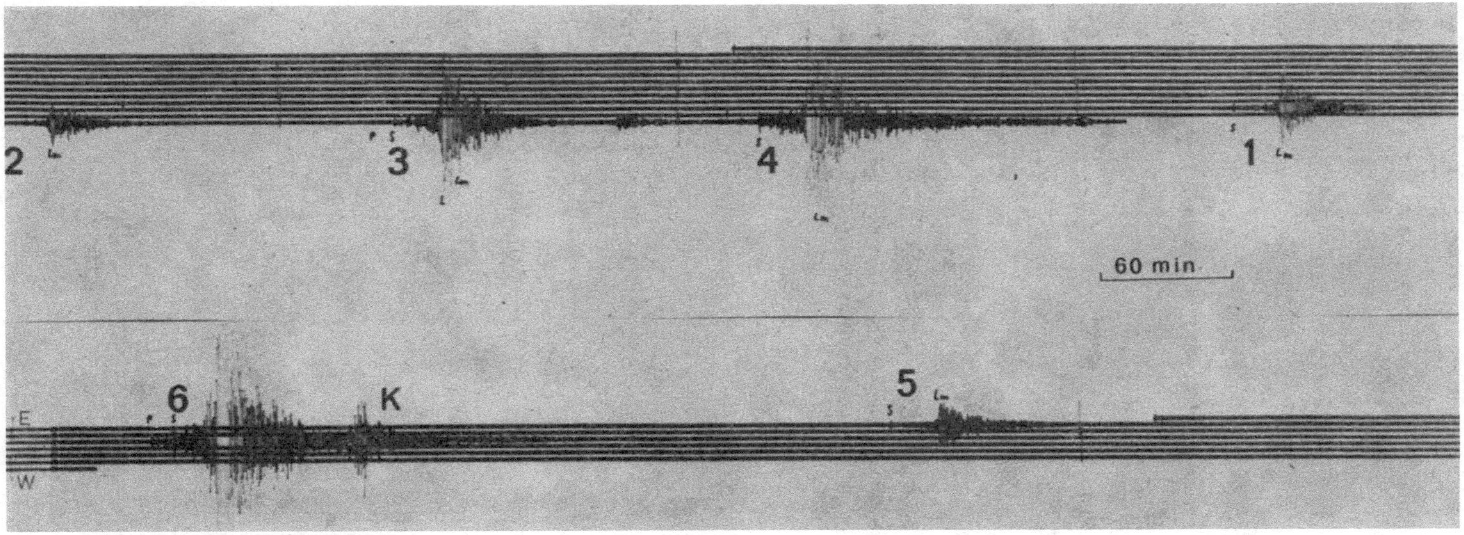

Abb. 1. Registrierung einer Erdbebenserie an der seismischen Station Collm (CLL)

Zwei aufeinanderfolgende Seismogramme SSJ-1 (verkleinerter Ausschnitt der EW-Komponente, Maximalvergrößerung im Original 180fach). Die Registrierung erfolgt mit einem Papiervorschub von 1 mm/min; einem Umlauf der Registriertrommel (= Abstand zweier aufeinanderfolgender Zeilen) entsprechen 15 Stunden. Es werden lediglich die Maximalamplituden der Oberflächenwellen gemessen. Die starken einzelnen Ausschläge sind Eichimpulse (täglich 12.00 Uhr). Am 23. 3. 1978 wurde die Registrierung morgens zum Streifenwechsel unterbrochen.

Beben Nr.	1	2	3	4	5	6	K	
Herd	Gebiet der Kurilen		(Tiefe normal, $D_{CLL} = 77{,}5°$)				Kasachische SSR	
Datum (1978)	22. 3.	22. 3.	23. 3.	23. 3.	23. 3.	24. 3.	24. 3.	
Herdzeit GMT	00^h50^{min}	21^h34^{min}	00^h31^{min}	03^h15^{min}	19^h12^{min}	19^h47^{min}	21^h05^{min}	(Tiefe normal
MLH_{CLL}	7,3	7,0	7,7	7,8	7,1	8,0	7,2	$D_{CLL} = 44{,}1°$)
MS_{ISC}	6,9	6,8	7,3	7,5	6,9	7,7	7,2	

Zwischen den Beben 3 und 4 ist ein weiteres mit $MLH_{CLL} = 6{,}4$ zu erkennen, während 220 schwächere Beben der Serie im Zeitraum der abgebildeten Registrierung an der Station Collm nur mit empfindlicheren Seismographen aufgezeichnet wurden.

die verwendeten Auswahlkriterien bedingt sein. Für Magnituden $\geqq 7{,}3$ ist die getroffene Auswahl wahrscheinlich vollständig.

Neben der Häufigkeit der einzelnen Magnituden ist auch die zeitliche Entwicklung der Freisetzung seismischer Energie von Interesse. Dazu werden den Beben gemäß

$$\lg E = 11{,}8 + 1{,}5\, M \text{ (für Oberflächenwellenmagnituden)}$$

bzw.

$$\lg E = 5{,}8 + 2{,}4\, m \text{ (für Raumwellenmagnituden)}$$

Werte für die freigesetzte seismische Energie E (in erg) zugeordnet. Die BENIOFF-Zahlen

$$b_i = E_i^{1/2}$$

ergeben in Form von

$$B(t) = \sum_i b_i = \sum_i E_i^{1/2}$$

eine von der Zeit t abhängende Summe, die in Abb. 3 dargestellt ist. Verwendet wurden auch hier im allgemeinen die Werte in den Magnitudenspalten 2 bzw. 1. Fehlten diese, so wurden den Flachbeben der Wert $M = 7{,}0$ als Oberflächenwellenmagnitude bzw. tieferen Beben $m = 6{,}5$ als Raumwellenmagnitude zugrundegelegt.

Bemerkenswert ist der starke Anstieg der gezeichneten Treppenkurven im Jahre 1968, bedingt durch überdurchschnittlich viele Großbeben (33 bei einem Jahresdurchschnitt

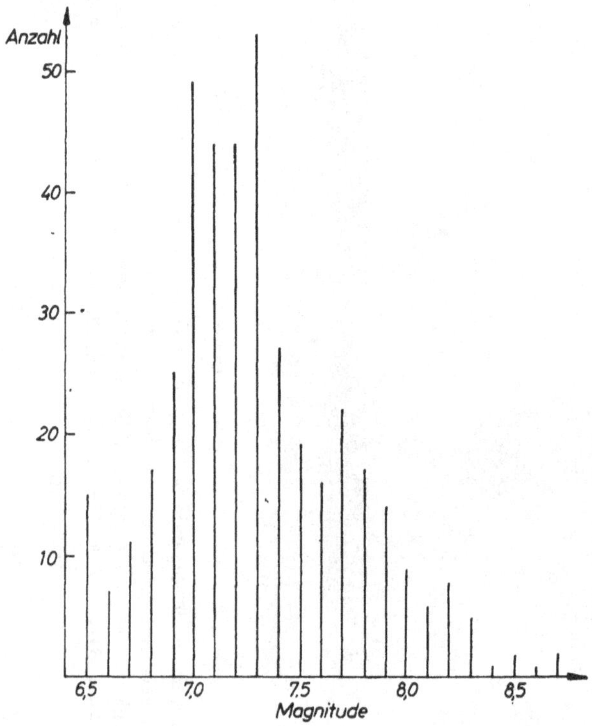

Abb. 2. Häufigkeitsverteilung der in Tab. 1 enthaltenen Großbeben als Funktion der Magnitude

von ca. 21). Die Beben der mittelozeanischen Rücken weisen auch bezüglich der Energiesumme den geringsten Anteil auf. Der größte Sprung in ihrer BENIOFF-Summe steht im Zusammenhang mit dem Beben vom 28. 2. 1969 vor der portugiesischen Küste, das bezüglich seiner Herdlage eine Sonderstellung zwischen zwei Bebenzonen einnimmt.

Insgesamt zeigt die Darstellung der von allen Großbeben beigetragenen Energie zeitlich einen relativ stetigen Verlauf. Unterschiede im Anstieg zwischen den Anfangsjahren des betrachteten Zeitraums und der Zeit nach 1968 sind auch von anderen Autoren gefunden worden (BATH und DUDA, 1979). Abgesehen von gewissen Fluktuationen ist die Gesamtmenge der in Großbeben freigesetzten Energie im betrachteten Zeitraum eine relativ stabile Größe.

Berücksichtigt man schließlich noch, daß erst etwa 30 Beben der Magnitude 6,0 denselben Beitrag an seismischer Energie liefern wie ein einziges Beben der Magnitude 7,0, dann wird deutlich, daß die in den dargestellten BENIOFF-Summen addierten Energie-

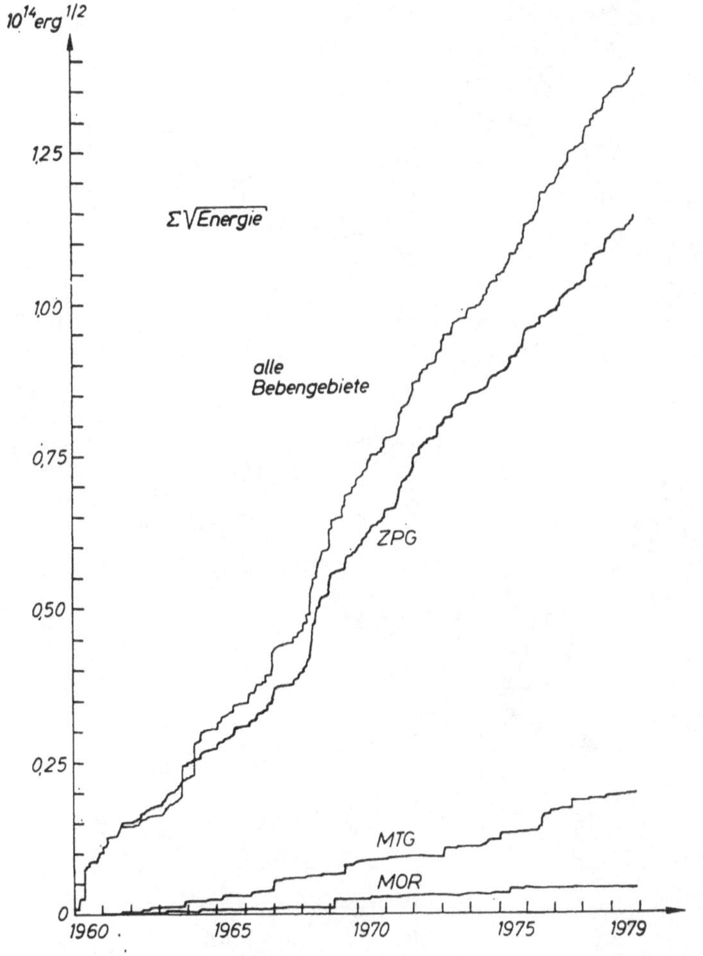

Abb. 3. Energieakkumulation (BENIOFF-Summen) der in Tab. 1 enthaltenen Beben mit Unterteilung in die drei großen seismischen Regionen der Erde

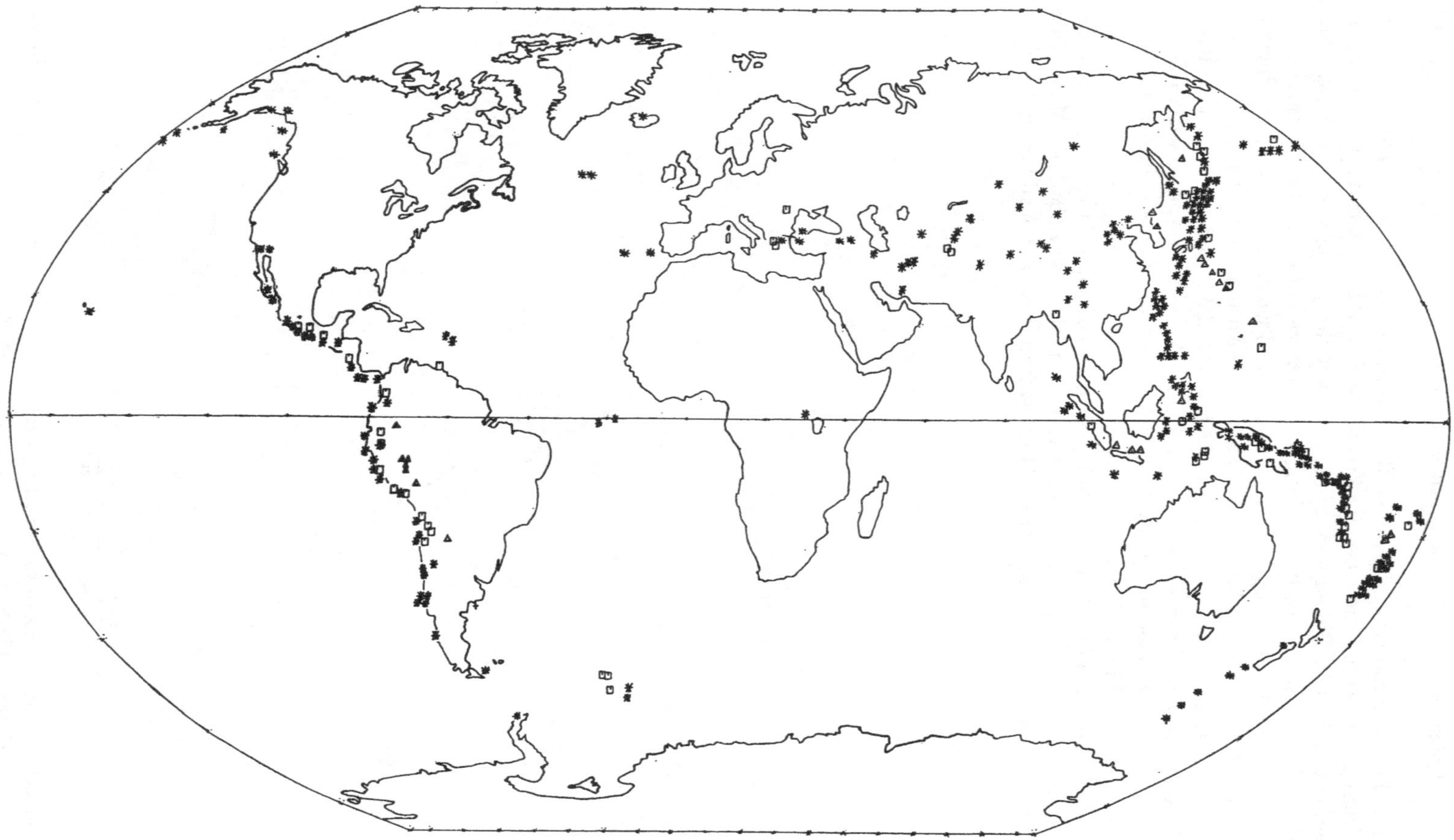

Abb. 4. Epizentren der 414 aufgeführten Erdbeben.

Die Tiefenlage der Herde wird durch Symbole unterschieden: flach – Stern, intermediär – Quadrat, tief – Dreieck

beiträge den weitaus größten Teil der insgesamt freigesetzten Erdbebenenergie bilden. In die Weltkarte (Abb. 4) sind alle 414 in der Liste aufgeführten Erdbeben eingetragen, ohne auf Unterschiede in ihrer Magnitude einzugehen.

Literatur

NELSON, J. B.; GANSE, R. A., Significant Earthquakes 1900—1979 (Daten und Karte). Boulder 1980.

Geophysikalische Meßreihen des Geophysikalischen Observatoriums Collm. Seismische Registrierungen, Monats- bzw. Quartalshefte 1960—1979.

Bulletin of the Czechoslovak Seismological Stations, 1960—1972, Prag.

DUDA, S. J.; Secular Seismic Energy Release in the Circum-Pacific Belt. Tectonophysics 2 (1965) 5, 409—452.

BATH, M.; DUDA, S. J., Some Aspects of Global Seismicity. Uppsala report (1979), 1—79.

Seismological Bulletin of the Swedish Stations, 1978—1979, Uppsala.

Bulletin of the Seismological Society of America, 1960—1979, Berkeley.

Preliminary Determination of Epicenters, 1960—1979, Denver.

Bulletin of the International Seismological Centre, March 1978, Newbury.

Geophys. u. Geol. Geophys. Veröff. d. KMU Leipzig Bd. III H. 1 S. 152–156 Berlin 1984

Buchbesprechungen

WALTER L. PILANT

Elastic Waves in the Earth

Erschienen als Band 11 in der Reihe „Developments in Solid Earth Geophysics", Elsevier, 1979; 493 Seiten.

Auf der Grundlage eines einjährigen Vorlesungskurses über theoretische Seismologie für Fortgeschrittene entstand „Elastic Waves in the Earth" als eine umfassende und den aktuellen Stand der Forschung weitgehend berücksichtigende Darstellung der Ausbreitung elastischer Wellen in der Erde. Es werden die allgemeinen Aspekte der Seismologie und ihre Beziehungen zum Gesamtgebiet der Geophysik dargestellt.

Nach einer Zusammenstellung der benötigten mathematischen Grundlagen — teilweise in etwas ungewohnter Schreibweise, an die sich der Leser aber durch Gebrauch gewöhnen kann -- werden in zusammengefaßter Form die Grundlagen der Elastodynamik vermittelt. In einem streng axiomatischem Vorgehen werden aus den Bewegungsgleichungen der Elastodynamik die Grundgleichungen, die die Ausbreitung elastischer Wellen in der Erde beschreiben, in kartesischen, Zylinder- und Kugelkoordinaten abgeleitet und unter unterschiedlichen Randbedingungen gelöst. Die den ersten Teil des Buches umfassenden 16 Kapitel beinhalten die Grundlagen der Wellenausbreitung, während im zweiten Teil des Buches eine gewisse Änderung des Stils der Darstellung erfolgt. Einem Kapitel mit Theorie folgt jeweils ein Kapitel mit Beobachtungsmaterial.

Unter gleichzeitiger Verwendung weiterentwickelter Methoden (so z. B. der Cagniard-deHoop-Technik) erfolgt eine ausführliche Behandlung des Lamb-Problems für den zweidimensionalen Fall. Das Verhalten von Raumwellen an einer und mehreren ebenen Grenzflächen zwischen unterschiedlichen Medien wird für Strahlen und Wellen detailliert behandelt (einschließlich der Matrixmethode von THOMSON und HASKELL). So werden Reflexion und Refraktion, aber auch die Berechnung von Laufzeiten für horizontale und geneigte Schichten untersucht. In spezieller Anwendung auf seismologische Fragestellungen wird die Wellenausbreitung in der radial inhomogenen Erde behandelt, einschließlich freier Oszillationen der Erde. Neben Raumwellen werden gleichermaßen Oberflächenwellen und die aus ihrer Beobachtung folgenden Ergebnisse ausführlich diskutiert.

Schließlich werden der Dissipation der Energie elastischer Wellen zwei Kapitel gewidmet, ebenso dem seismischen Herdvorgang. Die vorangestellten theoretischen Überlegungen werden wirkungsvoll durch nachfolgende Beobachtungsergebnisse erläutert.

Einige kurze Kapitel über Seismizität, mikroseismische Bodenunruhe und Seismographentheorie beschließen den Textteil des Buches. Eine mehr als 40 Seiten umfassende

Bibliographie, auf die durch zahlreiche Kommentare innerhalb der einzelnen Kapitel detailliert verwiesen wird, erlaubt auch dem weniger vorgebildeten Leser das systematische und zielgerichtete Eindringen in das Gebiet der theoretischen Seismologie zur Behandlung einer konkreten Problemstellung. Sieht man von einigen drucktechnischen Mängeln ab — wobei dem aufmerksamen Leser das Herausfinden der Druckfehler im allg. keine besondere Mühe bereiten dürfte — so stellt dieses Buch eine sehr gute Hilfe für den Lernenden dar; Voraussetzung sind jedoch mathematische Fertigkeiten und Grundkenntnisse der klassischen Kontinuumsmechanik. Unter diesen Voraussetzungen ermöglicht das Buch dem Interessenten, auf streng axiomatischem Wege in das Gebiet der theoretischen Seismologie einzudringen.

Durch die Demonstration der gewonnenen theoretischen Ergebnisse an geeignetem Beobachtungsmaterial geht der Wert dieses Buches über eine reine Darstellung der theoretischen Seismologie hinaus. S. Wendt

D. S. Sutherland (Ed.)

Igneous Rocks of the British Isles

Chichester, New York, Brisbane, Toronto, Singapore:
John Wiley & Sons Ltd, 645 Seiten.

Mit diesem Buch, das soviel Informationen wie möglich liefern soll, dennoch nicht als Enzyklopädie, sondern als Anthologie betrachtet werden möchte, ist nicht nur ein Standardwerk über ein gewichtiges Thema der britischen Geologie erschienen. Es ist zugleich ein Musterbeispiel einer ausgewogenen, klaren und verständlichen Darstellung eines komplizierten Spezialthemas der regionalen Geologie überhaupt und daher für andere Länder nachahmenswert. Dies darf umso höher bewertet werden, als die insgesamt 34 Kapitel und drei Anhänge des Buches von nicht weniger als 37 Autoren verfaßt worden sind.

Das Werk besteht aus 7 Hauptteilen, die erdgeschichtlich geordnet sind:

1. Präkambrium,
2. Tiefpaläozoische vulkanische Gesteine,
3. Kaledonische Intrusivgesteine,
4. Devonischer und karbonischer Vulkanismus,
5. Herzynische (variskische) Intrusivgesteine,
6. Magmatische Prozesse im Spätpaläozoikum und Mesozoikum,
7. Britische magmatische Tertiärprovinz.

Hervorzuheben sind auch die drei Anhänge des Buches. Der von P. A. Sabine und D. S. Sutherland und weiteren 7 Autoren verfaßte Anhang A (66 Seiten mit 67 Abbildungen, vorwiegend von Strichzeichnungen ausgewählter Dünnschliffe) bringt eine Zusammenschau der Petrographie der britischen Inseln und damit zugleich das petrographische Fazit der 7 Hauptteile, wonach der Anhang A untergliedert ist. Im Anhang B werden auf 24 Tabellen chemische Analysen ausgewählter Gesteine und im Anhang B auf 5 Tabellen 123 absolute Gesteinsdatierungen vorgelegt.

Die Einzelkapitel folgen Aspekten wie der Platznahme, der magmatischen Zyklizität, dem Chemismus u. a., doch ist Hauptordnungsprinzip die Region. Erfreulicherweise ist den geologischen Rahmenbedingungen des magmatischen Geschehens ein nicht unerheblicher Platz eingeräumt. So vermittelt das Werk zugleich eine knappe Übersicht zur Erdgeschichte, den Faziesverhältnissen und der Tektonik der betrachteten Räume. Wertvolle Hilfe findet dabei der Leser in den überwiegend übersichtlichen, instruktiven 283 Abbildungen in Form von Karten, Kartenskizzen, Schnitten, Profilen, Diagrammen, Fotos und tabellarischen stratigraphisch-faziellen Darstellungen unter besonderer Berücksichtigung der magmatischen Ereignisse.

Eine ausführliche Literaturübersicht mit ca. 1800 Quellenangaben wird der langen, erfolgreichen Forschung gerecht und erleichtert ein weiteres Eindringen in den Stoff. Ein umfangreiches, reich gegliedertes Sachwortverzeichnis leistet wertvolle Hilfe zur Erschließung des informativen und anregenden Werkes, das allen Geowissenschaftlern, insbesondere Geologen und Petrographen, empfohlen werden kann.

Lothar Eissmann

R. S. Thorpe (Hrsg.)

Andesites

Chichester, New York, Brisbane, Toronto, Singapore: John Wiley & Sons Ltd, 1982, XIV + 724 Seiten, zahlreiche Abbildungen.

Inselbögen und aktive Kontinentalränder, wie sie gegenwärtig vor allem im Randbereich des Pazifiks entwickelt sind, erweisen sich als jene Gürtel der Erde, in denen der plattentektonische Mechanismus seine eindruckvollsten Auswirkungen in Form von Vulkanismus, Erdbeben und Orogenesen zeigt. Die dynamischen und stofflichen Wechselwirkungen der subduzierenden ozeanischen Lithosphäre mit dem „Mantelkeil" und der Kruste der unterfahrenen Lithosphärenplatte bringt Gesteinsschmelzen hervor, die den aktiven Inselbogen- und Kontinentalrandvulkanismus charakterisieren. Die sich von diesen Schmelzen ableitenden Gesteine umfassen eine große Variationsbreite von Basalt über Andesit und Dazit bis zu Rhyolith und werden allgemein als orogene Andesit-Assoziation bezeichnet.

Diesen „orogenen" Andesiten und den mit ihnen vergesellschafteten Gesteinsfolgen ist der vorliegende von R. S. Thorpe herausgegebene Sammelband gewidmet. Obgleich diese Gesteinsassoziation seit langem Gegenstand umfassender Erforschungen und Diskussionen ist, hat die Plattentektonik eine völlig neue Ausgangsposition für die Untersuchungs- und Interpretationsmethodik geschaffen und stellt auch die tektonische Grundlage der in diesem Werk vereinigten Arbeiten dar, die zugleich von wesentlicher Bedeutung für das Verständnis des Vulkanismus in den Subduktionsbereichen sind.

In 31 Beiträgen kommen international bekannte Experten in einem weitgespannten Kreis von Themen, der alle geowissenschaftlichen Bereiche umfaßt, in denen die Andesit-Assoziation eine Rolle spielt, zu Wort. Dementsprechend sind die Beiträge in zehn Themengruppen gegliedert, deren I. eine umfassende Einführung des Herausgebers im Rahmen eines Überblickes über den plattentektonischen Mechanismus und die Stellung der orogenen Andesit-Assoziation in ihm ist.

Eine II. Themengruppe umfaßt Arbeiten zur Klassifikation, Petrologie und Mineralogie orogener vulkanischer Gesteine. P. E. Baker behandelt deren Klassifikation und Terminologie, wobei eine tholeiitisch betonte Serie primitiver Inselbögen einer Kalk-Alkali-Gesteinsassoziation in entwickelteren Inselbögen, Kontinentalrand- und Kollisionsorogenen gegenübergestellt wird, während sich A. Ewart, sich diesem Rahmen anpassend, mit der Mineralogie tertiärer bis rezenter Vulkanite befaßt.

Die III. und zugleich umfangreichste Themengruppe ist regionalen Untersuchungen gewidmet. Behandelt werden: Aleuten (B. D. MARSH), Kaskadenprovinz (A. R. McBIRNEY, C. M. WHITE), Mexiko (C. ROBIN), Zentralamerika (M. J. CARR u. a.), Kleine Antillen (W. J. REA), Anden (R. S. THORPE u. a.), Indonesien (C. S. HUTCHINSON), Papua-Neuguinea (R. W. JOHNSON), Tonga-Kermadec-Neu-Seeland (J. W. COLE), Japan (S. ARAMAKI, T. UI), Marianen (A. MEIJER), Mittelmeer-Inselbögen (J. KELLER), sowie Anatolien und Nordwestiran (F. INNOCENTI u. a.). Für jede Provinz werden Betrachtungen über die Beziehungen des aktiven Vulkanismus zur plattentektonischen Situation sowie zu Mächtigkeit, Struktur und Alter der Kruste angestellt.

In der IV. Themengruppe werden die räumlichen und zeitlichen Veränderungen der vulkanischen Förderprodukte zweier kontrastierender Vulkanitprovinzen in ihren Beziehungen zu den tektonischen Verhältnissen dargestellt. J. DOSTAL u. a. berichten über Variationen im Chemismus frühkänozoischer Förderprodukte Sardiniens, die im Südteil der Insel Charakteristika einer Inselbogen-Tholeiit-Folge, im Nordteil aber einer Kalk-Alkali-Assoziation aufweisen, während J. TARNEY u. a. zeigen, wie sich als Reaktion auf Änderungen der tektonischen Situation im Bereich der antarktischen Halbinsel und des Scotia-Bogens seit dem Mesozoikum kalkalkalische vulkanische und intrusive Aktivität entwickelt hat.

Die Beziehungen zwischen Formen und Förderprodukten andesitischer Vulkane sind Gegenstand der IV. Themengruppe. G. P. WALKER untersucht die Abhängigkeit der Eruptionen von Viskosität, Rheologie und Gasgehalt der Förderprodukte, und A. L. SMITH und M. ROOBOL behandeln die Charakteristika pyroklastischer Ströme.

Auf die enge Verwandtschaft der vulkanischen Andesit-Dazit-Rhyolith-Assoziation und der intrusiven Tonalit-Granodiorit-Granit-Assoziation wird in der VI. Themengruppe von G. C. BROWN verwiesen, der das Auftreten und die Variationen der Bildungsumstände kalkalkalischer intrusiver Gesteine in Inselbögen, Kontinentalrandorogenen und Kollisionszonen untersucht.

Eine besonders hohe Aktualität haben seit den sechziger Jahren Schmelzexperimente an natürlichen und synthetischen Materialien zur Klärung der Andesitgenese erlangt. In der VII. Themengruppe werden zwei unterschiedliche Modelle diskutiert. Für T. H. GREEN spielen die Anatexis mafischer Kruste und Hochdruckkristallisation bei der Andesitbildung eine ausschlaggebende Rolle, während B. O. MYSEN einer Mantelanatexis den Vorrang einräumt.

Bei der Klärung der Petrogenese von Gesteinen der Andesit-Assoziation spielen weiterhin die chemischen Haupt- und Spurenelementcharakteristika sowie die Isotopenverhältnisse eine bedeutende Rolle. Sie erlauben zudem eine Einschränkung der experimentell gewonnenen Modelle, In der VIII. Themengruppe gibt J. A. PEARCE einen Überblick über die Spurenelement- und C. J. HAWKESWORTH über die Isotopencharakteristika entsprechender Magmen.

Die IX. Themengruppe behandelt Fragen, welche Rolle der andesitische Vulkanismus in der geologischen Vergangenheit beim kontinentalen Wachstum gespielt hat. So vergleicht K. C. CONDIE die chemischen Charakteristika und Bildungsumstände archaischer Andesite mit ihren modernen Äquivalenten, I. G. GASS berichtet über oberproterozoischen (panafrikanischen) kalkalkalischen Magmatismus in Nordostafrika und J. G. FITTON u. a. behandeln den Vulkanismus im kaledonischen orogenen Gürtel Großbritanniens.

In der X. Themengruppe sind schließlich einige Arbeiten unterschiedlicher Thematik zusammengefaßt, die weitere enge Beziehungen zum Andesitvulkanismus aufweisen.

B. L. Weaver und J. Tarney untersuchen die Bedeutung des andesitischen Magmatismus für das kontinentale Wachstum, W. S. Fyfe die Wechselbeziehungen zwischen subduzierender ozeanischer Kruste, Mantelkeil und kontinentaler Kruste, W. I. Rose u. a. das Budget von S + Cl und seine Bedeutung für den Eruptivstil des Fuego-Vulkans in Guatemala und A. H. G. Mitchell und R. D. Beckinsale schließlich die mit kalkalkalischen Gesteinen verbundenen Minerallagerstätten.

Ein alle Arbeiten umfassendes geographisches Namensregister sowie ein Sachwortverzeichnis sind wesentliche Orientierungshilfen und dienen als Querverweise.

Schon allein die Aufführung der von namhaften Autoren behandelten Themen verweist darauf, daß hier ein die Andesitproblematik umfassend und tiefgründig behandelndes Standardwerk vorliegt. Die Ausstattung ist von hervorragender Qualität.

H. Rast

FSC
www.fsc.org
MIX
Papier | Fördert
gute Waldnutzung
FSC® C083411

Zeitfracht Medien GmbH
Ferdinand-Jühlke-Straße 7
99095 Erfurt, Deutschland
produktsicherheit@kolibri360.de